湖北水利水电职业教育品牌建设项目规划教材
湖北水利水电职业技术学院课程改革系列教材

水　力　学

主　编　何姣云
副主编　贺荣兵　尤伟静　汪小妹
　　　　刘　飞　余周武　赵俊华
　　　　崔　屾　周卫国
主　审　桂剑萍

黄河水利出版社
·郑州·

内 容 提 要

本书是湖北水利水电职业教育品牌建设项目规划教材、湖北水利水电职业技术学院课程改革系列教材之一,根据国家"十三五"教育发展规划纲要,结合我国水利行业发展总体规划要求及行业、产业发展现状,为适应现代高职教育培养应用型、技能型人才及水利水电建筑工程专业群人才培养方案的要求,按照水力学课程标准编写。本书主要内容包括绪论、水静力学、水流运动的基本原理、水流形态与水头损失、有压管道中的恒定流、明渠恒定均匀流、明渠恒定非均匀流、堰流和闸孔出流、水工建筑物下游水流衔接与消能、渗流基础等。

本书适用于高职高专院校水利水电建筑工程、水利工程等专业的水力学教学,也可作为水文学及水资源、水利工程检测、水土保持等专业的教学用书,同时可供水利水电工程技术人员学习参考用书。

图书在版编目(CIP)数据

水力学/何姣云主编.—郑州:黄河水利出版社,2021.1
湖北水利水电职业教育品牌建设项目规划教材
ISBN 978-7-5509-2915-9

Ⅰ.①水… Ⅱ.①何… Ⅲ.①水力学-高等职业教育-教材 Ⅳ.①TV13

中国版本图书馆 CIP 数据核字(2021)第 015758 号

组稿编辑:田丽萍　电话:0371-66025553　E-mail:912810592@qq.com

出 版 社:黄河水利出版社　网址:www.yrcp.com
地址:河南省郑州市顺河路黄委会综合楼 14 层　邮政编码:450003
发行单位:黄河水利出版社
发行部电话:0371-66026940、66020550、66028024、66022620(传真)
E-mail:hhslcbs@126.com
承印单位:河南日报报业集团大河印刷有限公司
开本:787 mm×1 092 mm　1/16
印张:14.5
字数:340 千字　印数:1—2 500
版次:2021 年 1 月第 1 版　印次:2021 年 1 月第 1 次印刷

定价:45.00 元

前　言

本书是根据《国家中长期教育改革和发展规划纲要(2010～2020年)》、《国务院关于加快发展现代职业教育的决定》(国发〔2014〕19号)、《现代职业教育体系建设规划(2014～2020年)》和《水利部　教育部关于进一步推进水利职业教育改革发展的意见》(水人事〔2013〕121号)等文件精神,结合我国水利发展规划及现代水利职业教育的要求,在总结水利类高等职业教育多年教学改革的基础上,本着理论够用、实践突出的原则编写的水利工程与管理类高职高专教材。

本书针对高等职业技术教育的特点,为适应教学改革的要求,以学生能力培养为主线,体现出实用性、实践性的教材特色,从高职教育的实际出发,基于水利工程设计、施工、管理中有关水力计算的工作任务,依据水利水电建设有关规范,以培养学生的岗位能力为目标,以实际工程案例为载体组织教学内容、确定学习目标,突出学生水力计算能力的培养。

本书在编写过程中,力求适应高职高专教学,注重基本概念、基本理论,但不过分强调理论及公式推导;紧紧围绕本专业的培养目标,选取内容,合理安排,突出实用,应用基本计算方法解决工程实际中的计算问题,加强培养学生的工程意识;本书编写力求做到内容紧凑、叙述简明、由浅入深,计算方法演示简明,示例经典,便于读者理解和接受,尽可能地体现高等职业教育的特点。

本书编写人员及编写分工如下:湖北水利水电职业技术学院何姣云编写第一、九章,贺荣兵编写第二、九章,汪小妹编写第三章,刘飞编写第四章,尤伟静编写第二、七章;余周武编写第八章;长江水利委员会长江流域水土保持监测中心站赵俊华编写第五章;辽宁生态工程职业学院崔岫编写第六章;路德环境科技股份有限公司周卫国编写第十章。本书由何姣云担任主编,并负责全书统稿;由贺荣兵、尤伟静、汪小妹、刘飞、余周武、赵俊华、崔岫、周卫国担任副主编;由湖北水利水电职业技术学院桂剑萍担任主审。

在本书的编写过程中,参考了国内同行的著作、教材及相关规范,在此,编者向有关作者表示衷心的感谢!

由于编者水平有限,书中难免存在不妥之处,恳请广大读者批评指正,以便今后进一步修订完善。

编　者

2020年10月

目 录

第一章 绪 论

【学习要求】 了解水力学研究的主要问题和基本研究对象;掌握液体的主要物理力学性质,理解液体的黏滞性和表面张力;了解液体的基本假设和理想液体的概念;了解水力学的研究方法。

第一节 水力学的研究对象与任务

一、水力学的定义和研究对象

水力学是研究液体处于平衡状态和机械运动状态下的力学规律,并探讨运用这些规律解决工程实际问题的一门科学。在诸多种类的液体中,由于工程实际中接触最多的是水,因此本学科便以水作为液体研究的主要对象,故称为水力学。水力学的基本原理和一般水力计算方法不仅适用于水,也同样适用于其他一些液体。

水力学由水静力学和水动力学两部分组成。水静力学主要研究液体处于静止(或相对静止)状态下的力学规律及其在工程实际中的应用;水动力学主要研究液体处于机械运动状态下的各种规律及其在工程实际中的应用。

二、水利工程中的水力学问题和任务

在水利工程建设中,水力学占有十分重要的地位,被广泛应用于各个领域,如水利工程建筑、水力发电工程、农田水利工程、机电排灌工程、港口工程、河道整治工程、给排水工程、水资源工程、环境保护工程等。在这些水利工程的勘测、设计、施工和运行管理等各个过程中,都需要解决大量的水力学问题,为其提供合理的依据。

为了明确水力学的任务,我们以水资源综合利用的水利枢纽工程为例,来了解一下工程实际中常见的水力学问题。

为了满足防洪、灌溉、航运、发电和养殖等各方面的需要,常在河道上筑坝以抬高上游水位,形成水库。同时,修建泄洪建筑物、通航建筑物、引水及输水建筑物、水电站等,组成水利枢纽。在规划设计时,就必须分析自然河势与天然水流形态,因势利导,妥善布局每一个建筑物,正确确定水库的各种水位和下泄流量;合理设计引水建筑物、输水建筑物和泄洪建筑物过水断面的形状、尺寸,以充分利用水资源,最大限度地发挥综合利用的效益。

在河道上筑坝后,坝上游水位将沿河道抬高形成水面曲线,导致河道两岸的农田、村庄及城镇有可能被淹没,必须依靠水力计算确定筑坝后水库的淹没范围,为解决库区移民和水库综合效益评估提供必要的依据。

水库蓄水后,大坝就会受到静水压力或动水压力的作用,在校核坝体稳定时,必须计

算上、下游水对坝体的水压力。在坝前水压力的作用下,水库中的水还会有部分沿坝基土壤或岩石的缝隙向下游渗透,渗透对坝基的作用力也必须依靠水力计算来确定。

水库泄洪时,因溢流坝段上、下游水位差一般较大,水流下泄时往往具有较大的动能,必须采取有效的工程措施,消除多余有害的能量,防止或削弱高速下泄的水流对下游河床的冲刷,以确保泄水建筑物的安全。

归纳上述枢纽工程中常见的水力学问题(见图1-1),主要有下述五个方面:一是水流对建筑物的作用力问题;二是建筑物的过流能力问题;三是河渠水面曲线计算问题;四是泄水建筑物下游水流的消能防冲问题;五是建筑物的渗流问题。此外,实际工程中还有一些特殊的水力学问题,如管、渠非恒定流问题,高速水流中的掺气、气蚀、脉动、振动和冲击波等问题,挟沙水流问题,有害物质的扩散对水资源的污染问题等。

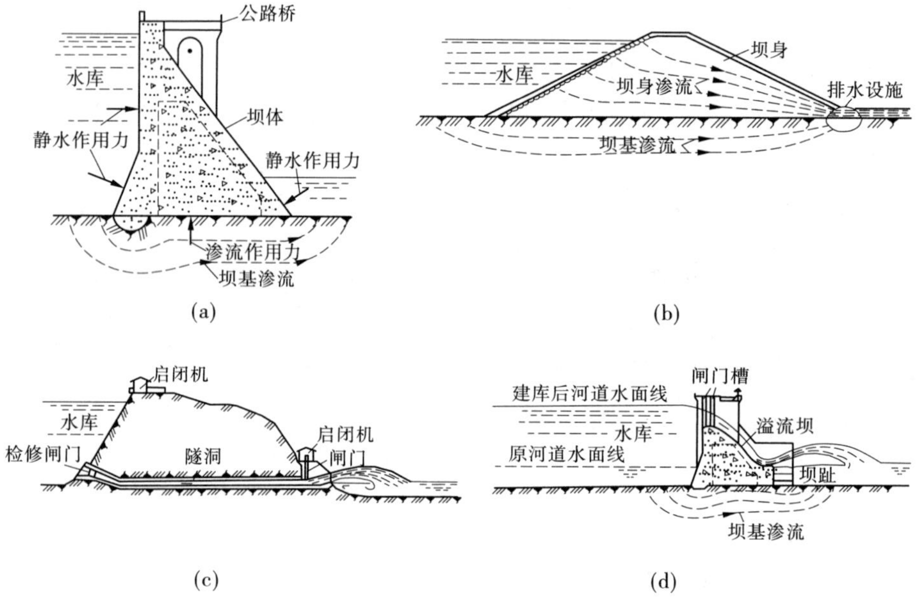

图 1-1 工程中常见的水力学问题

所以,水力学的任务,就是研究液体处于平衡和机械运动状态下的各种基本规律,研究和提出运用这些基本规律来解决工程实际中所遇到的各类水力学问题的具体方法。

第二节 液体的基本特性和主要物理力学性质

一、液体的基本特性

自然界的物质一般有三种形态,即固体、液体和气体。液体的基本特性主要是从力学的角度研究液体与固体、气体的区别。固体由于分子间的距离很小,内聚力很大,因此它能够保持固定的形状和体积,能够承受一定大小的拉力、压力和剪切力。与固体相比,液体分子间的距离较大,内聚力较小,只能保持一定的体积,没有固定的形状。液体几乎不能承受拉力抵抗拉伸变形,在静止状态下也不能承受剪切力,极易发生剪切变形或流动,但液体与固体一样能够承受压力。气体分子间的距离很大,几乎不存在内聚力,分子可以自由运动,因此气体不仅没有固定的体积,也没有固定的形状,它可以任意扩散充满其所占据的有限空间,所以气体极易膨胀和压缩。液体与气体相比,液体的压缩性很小,但它们都具有易流动性,所以液体、气体又统称为流体。

液体是由分子组成的。从微观角度看,液体分子间具有空隙,并且在进行着复杂的微观运动,是不连续的、不均匀的。由于水力学研究的是液流的宏观机械运动,并不关心液体分子的微观运动,因此在水力学中引入了液体具有连续性的假定,即认为液体是由无数液体质点所组成的中间没有空隙存在的连续介质。这样就可以运用数学中的连续函数来分析水力学问题。实践证明,这一假定对研究的问题有足够的精确性。所谓液体质点,是由许多分子组成的、无微观运动、体积很小可以忽略不计的小水团,它是水力学研究的液体的最小单位。另外,在水力学研究中一般还认为液体具有均匀等向性,即认为液体的各个部分和各个方向的物理性质是一样的。

总之,水力学研究的液体是:容易流动、不易压缩、均匀等向的连续介质。

二、液体的主要物理力学性质

(一)惯性

物体所具有的保持原有运动状态的物理性质叫作惯性。液体与其他物体一样也具有惯性。惯性用质量度量,质量愈大,惯性愈大。当物体受其他物体的作用而改变运动状态时,物体反抗改变原有运动状态而作用于其他物体上的反作用力称为惯性力。设物体的质量为 m,加速度为 a,则惯性力为

$$F = ma \tag{1-1}$$

按照国际单位制的规定,质量的单位用千克(kg);长度的单位为米(m);时间的单位为秒(s);力的单位为牛(N)或千牛(kN)。

单位体积的液体所具有的质量称为密度,以符号 ρ 表示。体积为 V,质量为 m 的均质液体,则

$$\rho = \frac{m}{V} \tag{1-2}$$

在国际单位制中,密度的单位是千克/米^3(kg/m^3)。

液体的密度与液体的种类有关,同一种液体的密度随压强和温度而变化,但变化甚微,一般情况下可视为常数。在水力计算时,通常把一个标准大气压下,温度为 4 ℃时水的最大密度值 $\rho_{水}=1\ 000$ 千克/米^3(kg/m^3)作为计算值。

(二)万有引力特性

物体间相互吸引的特性叫作万有引力特性。地球对物体的引力就称为重力(或重量)。用符号 G 表示。研究液体的运动一般只考虑地球对液体的引力。设物体的质量为 m,重力加速度为 g,则其重力为

$$G = mg \tag{1-3}$$

重力的单位为牛(N)或千牛(kN)。

单位体积的液体所具有的重量称为容重,也叫重度或重率,用符号 γ 表示。对于体积为 V,重量为 G 的均质液体,其容重为

$$\gamma = \frac{G}{V} \tag{1-4}$$

将 $G = mg$ 代入式(1-4),可得

$$\gamma = \frac{G}{V} = \frac{mg}{V} = \rho g \tag{1-5}$$

或

$$\rho = \frac{\gamma}{g} \tag{1-6}$$

采用国际单位制,容重的单位为牛/米^3(N/m^3)或千牛/米^3(kN/m^3)。

液体的容重与液体的种类有关,同一种液体的容重随温度和压强的变化而变化,但变化很小,水力计算中也常以一个标准大气压下 4 ℃时水的容重 $\gamma_{水}$ = 9 800 牛/米^3(N/m^3)作为计算值。水在不同温度时的容重值见表 1-1,几种常见液体的容重值见表 1-2。

表 1-1　不同温度时水的容重 $\gamma_{水}$ 值(标准大气压)

温度(℃)	0	4	10	20	30	40	60	80	100
容重(N/m^3)	9 798.73	9 800.00	9 797.55	9 782.95	9 758.45	9 725.03	9 637.12	9 525.01	9 394.77

表 1-2　几种常见液体的容重值(标准大气压)

液体名称	汽油	纯酒精	蒸馏水	海水	水银
温度(℃)	15	15	4	15	0
容重(N/m^3)	6 664~7 350	7 778.3	9 800	9 996~10 084	133 280

【例 1-1】　已知 20 ℃时海水的平均密度为 1.03 g/cm^3,求海水的容重。

解:

$$\rho_{海水} = 1.03\ g/cm^3 = 1\ 030\ kg/m^3$$

$$\gamma_{海水} = \rho g = 1\ 030 \times 9.8 = 10\ 094(N/m^3) = 10.094\ kN/m^3$$

(三)黏滞性

液体在静止状态下不能够承受剪切力抵抗剪切变形;但是对于运动的液体,当液体质点间发生相对运动时液体内部能够产生内摩擦力抵抗剪切变形的这种性质称为液体的黏滞性。液体间的内摩擦力又称为黏滞力。

黏滞性是液体固有的一种物理力学性质,它只有在液体质点间、流层间存在相对运动时才显示出来,静止液体是不显示黏滞性的。也就是说,静止状态下的液体是不能承受剪切力来抵抗剪切变形的,一旦液体发生剪切变形,静止状态即遭破坏。

例如,把水装在一只桶里,用木棍搅动需要一定的力气,这说明液体有黏滞性,又把柴油装在另一只桶里,也用木棍搅动,搅动的快慢相同,会感到在油里比在水里用的力气要大,这说明油的黏滞性比水要大。

如图 1-2 所示,液体沿固体表面做平行直线流动,设流动方向为 x,流速为 v,垂直流

动方向为 y，并且认为水流分层流动各层液体质点在流动过程中互不混掺（这种流动称为层流，见第四章）。因为液体具有黏滞性，紧靠固体表面的液体质点与固体表面无相对运动，速度为零，沿 y 方向流速逐渐增大。若距固体边界为 y 的流层的流速为 u，在相邻流层 $y+dy$ 处的流速为 $u+du$，由于两流层的速度不同，则液体质点必然存在相对运动，在两流层之间就会产生一对大小相等、方向相反的内摩擦力。上层流速大的液体对下层流速小的液体的作用力方向与流动方向相同，下层流速小的液体对上层流速大的液体的作用力方向与流动方向相反。

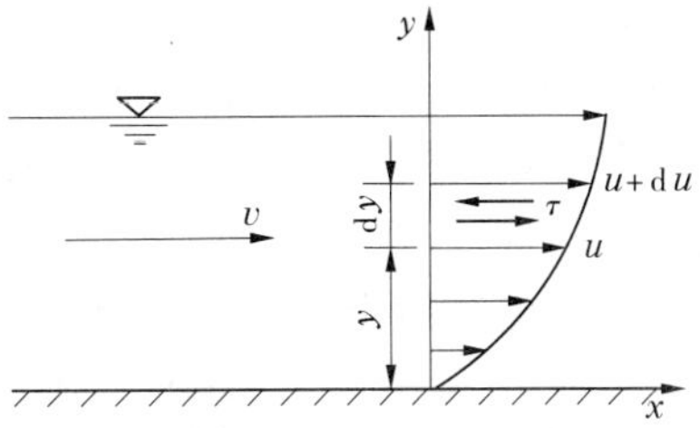

图 1-2　流速分布图

早在 1686 年，牛顿根据实验成果首先提出：对于平行直线流动液体的内摩擦力 F 与液体的性质有关，与流速梯度 $\frac{du}{dy}$ 和接触面积 A 成正比，与接触面上的压力无关，其表达式为

$$F = \mu A \frac{du}{dy} \tag{1-7}$$

这一结论得到了后人验证，被称为牛顿内摩擦定律。式（1-7）中，μ 为比例系数，称为动力黏滞系数，随液体种类不同而异。由于液体的内摩擦力与作用面平行，单位面积上的内摩擦力又称为黏滞切应力，以符号 τ 表示。

$$\tau = \frac{F}{A} = \mu \frac{du}{dy} \tag{1-8}$$

作用在两相邻液层之间的黏滞切应力 τ 数值相等、方向相反。

液体的黏滞性对切应力的影响通过动力黏滞系数反映，μ 值越大，黏滞切应力越大。在国际单位制中，μ 的单位为牛·秒/米^2（$N \cdot s/m^2$）或帕·秒（$Pa \cdot s$）。液体的黏滞性还可以表达为动力黏滞系数 μ 与液体密度 ρ 的比值，用符号 ν 表示。

$$\nu = \frac{\mu}{\rho} \tag{1-9}$$

ν 称为运动黏滞系数，在国际单位制中，ν 的单位为米^2/秒（m^2/s）。

不同液体的动力黏滞系数 μ 和运动黏滞系数 ν 值是不同的。同一种液体，它们随压强和温度的变化而变化。对于常见的液体，黏滞系数随压强变化很小，一般可以忽略，温度是影响黏滞系数的主要因素。水的运动黏滞系数可用下述经验公式求得：

$$\nu = \frac{0.017\,75}{1 + 0.033\,7t + 0.000\,221t^2} \tag{1-10}$$

式（1-10）中，ν 的单位为 cm^2/s，不同温度时水的运动黏滞系数 ν 值见表 1-3。

上述牛顿内摩擦定律只适用于一般流体，这类流体在温度不变的条件下动力黏滞系数值 μ 不变，黏滞切应力与剪切变形速度呈线性关系，如图 1-3 中 A 线所示，这类流体通常称为牛顿流体。第二类流体为理想宾汉流体，如泥浆、血浆、牙膏等流体，当切应力达到某一数值时,才开始发生剪切变形,但变形率是常数,如图 1-3 中 B 线所示。第三类是伪塑性流体,如尼龙、橡胶溶液、颜料、油漆等,其黏滞系数随剪切变形的速度的增大而减小,如图 1-3 中 C 线所示。第四类叫膨胀性流体,如浓淀粉、生面团等,其黏滞系数随剪切变形速度的增加而增加,如图 1-3 中 D 线所示。B、C、D 线所示的流体均称为非牛顿流体,不适用牛顿内摩擦定律。所以,在应用牛顿内摩擦定律时,应注意其应用范围。

表 1-3　不同温度时水的运动黏滞系数 ν 值

温度(℃)	ν(cm^2/s)	温度(℃)	ν(cm^2/s)	温度(℃)	ν(cm^2/s)
0	0.017 75	14	0.011 76	28	0.008 39
2	0.016 74	16	0.011 18	30	0.008 03
4	0.015 68	18	0.010 62	35	0.007 25
6	0.014 73	20	0.010 10	40	0.006 59
8	0.013 87	22	0.009 89	45	0.006 03
10	0.013 10	24	0.009 19	50	0.005 56
12	0.012 39	26	0.008 77	60	0.004 78

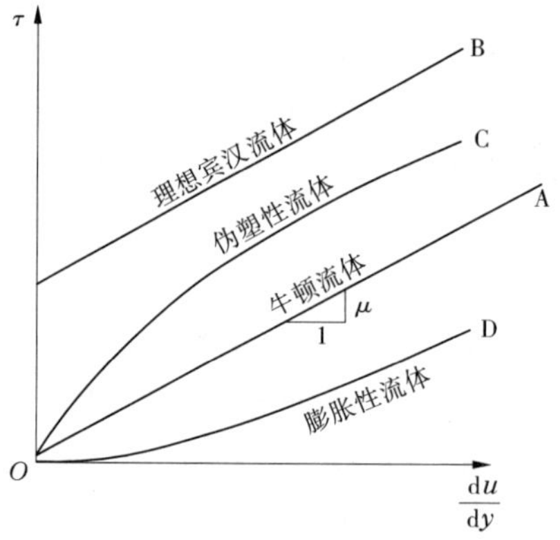

图 1-3　各种流体黏滞切应力与剪切变形速度关系图

(四)压缩性

液体不能承受拉力,只能承受压力,液体受压力作用,产生体积变形,当压力除去后又恢复原状,液体的体积随所受压力的增大而减小的特性,称为液体的压缩性。

液体压缩性的大小可用体积压缩系数 β 来表示,设质量一定的液体,其体积为 V,当压强增加 dp 时,体积相应减小 dV,其体积的相对压缩值为$\frac{dV}{V}$,则体积压缩系数为

$$\beta = -\frac{\frac{dV}{V}}{dp} \tag{1-11}$$

由于液体的体积总是随压强的增大而减小的,则 dV 与 dp 的符号总是相反的,规定 β

取正值,故式(1-11)的右端冠以负号。式(1-11)表明,β 值愈小液体愈不易压缩。体积压缩系数 β 的单位为 m^2/N 或 $1/Pa$。

液体的体积压缩系数与液体的性质有关,同一种液体的 β 值也随温度和压强的变化而变化,但变化不大,一般视为常数。对于水,在普通水温的情况下,每增加一个标准大气压强,水的体积比原体积缩小约 1/20 000,可见水的压缩性是很小的。在实际应用中,除某些特殊问题外,通常情况下视为液体是不可压缩的,即认为液体的体积和密度是不随温度和压力的变化而变化的。只有在个别情况下,才需要考虑压缩性的影响。例如,对于水电站的高压输水管道,当水电站出现事故进水闸门紧急关闭时,由于水体的惯性,管道中的水体将受到压缩,压力急剧升高,这时产生的弹性力对水流运动的影响就不能忽略了。

(五)表面张力特性

液体的自由表面是液体和气体的分界面,由于两侧分子引力不平衡使自由面上液体分子间存在微小的拉力,称为液体的表面张力。表面张力使液体有尽量缩小其表面的趋势。

表面张力很小,一般情况下可忽略不计。但是,当液面的曲率很大时,表面张力的影响就必须加以考虑。例如,在水力学实验中,经常用盛有水或水银的细玻璃管测压强,由于表面张力的作用使管中的液面与容器中的液面不在同一水平面上,如图 1-4 所示,这就是物理学中所说的毛细管现象。由于玻璃与水分子间的附着力大于水分子间的吸引力,则管中弯液面高于容器中的液面。玻璃与水银分子间的附着力小于水银分子间的吸引力,则管中弯液面低于容器中的液面。管子与容器中的液面高差 Δh 除和液体的性质有关,还与管径有关。管子内径越小差值就越大。为了减小测量误差,测压管的内径不宜太小,一般应大于 10 mm。

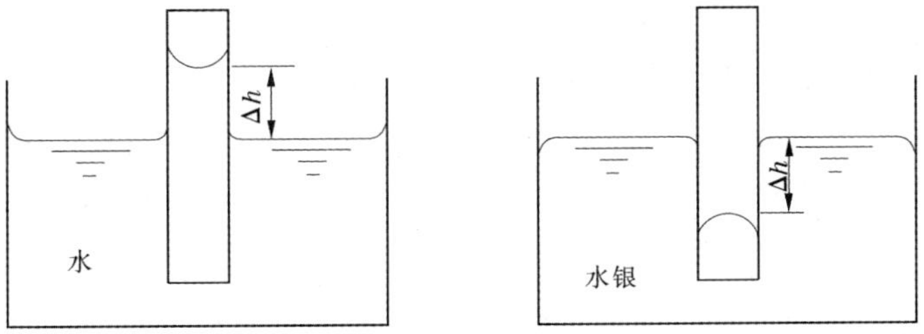

图 1-4 表面张力引起的毛细管现象

上述五种液体的物理力学性质,在水力学研究中惯性、万有引力特性和黏滞性较为重要,它们对水流运动的影响较大。压缩性只在某些情况下才予以考虑,而表面张力一般都可以忽略不计。

液体的运动是非常复杂的,水力学中为了使问题的分析简化,在研究液体运动时常引入理想液体的概念。理想液体即绝对不可压缩、没有黏滞性和表面张力的连续介质。前面已讲到实际液体的压缩性和表面张力很小,所以没有黏滞性是理想液体和实际液体的最主要的区别。理想液体在自然界中是不存在的。

第三节 作用于液体上的力

无论处于运动状态或平衡状态的液体，均受到各种力的作用。作用于液体上的力，按其物理性质的不同有惯性力、重力、弹性力、摩擦力和表面张力等。为便于分析液体的运动规律，在水力学中，又按其作用特点将这些力分为质量力和表面力两种。

一、质量力

质量力是指作用于所研究液体的每一个质点上的力，其大小与液体的质量呈比例，如惯性力、重力等。对于均质液体，液体的质量与体积呈正比，故质量力又称为体积力。作用于单位质量液体上的质量力称为单位质量力，其单位为米/秒^2(m/s^2)。若液体的质量为 M，作用于液体上的质量力为 F，则单位质量力 $f=F/M$。设质量力 F 在空间坐标轴上的投影分别为 F_x、F_y、F_z，单位质量力 f 在坐标轴上的投影为 X、Y、Z，则

$$\left.\begin{aligned} X &= \frac{F_x}{M} \\ Y &= \frac{F_y}{M} \\ Z &= \frac{F_z}{M} \end{aligned}\right\} \tag{1-12}$$

二、表面力

作用于液体表面上的力称为表面力。它与受作用的液体表面积呈正比，如固体边界对液体的作用力。相邻两部分液体，一部分对另一部分产生的水压力等，都属于表面力。表面力可分为垂直于作用面的压力(液体几乎不能承受拉力，可忽略)和平行于作用面的剪切力。单位面积上作用的表面力称为应力。垂直液体表面的应力称为压应力或压强，用符号 p 表示；平行液体表面的应力称为切应力，用 τ 表示。

第四节 水力学的研究方法

目前，水力学的研究方法主要有理论分析法、科学实验法、数值模型计算法等。理论分析法和科学实验法是水力学研究中采用的最基本的两种方法。

一、理论分析法

理论分析法是通过对液体物理性质和流动特性进行科学抽象(近似)，提出合理的理论模型。对这样的理论模型，根据机械运动的普遍规律建立控制液体运动的闭合方程组，将原来的具体流动问题转化为数学问题，在相应的边界条件和初始条件下求解。理论分析法的关键在于提出理论模型，并能运用数学方法求出理论结果，达到揭示液体运动规律的目的，但由于数学上的困难，许多实际流动问题还难以精确求解。

理论分析法的一般过程是,建立力学模型,用物理学基本定律推导水力学数学方程,用数学方法求解方程,检验和解释求解结果。理论分析法的结果能揭示流动的内在规律,具有普遍适用性,但分析范围有限。

二、科学实验法

水力学是一门理论和实践紧密结合的基础学科,它的许多实用公式和系数都是由实验得来的。至今,工程中的许多问题,即使能用现代理论分析法与数值模型计算法求解,最终还要借助实验来检验和修正。

实验研究的一般过程是,在相似理论的指导下建立模拟实验系统,用流体测量技术测量流动参数,处理和分析实验数据。

实验结果能反映工程中的实际流动规律,发现新现象,检验理论结果等,但结果的普适性较差。

三、数值模型计算法

数值模型计算法是在计算机应用的基础上,采用各种离散化方法(如有限差分法、有限元法等),建立各种数值模型,通过计算机进行数值计算和数值实验,得到在时间和空间上许多数值组成的集合体,最终获得定量描述流场的数值解。

数值研究的一般过程是,对水力学数学方程做简化和数值离散化,编制程序进行数值计算,比较计算结果与实验结果。

常用的方法包括有限差分法、有限元法、有限体积法、边界元法、谱分析法等,计算的内容包括河道、桥梁、蜗轮机等流场计算,以及湍流、流动稳定性、非线性流动等数值模拟。大型工程计算软件已成为研究工程流动问题的有力武器。数值模型计算法的优点是能计算理论分析法无法求解的数学方程,比科学实验法省时省钱,但毕竟是种近似解法,适用范围受数学模型的正确性和计算机的性能所限制。

小 结

(1)水力学的研究对象:以水为主的液体(易流动、不易压缩、均匀等向的连续介质)处于平衡和机械运动状态下的力学规律,并探讨运用这些规律解决工程实际问题。

(2)液体的主要物理力学性质:惯性、万有引力特性、黏滞性、压缩性、表面张力特性等。

(3)连续介质假定与理想液体的概念。

①连续性介质假定:认为液体是由无数液体质点所组成的中间没有空隙存在的连续介质。

②理想液体的概念:容易流动、绝对不可压缩、没有黏滞性和表面张力的连续介质。

(4)作用于液体上的力按其物理性质的不同有惯性力、重力、弹性力、摩擦力和表面张力等。为便于分析液体的运动规律,在水力学中,又按其作用特点将这些力分为质量力和表面力两种。

(5)水力学的研究方法主要有理论分析法、科学实验法、数值模型计算法等。理论分析法和科学实验法是水力学研究中采用的最基本的两种方法。

习　题

1-1　“液体在静止状态下不存在黏滞性”这种说法对吗，为什么？

1-2　引入连续介质假说和理想液体的概念有何实际意义？

1-3　已知 0 ℃时水银的密度是 13.6 g/cm^3，试用国际单位制表示其密度值，并求其容重。

1-4　已知液体的密度为 997.0 kg/m^3，动力黏滞系数 $\mu=8.9\times10^{-4}$ Pa·s，求其容重和运动黏滞系数各为多少？

第二章 水静力学

【学习要求】 理解静水压强的特性及基本规律；掌握静水压强的测算、平面上静水总压力的计算方法；理解曲面上静水总压力的计算方法。

液体的静止状态有两种：一是液体相对地球处于静止状态，我们称为静止状态，如水库、蓄水池中的水；二是指液体对地球有相对运动，但与容器之间没有相对运动，我们称为相对静止状态，如做加速运动的油罐车中的油。由于静止状态液体质点间无相对运动，故而内摩擦力为零，因此水静力学中不考虑黏滞性。

水静力学的主要任务，是研究静止液体的平衡规律及其实际应用。主要内容为静水压强的特性及其基本规律，静水压强的测算，平面、曲面静水总压力的求解方法。

第一节 静水压强及其特性

一、静水压强

静止液体对与其接触的壁面有压力作用，例如水对平板闸门、大坝坝面都有水压力的作用。在液体内部，一部分液体对相邻的另一部分液体有压力的作用。我们把静止液体作用在与之接触的表面上的压力称为静水压力，常用 P 表示，受压面面积常用 A 表示。

在图 2-1 所示的平板闸门上，围绕 K 点取微小面积 ΔA，作用在 ΔA 面上的静水压力为 ΔP，则 ΔA 面上单位面积所受的平均静水压强为

$$\bar{p} = \frac{\Delta P}{\Delta A}$$

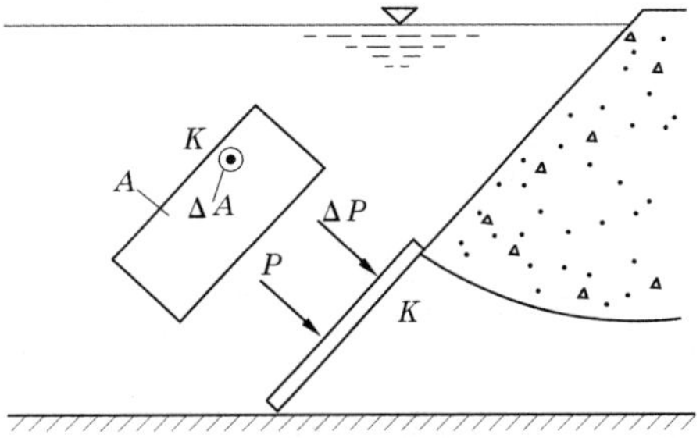

图 2-1 平板闸门受力情况

$\bar{p}$ 称为 ΔA 面上的平均静水压强，它只表示 ΔA 面上受力的平均值，只有在受力均匀的情况下，才真实反映受压面上各点的水压力状况。通常受压面上的受力是不均匀的，所以必须建立点静水压强的概念。

在图 2-1 中，当 ΔA 无限缩小趋于 K 点，即 ΔA 趋于 0 时，比值 $\Delta P/\Delta A$ 趋于某一极限值，该极限值即为 K 点的静水压强，静水压强以 p 表示。

$$p = \lim_{\Delta A \to 0} \frac{\Delta P}{\Delta A}$$

静水压力的单位为牛（N）或千牛（kN），静水压强的单位为牛/米^2（N/m^2）或千牛/米^2（kN/m^2），牛/米^2 又称帕（Pa）。

二、静水压强的特性

静水压强有两个重要特性。

(一)静水压强的方向与受压面垂直并指向受压面

在静止液体中取出一块水体 M,如图 2-2 所示。用 $N—N$ 面将其分割成Ⅰ、Ⅱ两部分。取出第Ⅱ部分为脱离体,在 $N—N$ 面任取一点 A,假如其所受静水压强 p 的方向是任意方向,则 p 可以分解成法向力 p_n 和切向力 p_τ。由液体的性质可知:静止液体不能承受剪切力,也不能承受拉力,p_τ 的存在必然会使 A 点的液体沿 $N—N$ 面运动,这与静水的前提不符,故 p_τ 只能为 0。同理,如 p_n 不是指向受压面,而是背向受压面,则液体将受到拉力,静止状态也要受到破坏,也与静水的前提不符,所以静水压强的方向只能垂直并指向受压面。

(二)静水中任何一点上各个方向的静水压强大小均相等,或者说其大小与作用面的方位无关

在处于相对平衡的液体中取一个微小的四面体 $OABC$ 来研究,见图 2-3。四面体的三个边 OA、OB、OC 是相互垂直的,令它们分别与 OX、OY、OZ 轴重合,长度各为 $\mathrm{d}x$、$\mathrm{d}y$、$\mathrm{d}z$。作用于四面体的 4 个表面 OBC、OAC、OAB 及 ABC 上的平均静水压强分别为 p_x、p_y、p_z 和 p_n,四面体所受的质量力仅有重力。以 $\mathrm{d}A$ 代表 ΔABC 的面积,由于液体处于静止状态,因此四面体在 3 个坐标方向上所受外力的合力应等于 0,即

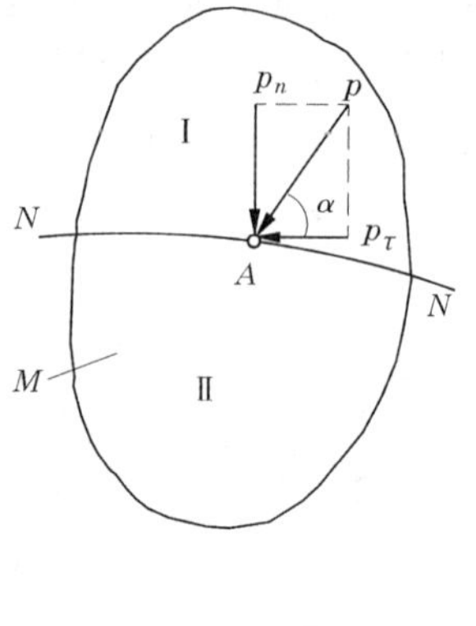

图 2-2 水体的静水压强

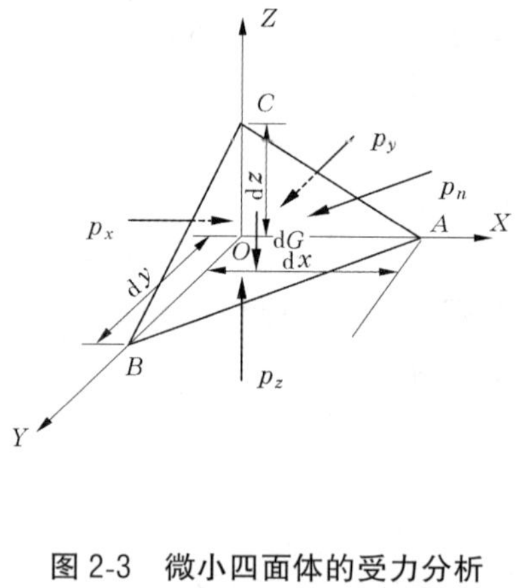

图 2-3 微小四面体的受力分析

$$\frac{1}{2}p_x\mathrm{d}y\mathrm{d}z - p_n\mathrm{d}A\cos(n,x) = 0$$

$$\frac{1}{2}p_y\mathrm{d}x\mathrm{d}z - p_n\mathrm{d}A\cos(n,y) = 0$$

$$\frac{1}{2}p_z\mathrm{d}x\mathrm{d}y - p_n\mathrm{d}A\cos(n,z) - \frac{1}{6}\gamma\mathrm{d}x\mathrm{d}y\mathrm{d}z = 0$$

当 $\mathrm{d}x$、$\mathrm{d}y$、$\mathrm{d}z$ 向 O 点缩小而趋近于 0 时,p_x、p_y、p_z 和 p_n 变为作用于同一点 O 而方向不

同的静水压力，此时 $\frac{1}{6}\gamma \mathrm{d}x\mathrm{d}y\mathrm{d}z$ 属于第三阶无限小值，它相对于前两项可以略去不计，且由于

$$\mathrm{d}A\cos(n,x)=\frac{1}{2}\mathrm{d}y\mathrm{d}z$$

$$\mathrm{d}A\cos(n,y)=\frac{1}{2}\mathrm{d}x\mathrm{d}z$$

$$\mathrm{d}A\cos(n,z)=\frac{1}{2}\mathrm{d}x\mathrm{d}y$$

由以上可知

$$p_x=p_y=p_z=p_n \tag{2-1}$$

即静止液体中任何一点上各个方向的静水压强大小均相等，与作用面的方位无关。静水压强的第二个特性也表明，静水中各点压强的大小仅是空间坐标的函数，或者说仅随空间位置的改变而变化，即

$$p=p(x,y,z) \tag{2-2}$$

第二节 静水压强的基本规律

一、静水压强的基本方程

如图 2-4 所示，我们通过力学分析的方法探讨静水压强的变化规律。在所受质量力仅有重力作用下处于平衡状态的均质液体中，我们研究位于水面下铅垂线上任意两点 1、2 处压强 p_1 和 p_2 间的关系。围绕 1、2 两点分别取微小面积 ΔA，取以 ΔA 为底面面积、Δh 为高的铅垂小圆柱水体为脱离体，因 ΔA 是微小面积，故可以认为其上各点的压强是相等的，如图 2-4(a)所示。图 2-4 中 p_0 为水表面压强；h_1、h_2 分别为 1、2 两点的水深；G 为小水柱的重量(重力)。

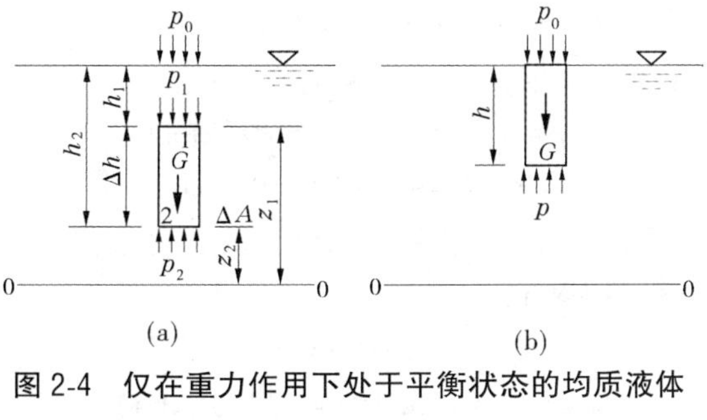

图 2-4 仅在重力作用下处于平衡状态的均质液体

从脱离体受力分析可知，铅垂方向共受三个力：

圆柱上表面的静水压力 $P_1=p_1\Delta A$

圆柱下表面的静水压力 $P_2=p_2\Delta A$

小水柱体的重力 $G=\gamma\Delta A\Delta h$

因是静止水体,铅垂方向合力必为0,取向上方向为正,列力的平衡方程,得

$$p_2\Delta A - p_1\Delta A - \gamma\Delta A\Delta h = 0$$

等式两端同除以 ΔA ,可得任意两点静水压强的基本关系式为

$$p_2 = p_1 + \gamma\Delta h \tag{2-3}$$

式(2-3)表明,在仅有重力作用的静水中,任意两点的静水压强关系为:下面一点的压强等于上面一点的压强加上水容重与两点之间的水深差的乘积;或者是上面一点的压强,等于下面一点的压强减去水容重与两点之间的水深差的乘积(在特殊情况下,如两点位于同一水平面,$\Delta h=0$,则 $p_1=p_2$)。显然水深越大,压强越大。水深每增加 1 m,静水压强就增大 $\gamma\Delta h$ =9.8 kN/m³×1 m=9.8 kN/m²。

如把铅直小圆水柱向上移至上表面位于水面上,如图 2-4(b)所示,$h_1=0$,$h_2=h=\Delta h$,$p_1=p_0$,$p_2=p$,则式(2-3)可写为

$$p = p_0 + \gamma h \tag{2-4}$$

这是常用的静水压强基本方程式,它表明:仅有重力作用下的静水中任一点的静水压强,等于水面压强加上液体的容重与该点水深的乘积。

特别指出的是,当液体表面的压强 $p_0=p_a$(大气压)时,为简化计算,式(2-4)中的 p_0 按零计,即 $p_0=p_a=0$,只计算液体产生的压强。则静水压强方程式可写为

$$p = \gamma h \tag{2-5}$$

式(2-5)表明静水中任一点的压强与该点在水下淹没的深度成正比。

我们也可以采用物理学中取基准面 0—0 的方法,来表示静水中任一点所处的位置。静水中任一点距 0—0 基准面的高度,称为该点的位置高度,则式(2-3)中 $\Delta h = z_1 - z_2$[见图 2-4(a)],可得

$$p_2 = p_1 + \gamma(z_1 - z_2)$$

即

$$z_1 + \frac{p_1}{\gamma} = z_2 + \frac{p_2}{\gamma} \tag{2-6}$$

式(2-6)为静水压强分布规律的另一种形式。它表明在静止液体中,位置高度与压强的关系,即位置高度 z 越小,静水压强越大;位置高度 z 越大,静水压强越小。

【例 2-1】 求水库中水深为 5 m、10 m 处的静水压强。

解:因水库表面压强为大气压,故 $p_0=p_a=0$,则

水深 5 m 处　　$p=\gamma_{水} h=9.8\times5=49(\text{kPa})$

水深 10 m 处　　$p=\gamma_{水} h=9.8\times10=98(\text{kPa})$

【例 2-2】 有水、水银两种液体,求深度各为 1 m 处的液体压强。已知液面为大气压作用,且水银容重 γ_m = 133.3 kN/m³。

解:

$$p=\gamma_{水} h=9.8\times1=9.8(\text{kPa})$$

$$p=\gamma_m h=133.3\times1=133.3(\text{kPa})$$

【例 2-3】 在图 2-5 中,画出 AB 面上和 BC 面上 B 点压强的方向。

解:B 点是平面 AB 和平面 BC 转折处的一点,又称拐点。对平面 AB 上 B 点的压强 p_1,通过 B 点,垂直指向 AB 平面;平面 BC 上 B 点的压强 p_1' 通过 B 点,垂直指向 BC,且 $p_1'=p_1$。

二、静水压强方程式的意义

(一)静水压强方程式的几何意义

在图 2-6 的容器中,任取两点 1 和 2,并在该高度边壁上开小孔且外接垂直向上的开口玻璃管,通称测压管,可看到各测压管均有水柱升起,测压管中的水面必升至与容器中的水面齐平。

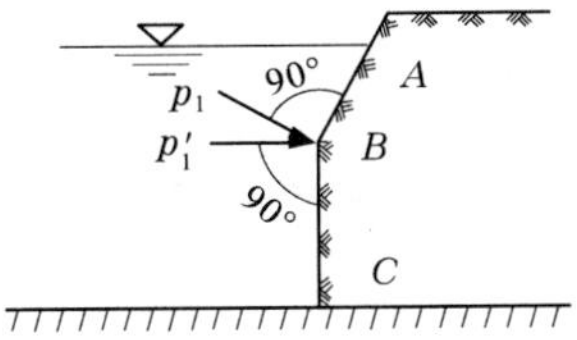

图 2-5 例 2-3 图

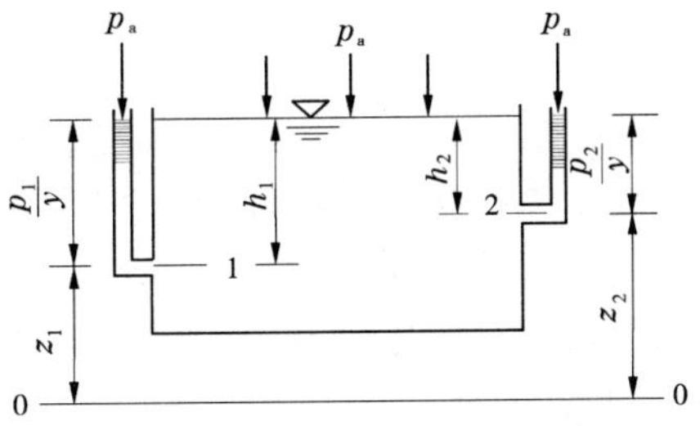

图 2-6 计算水体中的压强

因液面上为大气压,故容器内 1、2 两点的静水压强分别为

$$p_1 = \gamma h_1 \qquad p_2 = \gamma h_2$$

因此,测压管中水面上升的高度为

$$h_1 = \frac{p_1}{\gamma} \qquad h_2 = \frac{p_2}{\gamma}$$

水力学中,通常称 z 为位置高度(或位置水头),$\frac{p}{\gamma}$ 为测压管高度(或压强水头)。$z+\frac{p}{\gamma}$ 为测压管水头。

显然,在图 2-6 中,当 0—0 基准面确定后,水表面到 0—0 基准面的距离是不变的。因此,式(2-6)的几何意义在于:静止液体所受质量力仅为重力时,液体内部任何一点的测压管水头等于常数,即

$$z + \frac{p}{\gamma} = C \tag{2-7}$$

C 值的大小,取决于基准面的选取,基准面选定,C 值即确定。

式(2-7)也表明:均质、连通的静止液体中,水平面必是等压面,即 $z_1 = z_2$ 时,必然 $p_1 = p_2$。这也是连通器原理。所谓的连通器,就是连通的容器。在图 2-6 中,容器与测压管都是连通的,即它们就是连通器。

(二)静水压强方程式的物理意义

物理学中,质量为 m 的物体在高度为 z 的位置,具有的位置势能为 mgz。同理,质量为 m 的液体在距 0—0 基准面高度为 z_1 的位置上,也具有位置势能 mgz_1(见图 2-6)。在研究液体时常取单位重量的液体作为研究对象,则单位重量的液体在某点所具有的位置势能简称单位位能,即

$$\frac{mgz_1}{mg}=z_1$$

液体除具有位置势能外，其压力也具有做功的本领，称为压力势能，见图 2-6。质量为 m 的液体在 1 点所受的静水压强为 $p_1=\gamma h_1$，在 p_1 的作用下，液体在测压管内上升高度为 p_1/γ，压力势能转化为高度为 p_1/γ 的位置势能。所以，其压力势能为 mgp_1/γ，单位重量液体在某点具有的压力势能简称为单位压能，即

$$\frac{mg\dfrac{p_1}{\gamma}}{mg}=\frac{p_1}{\gamma}$$

单位重量的液体在某点所具有的总势能（简称单位势能）为 z_1+p_1/γ。

同理，2 点的单位势能为 z_2+p_2/γ。

任何一点的单位势能为 $z+p/\gamma$。

由式（2-6）可知

$$z_1+\frac{p_1}{\gamma}=z_2+\frac{p_2}{\gamma}=\mathrm{C} \tag{2-8}$$

所以，静水压强方程式的物理意义为：静止液体所受质量力仅为重力时，液体内部任何一点对同一基准面的单位势能为一常数。这反映了静止液体内部的能量守恒定律。

静水压强基本方程式 $p=p_0+\gamma h$ 则反映了帕斯卡定律，它表明：在静止液体中，表面的气体压强 p_0，可不变大小地传递到液体中的任何一点。油压千斤顶、万吨水压机等很多机械设备，就是根据这一定律制作的。

三、绝对压强、相对压强、真空压强

地球表面大气所产生的压强称为大气压强，实验测定为 1.033 6 kgf/cm^2，用国际单位制表示为 101.3 kN/m^2，称为一个标准大气压，以 atm 表示。在水力学计算及工程中，为计算方便，一般取 1.0 kgf/cm^2，即大气压为 98 kN/m^2，以 p_a 表示。因为自然界中一切水利设施都受到大气压的作用，例如闸门的上、下游面，同时受一个大气压作用，所以为简化计算，两侧都可以不计入大气压，即视 $p_a=0$，而只计算液体压强。

（一）绝对压强 $p_{绝}$

计算压强时，因起算基准的不同，可表示为绝对压强与相对压强。以没有空气的绝对真空作为零基准起算所得的压强，称为绝对压强。也就是说，在水力计算中要计入大气压，即在计算中碰到大气压 p_a，就按 $p_a=98$ kN/m^2 计算。绝对压强用符号 $p_{绝}$ 表示。

（二）相对压强 p

以大气压作为零基准计算出的压强，称为相对压强。也就是说，在水力计算中不计入大气压强，即按 $p_a=0$ 计算。相对压强用符号 p 表示。

今后在讨论压强或进行压强计算时，若不加特殊说明，静水压强即指相对压强，直接以 p 表示。

对同一点压强，用 $p_{绝}$ 计算和用 p 计算虽然其计算结果数值不同，但表示的却是同一个压强，压强本身的大小并没有发生变化，只是计算的零基准发生了变化。用 p 计算比用

$p_{绝}$计算少加了一个大气压,即

$$p = p_{绝} - p_a \tag{2-9}$$

绝对压强总为正值,而相对压强既可以是正值,也可以是负值。当液体中某点绝对压强大于当地大气压 p_a 时,则该点的相对压强为正值;当液体中某点绝对压强小于当地大气压 p_a 时,则该点的相对压强为负值,也称该点存在真空。此时,相对压强的绝对值称为真空压强,用符号 $p_{真}$表示。即

$$p_{真} = |p_{相}| = -p_{相} = p_a - p_{绝} \tag{2-10}$$

【例 2-4】 求水库水深为 1 m 处 A 点的压强。

解:基本方程 $p = p_0 + \gamma h$。

用相对压强计算(或者说求 A 点的相对压强),则不计入大气压,即

$$p_0 = p_a = 0 \quad p_A = 0 + 9.8 \times 1 = 9.8(\mathrm{kN/m^2})$$

用绝对压强计算(或者说求 A 点的绝对压强 $p_{A绝}$),则计入大气压,即

$$p_0 = p_a = 98\ \mathrm{kN/m^2} \quad p_{A绝} = 98 + 9.8 \times 1 = 107.8(\mathrm{kN/m^2})$$

同是 A 点压强,p_A 是没有计入大气的压力,因此使计算简化。

【例 2-5】 如图 2-7 所示,A 点相对压强为 24.5 kN/m²,B 点相对压强为 −24.5 kN/m²,求:$p_{A绝}$、$p_{B绝}$、$p_{B真}$,并在图 2-7 中标出 A、B 两点的压强。

解:根据 $p_{绝} = p_a + p$,$p_{真} = p_a - p_{绝} = -p$,得

$$p_{A绝} = p_a + p_A = 98 + 24.5 = 122.5(\mathrm{kN/m^2})$$

$$p_{B绝} = p_a + p_B = 98 - 24.5 = 73.5(\mathrm{kN/m^2})$$

$$p_{B真} = -p_B = -(-24.5) = 24.5(\mathrm{kN/m^2})$$

见图 2-7 中的 A、B 两点。

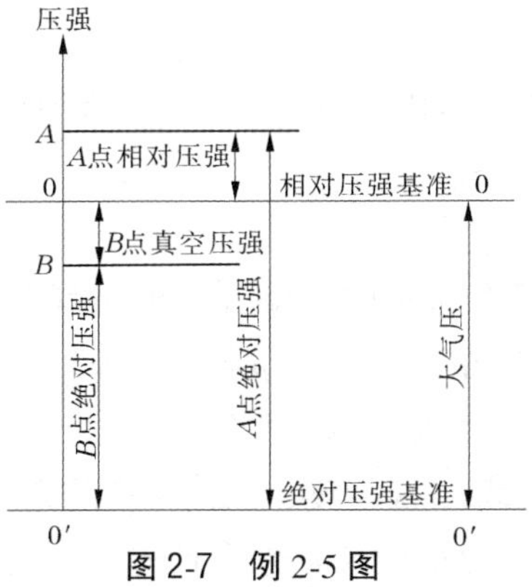

图 2-7　例 2-5 图

【例 2-6】 求水库水深为 2.5 m 处的相对压强、绝对压强。

解:基本方程 $p = p_0 + \gamma h$。

取相对压强 $p_0 = p_a = 0$,则

$$p = 0 + 9.8 \times 2.5 = 24.5(\mathrm{kN/m^2})$$

取绝对压强 $p_a = 98(\mathrm{kN/m^2})$,则

$$p = 98 + 9.8 \times 2.5 = 122.5(\mathrm{kN/m^2})$$

第三节　压强的单位和量测

一、压强的单位

（一）以应力单位表示

压强用单位面积上受力的大小，即应力单位表示，这是压强的基本表示方法，单位为 N/m^2，又称为 Pa（帕）。1 Pa = 1 N/m^2；1 kPa 为 1×10^3 N/m^2，可记为 1 kN/m^2。

（二）以大气压表示

工程中规定：1 工程大气压 = 98 kPa。

（三）水柱高表示

由于水的容重 $\gamma_{水}$ 为常量，水柱高 h（$h=\dfrac{p}{\gamma}$）的数值就反映了压强的大小。

三者关系：1 工程大气压 = 98 kPa，相当于 10 mH_2O。

须指出，98 kPa 相当于 10 mH_2O，不可以为 98 kPa = 10 mH_2O。

【例 2-7】 A 点压强为 24.5 kPa，B 点为 5.5 mH_2O，请分别用另两类单位表示。

解：A 点为 $\dfrac{24.5}{98}=0.25$ 工程大气压；$10\times\dfrac{24.5}{98}=2.5(mH_2O)$

B 点为 $\dfrac{5.5}{10}=0.55$ 工程大气压；$98\times\dfrac{5.5}{10}=53.9(kPa)$

二、测量压强的仪器

测量液体、气体压强的仪器较多，这里仅介绍一些利用水静力学原理设计的液体测压计。

（一）测压管

最简单的测压管就是图 2-8 所示的一端开口的玻璃管，管中液柱高度就反映了所测点的相对压强 p，$p=\gamma h_A$，h_A 为测压管内液面上升的垂直高度，γ 为管内液体的容重。

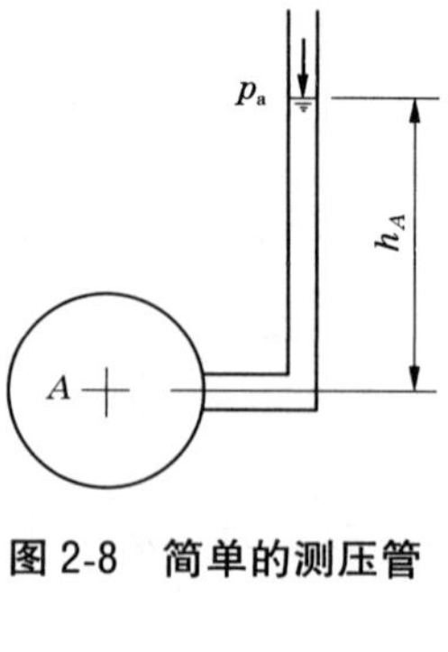

图 2-8　简单的测压管

如果测点压强较小，为提高测量精度，可以用加大标尺读数的方法。将测压管倾斜放置，如图 2-9 所示。此时，用于计算压强的测压管高度 $h=L\sin\alpha$，A 点的相对压强为 $p_A=\gamma L\sin\alpha$，也可以用 γ 较小的轻质液体，以便获得较大的测压管高度 h。

（二）U 形水银测压计

当测点压强较大时，可利用 γ 值较大的 U 形水银测压计，用 γ_m 表示水银的容重。如图 2-10 所示，求被测点 A 的压强 p_A 过程如下：第一步先找出 U 形管中的等压面 1—2；第二步对等压面列静水压强方程；第三步解方程求得 p_A。

由静压方程得

$$p_1 = p_A + \gamma b$$

$$p_2 = \gamma_m h_m \quad (\text{按相对压强计算})$$

因 $p_1 = p_2$，得

$$p_A + \gamma b = \gamma_m h_m$$

则

$$p_A = \gamma_m h_m - \gamma b$$

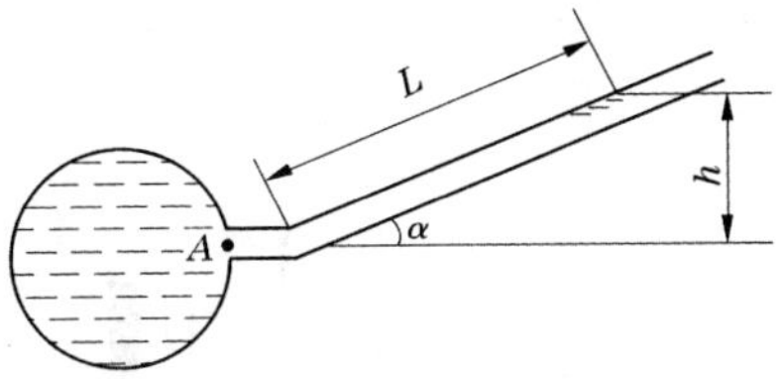

图 2-9　倾斜放置的测压管

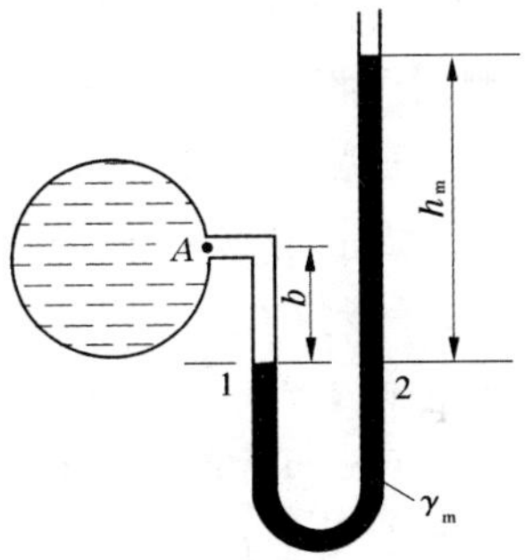

图 2-10　U 形水银测压计

(三)压差计(比压计)

为测输水管道上两断面的压强差，可在两断面之间连接压差计。压差计一般并不直接测出任意两点间压强的大小，而直接找出两点间压差。压差小时用空气压差计，见图 2-11；压差大时用水银压差计，见图 2-12。一般空气压差计管内的气压 $p_0 \neq p_a$，计算中认为空气中各点 p_0 都相等。压差的求解仍是先找等压面，再列静水压强基本方程。图 2-11 利用空气压差计来测定两管道 A、B 两点间的压强差，左右两测管内液面的压强均为 p_0，故可视为“等压面”，此时只要测出左右支管中液柱之差 Δh 和 A、B 两点间的高差 Δz，即可求出 A、B 两点间的压强差。

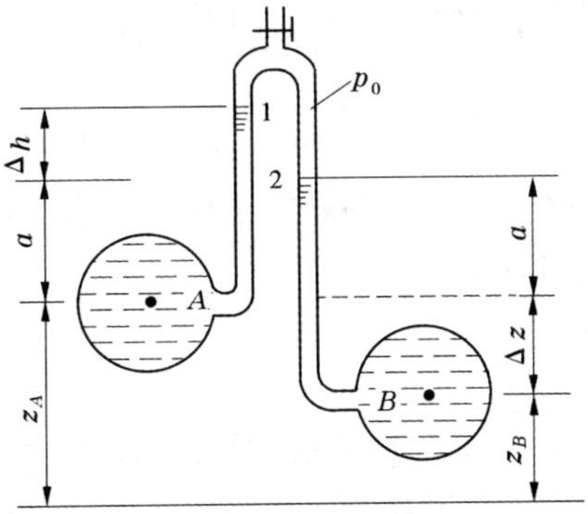

图 2-11　空气压差计

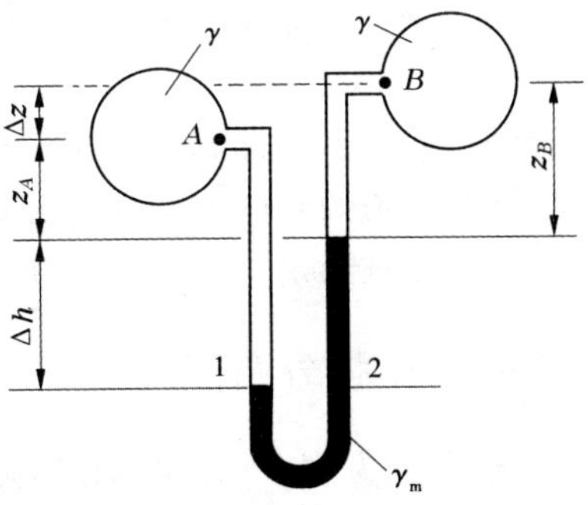

图 2-12　水银压差计

由静压方程得　1 点　$p_0 = p_A - \gamma a - \gamma \Delta h$

2 点　$p_0 = p_B - \gamma a - \gamma \Delta z$

$$p_A - \gamma a - \gamma \Delta h = p_B - \gamma a - \gamma \Delta z$$

$$p_A - p_B = \gamma \Delta h - \gamma \Delta z$$

对图 2-12 中的等压面 1—2,由静压方程得

$$p_1 = p_A + \gamma z_A + \gamma \Delta h$$

$$p_2 = p_B + \gamma z_B + \gamma_m \Delta h$$

因 $p_1=p_2$,得

$$p_A - p_B = (\gamma_m - \gamma)\Delta h + \gamma \Delta z$$

【例 2-8】 利用 U 形测压计量测容器中液体某点 A 的压强,只要测出如图 2-13 所示的高差 a,两管间液面差 h,即可求得 A 点的压强。$h=20$ cm,$a=25$ cm,$h_A=10$ cm,求 A 点压强 p_A、液面压强 p_0。如 $h=0$,其他数据不变,p_A、p_0 又是多少?真空值是多少?

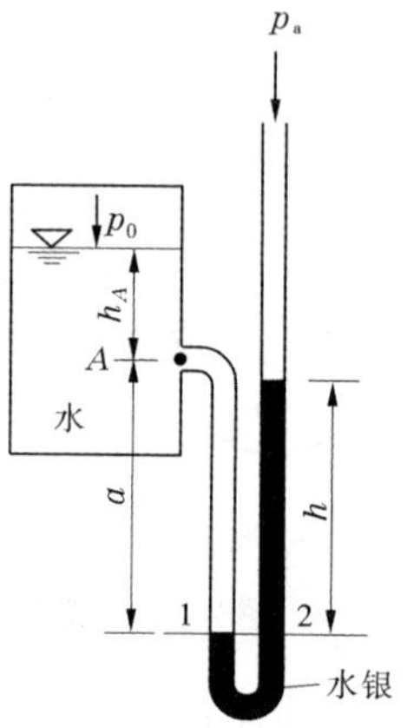

图 2-13 例 2-8 图

解:取等压面 1—2,知 $p_1=p_2$。

根据静压方程 $p_1=p_A+\gamma_水 a$ $p_2=\gamma_m h$

则 $p_A+\gamma_水 a=\gamma_m h$

得 $p_A=\gamma_m h-\gamma_水 a=133.3\times0.2-9.8\times0.25$
$=24.21(\text{kPa})$

又 $p_A=p_0+\gamma_水 h_A$

则 $p_0=p_A-\gamma_水 h_A=24.21-9.8\times0.1=23.23(\text{kPa})$

当 $h=0$,其他数据不变时,得

$$p_A=\gamma_m h-\gamma_水 a=0-9.8\times0.25=-2.45(\text{kPa})$$

$$p_0=p_A-\gamma_水 h_A=-2.45-9.8\times0.1=-3.43(\text{kPa})$$

A 点和液面都出现负压。当相对压强出现负压时,其绝对值就是真空值。

则真空值 $p_{A真}=2.45$ kPa $p_{0真}=3.43$ kPa

第四节 作用在平面上的静水总压力

工程中,常常需要计算作用于整个建筑物上的静水总压力,如平板闸门、大坝的坝面等,这些水工设施的共同点是受压面都是平面,故称为平面上的静水总压力。水力计算的任务,主要是计算静水总压力 P 的大小、方向和作用点。

一、静水压强分布图

由静水压强方程 $p=\gamma h$ 可知,压强 p 与水深 h 呈线性函数关系,把受压面上压强与水深的这种函数关系表示成图形,称为静水压强分布图。因为建筑物都处在大气中,各个方向的大气压是互相抵消的,计算中只涉及相对压强,所以只需画出相对压强分布图。

静水压强分布图的绘制原则如下:

(1)用有向线段(称箭头)长度代表该点静水压强的大小。

(2)用箭头方向表示静水压强的方向,必须垂直并指向受压面。

因 p 与 h 为线性关系,故在水深方向静水压强是直线分布,只要给出两个点的压强即可确定此直线。具体做法:可选受压面最上和最下两点,用 $p=\gamma h$ 算出其大小,再定性绘

出两点的箭杆长度(压强小,箭杆短;压强大,箭杆则长;压强相等,箭杆等长),然后连接箭杆尾端,标注两点压强大小,图形内部画若干箭头,即得静水压强分布图。

为便于记忆,可简化为:选两点、求大小、画箭杆、连箭尾、标数字、画中间(画内部箭杆)。

【例 2-9】 如图 2-14 所示,绘制矩形闸门 AB 平面的静水压强分布图。

解:(1)选两点,A 点和 B 点。

(2)求大小,$p_A=0$,$p_B=\gamma H$。

(3)画箭杆,A 点箭杆长度为 0,B 点箭杆长度为 γH,垂直并指向 AB 面。

(4)连箭尾,连接 A、B 两点箭杆的尾端。

(5)标数字,标注 B 点箭杆所表示的压强数据 γH($p_A=0$ 不必标)。

(6)画中间,图形内部画若干箭杆表示各点压强的分布。

矩形闸门 AB 平面的静水压强分布图如图 2-14 所示。

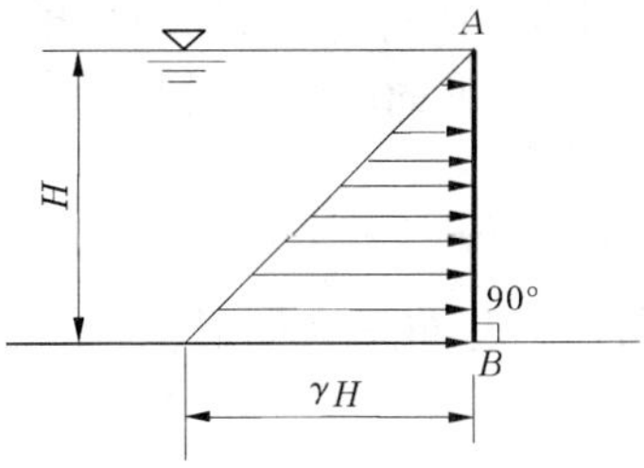

图 2-14　例 2-9 图

工程中常见的几种情况,见图 2-15。矩形受压面的静水压强分布图,因其在液体中的位置不同,而总共有三种图形:直角三角形、直角梯形、矩形。当受压面上边缘恰在水面,下边缘在水面以下时,不论受压面是垂直安放还是倾斜安放,其压强分布图均为三角形;当受压面上、下边缘都在水面以下,上边缘高于下边缘时,其分布图为梯形;当受压面上、下边缘都在水面下,且水平放置时,其压强分布图为矩形。复杂一些的图形只不过是这三种图形的组合而已。记住这三种图形及受压面的位置,就可以很快地画出分布图。

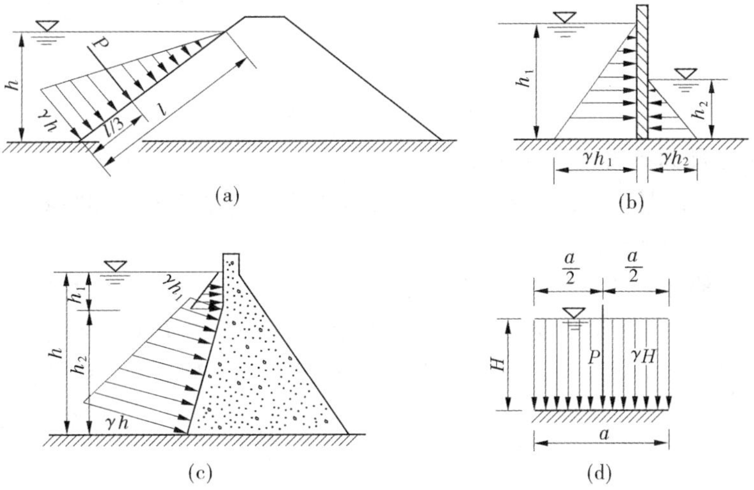

图 2-15　工程中常见的静水压强分布图

二、作用在矩形平面上的静水总压力

(一)静水总压力的大小(图解法)

平面上静水总压力 P 的大小,应等于分布在平面上各点静水压力的总和,即求 P 的大小就是求该平行分布力系的合力。在图 2-16 中，某一斜置板平板闸门 AB，绕 Oy 轴转 90°后的可见宽度 AF 为 b。AF 平行于水面，A 点的水深为 h_1，B 点的水深为 h_2，长度为 L。在水面下任一深度取微小面积 dA，$dA=bdy$，因微平面 dA 上各点压强均为 p，微小面积单位宽度上的力为 pdy，则作用在单位宽度上的静水总压力应等于静水压强分布图的面积 S，整个矩形平面的静水总压力等于压强分布图面积 S 乘以受压面宽度 b，即

$$P = S \cdot b \tag{2-11}$$

若压强分布图为梯形，则

$$P = \frac{\gamma}{2}(h_1 + h_2)Lb \tag{2-12}$$

若压强分布图为三角形，则

$$P = \frac{\gamma}{2}hbL \tag{2-13}$$

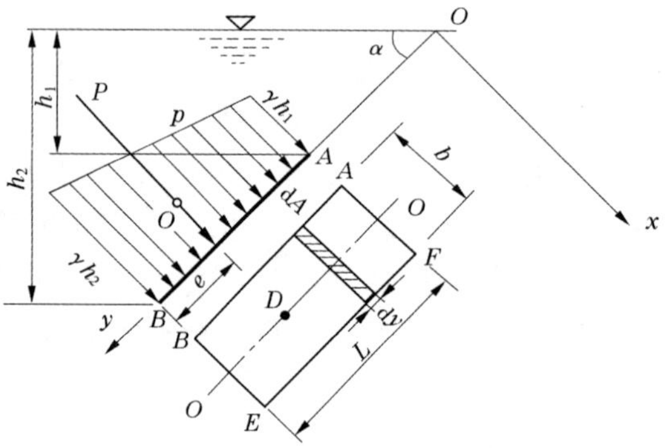

图 2-16　静水总压力作用点

（二）静水总压力的方向和作用点

根据静水压强的特性，静水压强的方向总是垂直指向受压面，因此静水总压力的方向必然垂直并指向受压平面。

对受压平面的分布力系，应用合力矩定理可推知：总压力 P 的作用点 D（又称压力中心）必位于受压面纵向对称轴 $O—O$ 轴上，同时总压力 P 的作用线必然通过压强分布图的形心 O。压力中心的位置用压力中心 D 至受压面底边缘的距离 e 表示，见图 2-16。

对三角形分布图

$$e = \frac{L}{3} \tag{2-14}$$

对梯形分布图

$$e = \frac{L}{3}\frac{2h_1 + h_2}{h_1 + h_2} \tag{2-15}$$

式中　h_1、h_2——受压面上、下边缘的水深；

L——受压面长度。

矩形受压面求静水总压力的图解步骤如下：

（1）绘出静水压强分布图。

(2)求静水总压力的大小 $P=Sb$。

(3)确定压力中心的位置 e。

【例 2-10】 如图 2-17(b)所示,已知 $h_1=3$ m,$h_2=6$ m,闸门宽 $b=2$ m,长 $L=5$ m,$\gamma=9.8$ kN/m^3,求闸门所受静水总压力。

解:绘压强分布图,见图 2-17(b)。

$$P=Sb=\frac{\gamma}{2}(h_1+h_2)bL=\frac{9.8}{2}\times(3+6)\times2\times5=441(\text{kN})$$

$$e=\frac{L}{3}\times\frac{2h_1+h_2}{h_1+h_2}=\frac{5}{3}\times\frac{2\times3+6}{3+6}=2.22(\text{m})$$

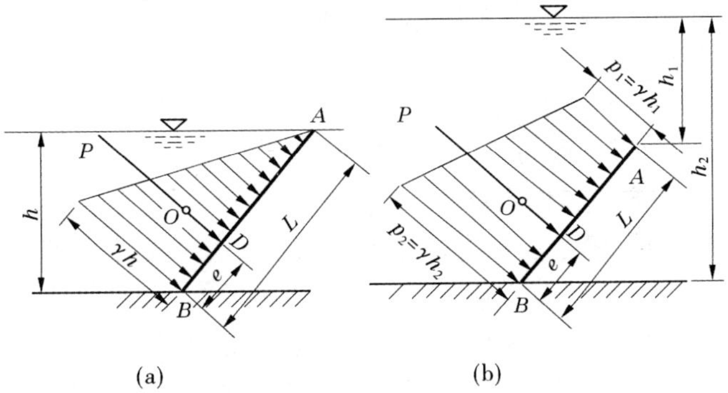

图 2-17 例 2-10 图

三、作用在任意平面上的静水总压力

(一)静水总压力的大小

对任意平面的静水总压力,图解法已不再适用,需用解析法求解。

如图 2-18 中实线所示,一任意平面斜置于水面以下,取坐标平面 xOy 与受压面重合,Ox 轴垂直于纸面,Oy 轴沿平面方向,将 Ox 轴绕 Oy 轴转 90°,就把任意受压面转展在纸面上。图 2-18 中各字母的意义分别是:A 为面积;h_C 为受压面形心在水下的深度;y_C 为受压面形心沿 y 轴的距离;C 为受压面形心点;D 为总压力作用点;h_D 为总压力作用点在水下的深度;y_D 为总压力作用点沿 y 轴的距离;α 为受压面与水面的交角。

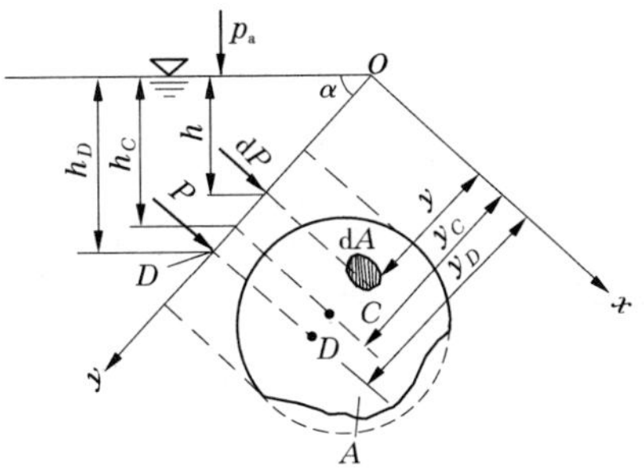

图 2-18 作用在任意平面上的静水总压力

把受压平面分成许多个微小平面,任取一微小面积 dA,其所处水深为 h,因 dA 极小,可认为 dA 上各点压强都等于 γh,则 dA 上的静水总压力为

$$\mathrm{d}P=p\mathrm{d}A=\gamma h\mathrm{d}A$$

根据平行力系求合力的原理,整个受压平面上的静水总压力,应等于各微小平面上

dP 的总和,通过积分可得

$$P=\int_A dP=\int_A \gamma h dA=\int_A y\gamma\sin\alpha dA=\gamma\sin\alpha\int_A y dA$$

由工程力学知,ydA 为微小平面 dA 对 Ox 轴的静面矩,$\int_A ydA$ 为受压面的各微小平面 dA 对 Ox 轴的静面矩的和,它等于受压面的面积乘上该面积形心到轴的距离 y_C,即 $y_C A$。因此

$$P=\gamma\sin\alpha y_C A=\gamma h_C A=p_C A \tag{2-16}$$

式中 h_C——受压面形心 C 点的水深;

p_C——受压面形心 C 点的静水压强,$p_C=\gamma h_C$;

A——受压面面积。

式(2-16)是任意平面上静水总压力的计算公式。它表明,任意平面上所受静水总压力的大小,等于受压平面形心点的静水压强与受压面面积的乘积。

(二)静水总压力的方向和作用点

根据静水压强的特性,静水总压力的方向必然垂直并指向受压平面。工程中受压面常为具有纵向对称轴的对称平面,如图 2-18 虚线所示的圆平面,静水总压力的作用点必位于对称轴上,一般无须计算 x_D,所以求得 y_D 后就可确定作用点的位置。

根据合力矩定理推求 y_D,即由各分力(微小面积上静水总压力 dP)对 Ox 轴的力矩之和,等于合力(总压力 P)对 Ox 轴的力矩的关系来推求。

图 2-18 上受压面各微小面积上静水总压力 dP 对 Ox 轴的力矩总和为

$$\int_A ydP=\int_A y\gamma hdA=\int_A y\gamma y\sin\alpha dA=\gamma\sin\alpha\int_A y^2 dA=\gamma\sin\alpha I_{Ox}$$

式中,$I_{Ox}=\int_A y^2 dA$,为受压面对 Ox 轴的惯性矩。

总压力 P 对 Ox 轴的力矩为

$$Py_D=\gamma h_C A y_D=\gamma y_C\sin\alpha A y_D$$

由合力矩定理可得

$$\gamma\sin\alpha I_{Ox}=\gamma y_C\sin\alpha A y_D$$

$$y_D=\frac{I_{Ox}}{y_C A} \tag{2-17}$$

设 I_C 为面积 A 对通过其形心且与 Ox 平行的轴的惯性矩,由工程力学的平行移轴原理得

$$I_{Ox}=I_C+y_C^2 A \tag{2-18}$$

把式(2-18)代入式(2-17)得

$$y_D=y_C+\frac{I_C}{y_C A} \tag{2-19}$$

由于$\frac{I_C}{y_C A}>0$,因此一般情况下有 $y_D>y_C$,即作用点(压力中心)在受压面形心以下,只

有当受压面水平时，$y_C \to \infty$ ，$\frac{I_C}{y_C A} \to 0$，D 点才与 C 点重合。

对圆形受压平面 $$I_C = \pi r^4/4 \tag{2-20}$$

对矩形受压平面 $$I_C = bh^3/12 \tag{2-21}$$

式中 r——圆的半径；

b——受压面宽度；

h——受压面高度。

其他常见平面静水总压力及其作用点位置计算，请参阅表 2-1。

表 2-1 常见平面图形的 A、y_C 及 I_{Cx} 的值

几何图形名称		面积 A	y_C	对通过形心点 Cx 轴的惯性矩 I_{Cx}
矩形	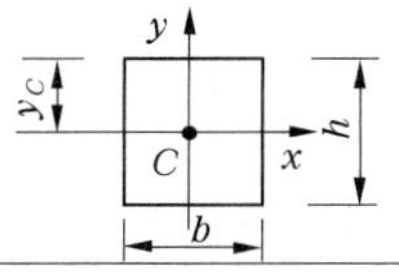	bh	$\frac{h}{2}$	$\frac{bh^3}{12}$
三角形	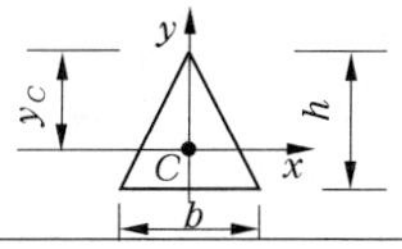	$\frac{bh}{2}$	$\frac{2h}{3}$	$\frac{bh^3}{36}$
梯形	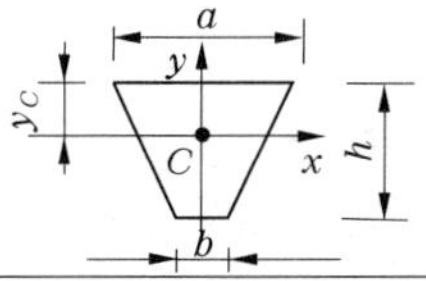	$\frac{h(a+b)}{2}$	$\frac{h}{3}(\frac{a+2b}{a+b})$	$\frac{h^3}{36}(\frac{a^2+4ab+b^2}{a+b})$
圆	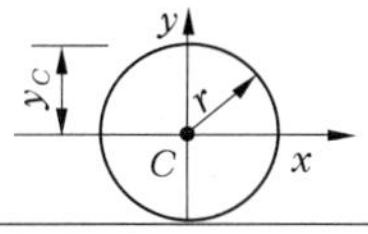	πr^2	r	$\frac{1}{4}\pi r^4$
半圆	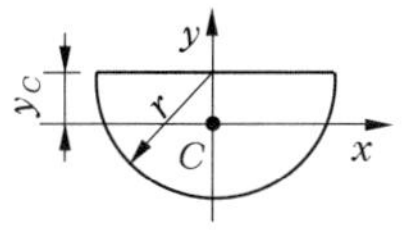	$\frac{1}{2}\pi r^2$	$\frac{4r}{3\pi}=0.424\,4r$	$\frac{9\pi^2-64}{72\pi}r^4=0.109\,8r^4$

【例 2-11】 如图 2-18 所示，若该平面为圆形平板闸门，半径 $r=0.5$ m，$\alpha=45°$，闸门上边缘距水面深度为 1 m，求闸门所受静水总压力。

解：$h_C = 1+r\sin\alpha = 1+0.5\times\sin45° = 1.35(\text{m})$

$$P=\gamma h_C A = 9.8\times1.35\times0.5^2\times3.14 = 10.39(\text{kN})$$

$$I_C = \frac{\pi r^4}{4} = \frac{1}{4}\times3.14\times0.5^4 = 0.049(\text{m}^4)$$

$$y_C = \frac{1}{\sin\alpha}+r = \frac{1}{\sin45°}+0.5 = 1.91(\text{m})$$

$$y_D = y_C + \frac{I_C}{y_C A} = 1.91+\frac{0.049}{1.91\times3.14\times0.5^2} = 1.94(\text{m})$$

第五节 作用在曲面上的静水总压力

一、静水总压力的两个分力

水工建筑物中常碰到受压表面为曲面的情况，如弧形闸门、拱坝坝面、闸墩及边墩等。其水压力计算归为曲面静水总压力的求解。因曲面上各点静水压强的方向垂直指向作用面，即曲面上各点的内法线方向，所以各点压力互不平行，求平面静水总压力的方法这里不再适用。因此，我们采用力学中“先分解，后合成”的原则求解静水总压力 P。

现以弧形闸门 AB 为例，讨论静水总压力计算问题，见图 2-19。

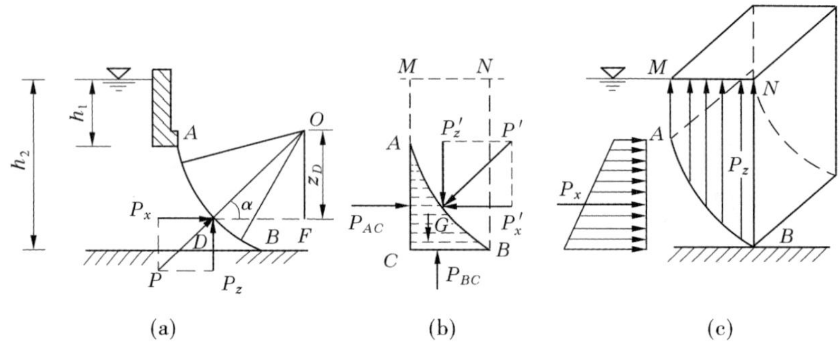

图 2-19 以弧形闸门 AB 为例分析静水总压力

为确定分力 P_x 和 P_z，先选取宽度为 b（闸门宽度）、截面为 ABC 的水体为脱离体，如图 2-19(b)所示，研究该水体的平衡。在图 2-19(b)中各符号含义如下：

P'——闸门对水体的反作用力，与 P 等值反向；

P'_x、P'_z——P' 的水平分力、垂直分力；

P_{AC}、P_{BC}——作用在 AC 面、BC 面的静水总压力；

G——脱离体的水重。

（一）静水总压力的水平分力（P_x）

因脱离体在水平方向是静止的，故该方向合力为 0，即

$$P'_x = P_{AC}$$

根据作用力与反作用力大小相等、方向相反的原理，闸门受到的水平分力为

$$P_x = P'_x = P_{AC} \tag{2-22}$$

式(2-22)表明：曲面静水总压力的水平分力 P_x 等于曲面在铅直平面上的投影面的静水总压力。其铅直平面上的投影面为矩形平面，故可以按确定平面静水总压力的方法（如图解法）来求 P_x，即

$$P_x = Sb \tag{2-23}$$

式中 S——曲面在铅垂平面上的投影面的静水压强分布图面积；

b——曲面的宽度。

由图 2-19 得
$$P_x = \frac{1}{2}\gamma(h_2^2 - h_1^2)b$$

也可用解析法公式(2-16)求解

$$P_x = p_C A$$

(二)静水总压力的铅直分力 P_z

脱离体在铅垂方向是静止的,故铅垂方向合力为0,即

$$P'_z = P_{BC} - G$$

P_{BC} 是 BC 平面上受到的静水总压力,BC 平面面积是以 BC 和 b 为边长的矩形平面面积,以 A_{BC} 表示,所处水深为 h_2,故其面上各点的压强都等于 γh_2,则

$$P_{BC} = \gamma h_2 A_{BC} = \gamma V_{MCBN}$$

式中　V_{MCBN} ——以 $MCBN$ 为底面积、b 为高的棱柱体体积。

$$G = \gamma V_{ACB}$$

式中　V_{ACB}——以 ACB 为底面积、b 为高的棱柱体体积。

$$P'_z = P_{BC} - G = \gamma V_{MCBN} - \gamma V_{ACB} = \gamma V_{MABN}$$

式中　V_{MABN}——以 $MABN$ 为底面积、b 为高的棱柱体体积,通称为压力体,见图2-19(c)。

面积 $MABN$ 以 $A_{剖}$ 表示,称为压力体剖面。

则
$$V_{MABN} = A_{剖}\ b$$

得
$$P'_z = \gamma V_{MABN} = \gamma A_{剖}\ b$$

由作用力与反作用力大小相等的原理,得

$$P_z = \gamma A_{剖}\ b = \gamma V_{压} \tag{2-24}$$

式中　$V_{压}$——压力体,$V_{压} = V_{MABN}$;

　　$\gamma V_{压}$——压力体水重。

式(2-24)表明:静水总压力的铅垂分力 P_z 等于压力体水重。在实际计算中,只要求得 $V_{压}$,就可求得 P_z,关键在于掌握压力体的画法。

(三)压力体的绘制方法

所谓压力体剖面图,即图2-19(c)中棱柱体(压力体)的横剖面,单个曲面壁的剖面图一般由三条边或四条边围成,多个曲面壁(凹凸方向不同)的剖面图系由单个曲面壁的剖面图合成而来(面积相等、方向相反部分抵消),故关键要掌握单个曲面壁剖面图的画法。画图步骤如下:

第一步,画曲面本身(指曲面本身的弧面)。

第二步,由曲面的上、下边缘(或是左、右边缘)向水面或其延长面做铅垂面。

第三步,由水面或水面的延长面将图形封闭。这个封闭的几何体,就是压力体。

第四步,压力体的方向,曲面上部受压时,方向向下;下部受压时,方向向上。

须指出,第二步容易出错的地方是,易向地面(向下)做铅垂面;正确的画法应该是向水面或水面的延长面做铅垂面。

【例2-12】 画图2-19(a)中曲面的压力体图。

解:第一步,画 AB 曲线,再画出其宽度 b(闸门宽度),构成曲面本身。

第二步,由 A 点和 B 点向水面线的延长线做垂线。

第三步,画水面线的延长线与垂线相交于两点。

第四步,画出曲面的宽度 b(闸门宽度),所构成的几何体,就是压力体图。

第五步，曲面下部受压，所以压力体方向向上。

最后，在图形内画若干箭头，箭头方向向上，即得压力体图，如图 2-19(c)所示 A_{MABN}。

为便于记忆，可以将做图四步骤总结为：第一步，画曲面；第二步，做铅垂面；第三步，水平面封闭；第四步，判方向。

【例 2-13】 画出图 2-20 中 AB 曲面的压力体图（AB 曲面的宽度省略不画）。

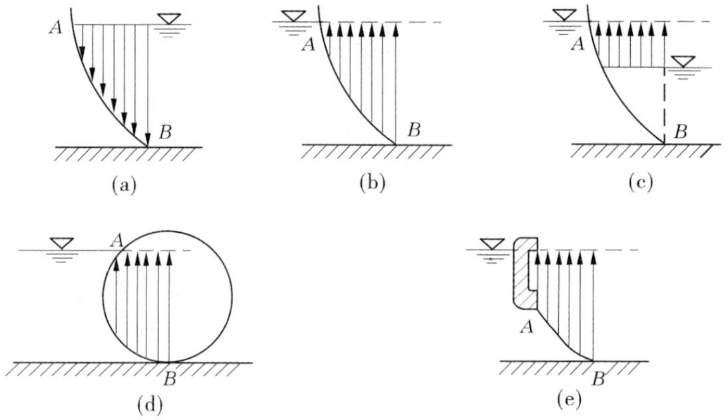

图 2-20 例 2-13 图

二、曲面壁上的静水总压力

由图 2-19(a)，根据力三角形法得总压力为

$$P = \sqrt{P_x^2 + P_z^2} \tag{2-25}$$

总压力的方向通过曲面的曲率中心垂直指向受压面，与水平方向的夹角为 α，即

$$\alpha = \arctan \frac{P_z}{P_x}$$

总压力作用点，是总压力作用线和曲面的交点 D。D 在铅垂方向的位置以受压曲面曲率中心至该点的铅垂距离 z_D 表示，即

$$z_D = R\sin\alpha$$

求总压力 P 的步骤如下：

(1)画出压力体图。

(2)求出 $P_x = p_C A$，$P_z = \gamma V_{压}$，$P = \sqrt{P_x^2 + P_z^2}$。

(3) 求 $\alpha = \arctan \dfrac{P_z}{P_x}$，$z_D = R\sin\alpha$。

【例 2-14】 如图 2-21 所示的弧形闸门，$R=6.0$ m，门宽 $b=4.0$ m，闸前水深 $H=4.8$ m，闸门中心与水面同高，试求作用在弧形闸门上的静水总压力。

解：求 P 的大小、方向：

水平分力 $P_x = \gamma h_C A = \dfrac{1}{2}\gamma H^2 b = \dfrac{1}{2} \times 9.8 \times 4.8^2 \times 4.0 = 451.58$(kN)

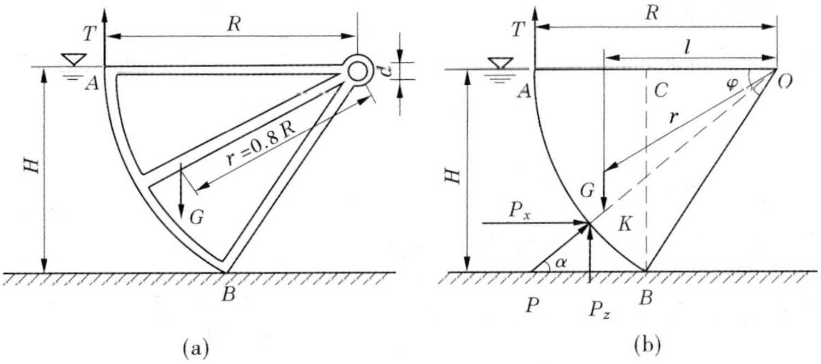

(a)　　(b)

图 2-21　例 2-14 图

铅垂分力　　$P_z=\gamma A_{剖}\ b=\gamma(扇形面积-\triangle BOC\ 面积)\times b$

$$\sin\varphi=\frac{H}{R}=\frac{4.8}{6.0}=0.8,所以\ \varphi=53.13°$$

$$扇形面积=\frac{\pi R^2}{360°}\varphi=\frac{3.14\times6^2}{360°}\times53.13°=16.68(\mathrm{m}^2)$$

$$OC=R\cos\varphi=6.0\times\cos53.13°=3.6(\mathrm{m})$$

$$\triangle BOC\ 面积=\frac{1}{2}H\times OC=\frac{1}{2}\times4.8\times3.6=8.64(\mathrm{m}^2)$$

则　　$$P_z=9.8\times(16.68-8.64)\times4.0=315.17(\mathrm{kN})$$

总压力　　$$P=\sqrt{P_x^2+P_z^2}=\sqrt{451.58^2+315.17^2}=550.69(\mathrm{kN})$$

$$\alpha=\arctan\frac{P_z}{P_x}=\arctan\frac{315.17}{451.58}=34.9°$$

小　结

1. 概念

(1)静水压强的两个特性。

(2)静水压强方程的几何意义和物理意义。

(3)$p_{绝}$、p、$p_{真}$的定义及其相互关系。

(4)静水压强的三种单位。

2. 静水压强的量测(方程 $p=p_0+\gamma h$)

原理:利用等压面、静水压强方程求解压强。

步骤如下:

(1)取等压面。

(2)对等压面及相关测点列静水压强基本方程。

(3)利用静水压强基本方程确定的两点压强之间的关系,分别从左、右两方向等压面推算求得压强。

3. 平面静水总压力

掌握图解法(只适用矩形受压平面)和解析法(适用任意形状平面)求解平面静水总压力。

求 P 的步骤如下:

(1)画出受压平面的静水压强分布图。

(2)图解法 $P=Sb$ (也可用解析法,$P=\gamma h_C A$)。

(3)作用点:三角形分布图 $e=\frac{L}{3}$,梯形分布图 $e=\frac{L}{3}\frac{2h_1+h_2}{h_1+h_2}$。

4. 曲面壁静水总压力

求解步骤如下:

(1)画出受压曲面压力体图。

(2)总压力的大小 $P_x=p_C A=\gamma h_C A$,$P_z=\gamma V_{压}$,$P=\sqrt{P_x^{\ 2}+P_z^{\ 2}}$。

(3)总压力方向及作用点 $\alpha=\arctan\frac{P_z}{P_x}$,$z_D=R\sin\alpha$。

习　题

2-1　静水压强分布图应绘成绝对压强分布图还是相对压强分布图?为什么?

2-2　分析图 2-22 中静水压强分布图错在哪里?

2-3　如图 2-23 所示,两种液体盛在同一容器中,且 $\gamma_1<\gamma_2$,在容器侧壁装了两根测压管。

试问:(1)图中所标明的测压管中水位对吗?应该哪个高?和原水面是否齐平?为什么?

(2)标出 1、2 点的测压管高度和测压管水头。

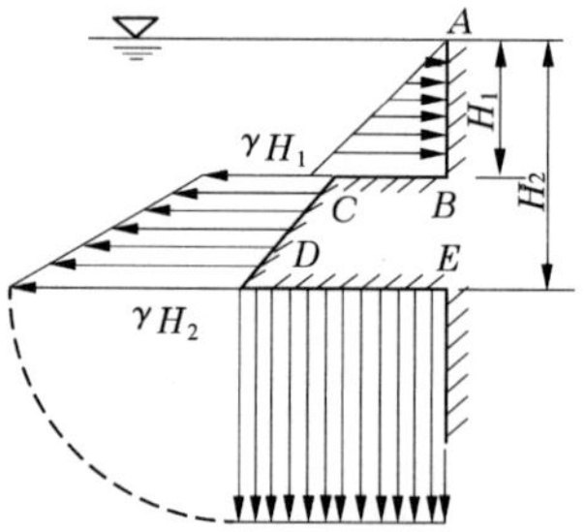

图 2-22

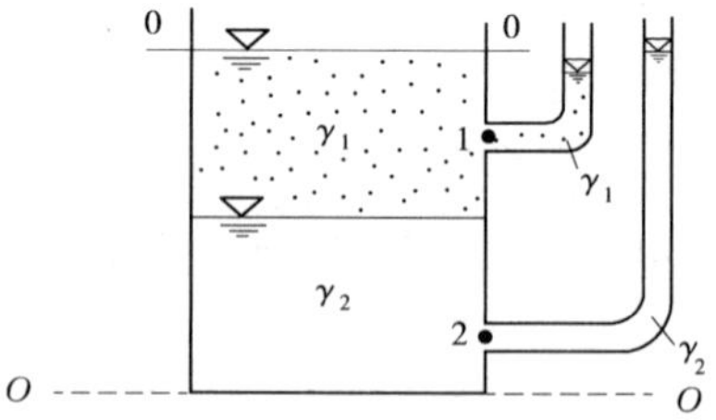

图 2-23

2-4　某蓄水池深为 14 m(见图 2-24),试确定护岸上 1、2 两点的静水压强的数值,并绘出方向。

2-5　试算出如图 2-25 所示的容器壁面上 1 ~ 5 各点的静水压强大小(以各种单位表示),并绘出静水压强的方向。

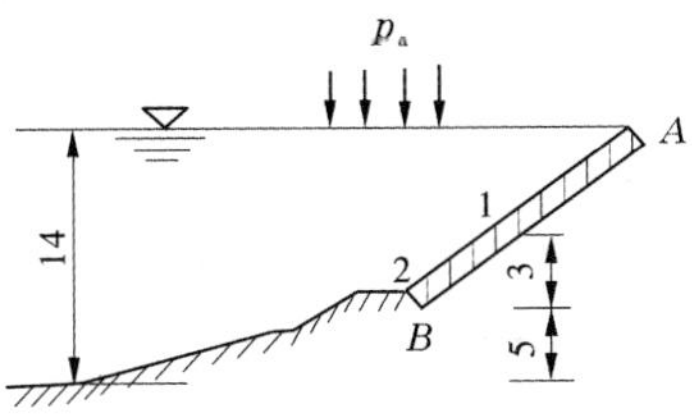

图 2-24　(单位:m)

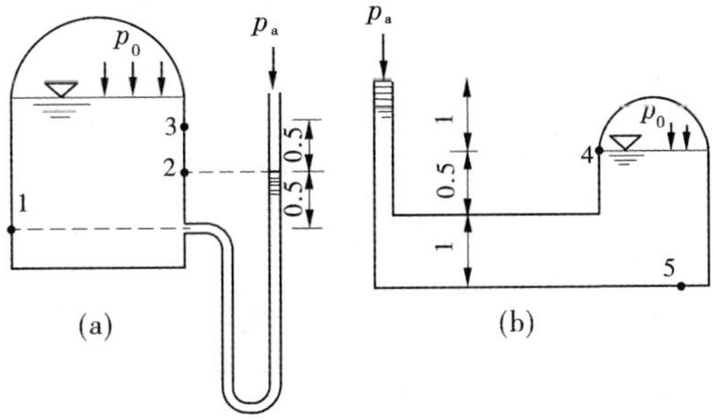

图 2-25　(单位:m)

2-6　已知某容器(见图 2-26)中 A 点的相对压强为 0.8 工程大气压,设在此高度上安装测压管,问至少需要多长的玻璃管?如果改装水银测压计,问水银柱高度 h_p 为多少(已测得 $h'=0.2$ m)?

2-7　测量某容器中 A 点的压强值,如图 2-27 所示。已知:$z=1$ m,$h=2$ m,求 A 点的相对压强,并用绝对压强和真空高度(若 $p_A<p_a$ 时)表示。

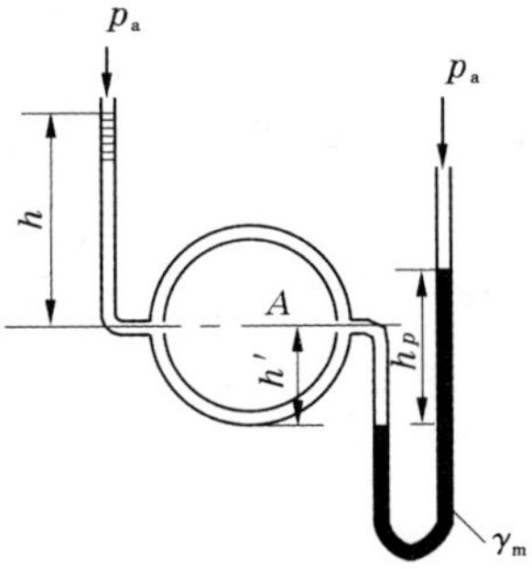

图 2-26

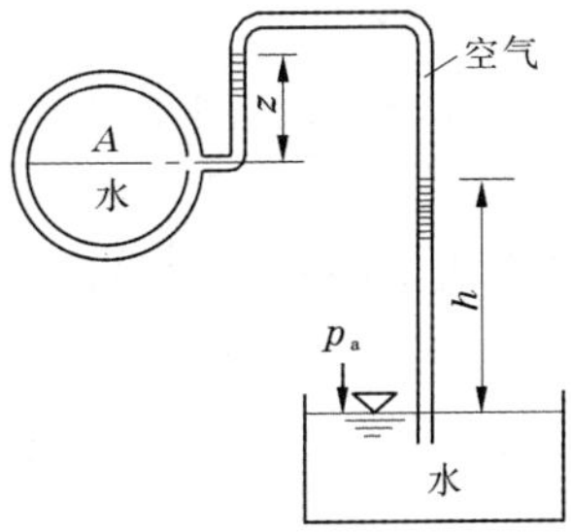

图 2-27

2-8　用水银比压计测量两容器中 1、2 两点的压强值。已知比压计读数 $h=350$ mm,1、2 两点位于同一高度,试计算 1、2 两点的压强差(见图 2-28)。

2-9　当压强差相当小时,为提高测量精度,有时采用斜管式比压计(见图 2-29)。若用斜管式比压计测量两容器中心 A、B 两点的压强差,读得 $h'_m=5$ cm、$\theta=30°$,试计算 B、A 两点的压强差。若将此比压计直立起来($\theta=90°$),读得的两管水面差应为多少?

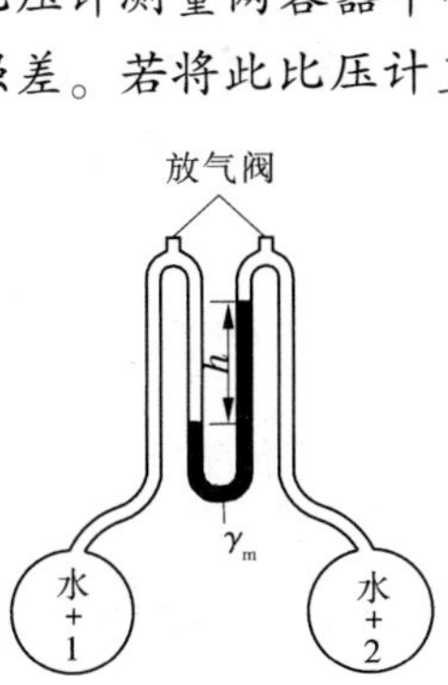

图 2-28

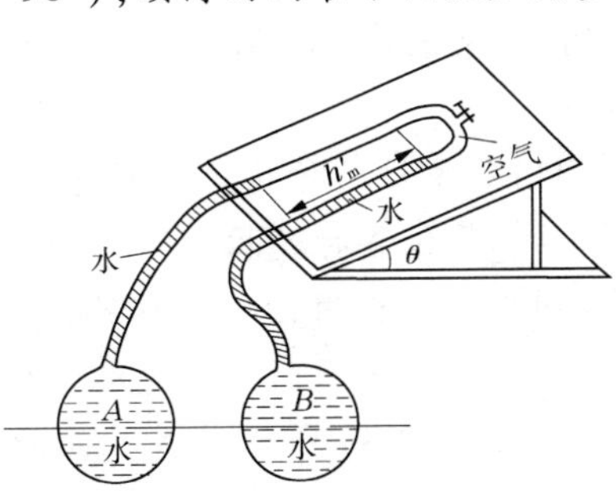

图 2-29

2-10　试绘制如图 2-30 所示挡水面上的压强分布图。

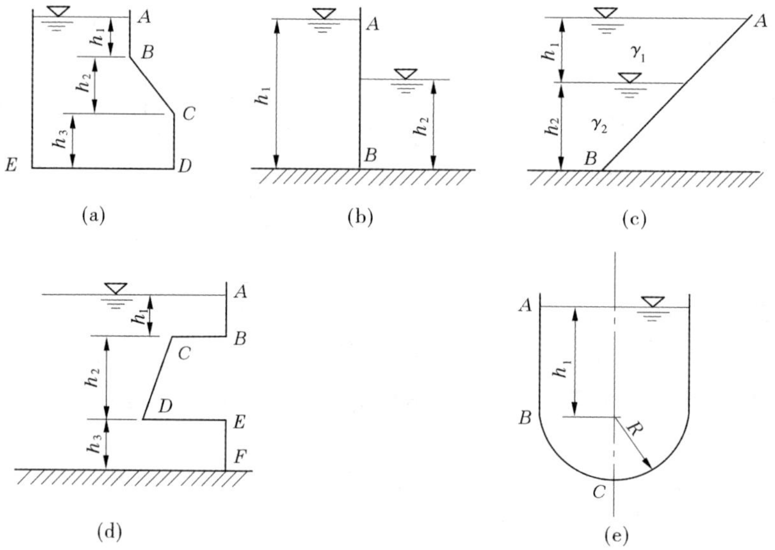

图 2-30

2-11　有一混凝土坝，坝上游水深 $h=24$ m，见图 2-31，求每米宽坝面所受的静水总压力及压力中心。

2-12　渠道上有一平面闸门（见图 2-32），宽 $b=4.0$ m，闸门在水深 $H=2.5$ m 下工作。试求：(1) 当闸门斜放 60°时受到的静水总压力。

(2) 当闸门铅直时所受的静水总压力。

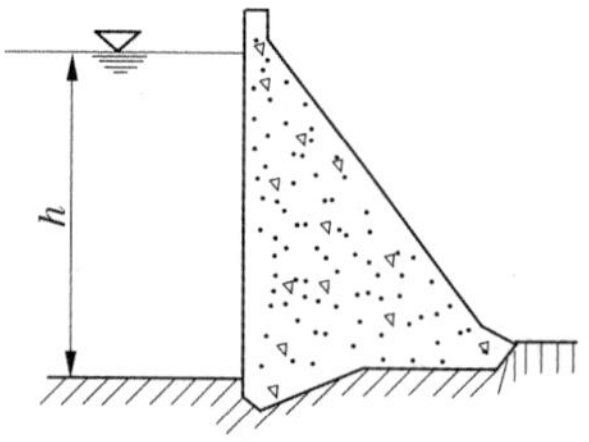

图 2-31

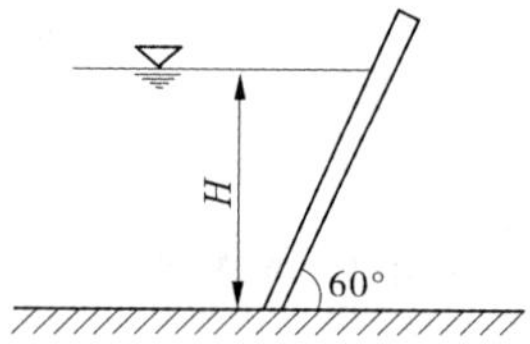

图 2-32

2-13　图 2-33 为一平板闸门，闸门宽 $b=4$ m，闸门顶部水深 $h_1=2$ m，闸门下游水面与闸门顶部同高，水深 $h_2=4$ m，闸门与水平面的夹角 $\alpha=60°$，闸门 AB 可绕 A 点转动，B 点有一铅垂方向的拉绳。

试求：(1) 闸门刚被拉动时的拉力 F。

(2) 闸门拉至水平位置时的拉力（不计闸门厚度和重量）。

2-14　在渠道侧壁上开有圆形放水孔（见图 2-34），放水孔直径 $d=0.5$ m，孔顶至水面深度 $h=2$ m，试求放水孔闸门上的静水总压力及作用点位置。

2-15　试绘制如图 2-35 所示各种柱面的压力体剖面图及其在铅垂投影面上的压强分布图。

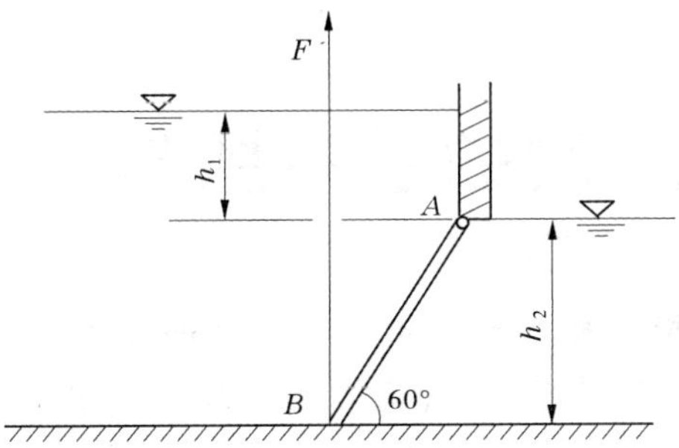

图 2-33

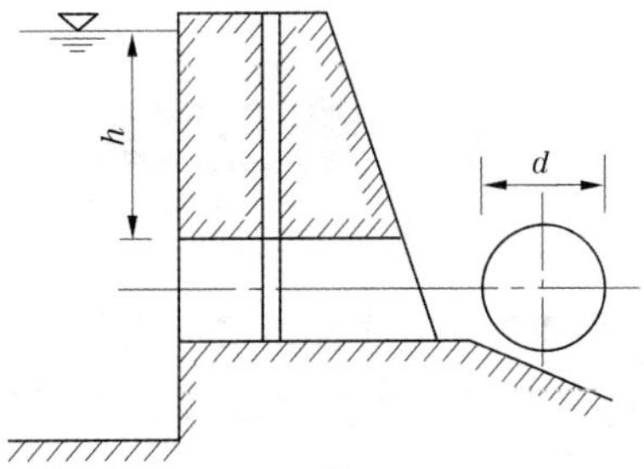

图 2-34

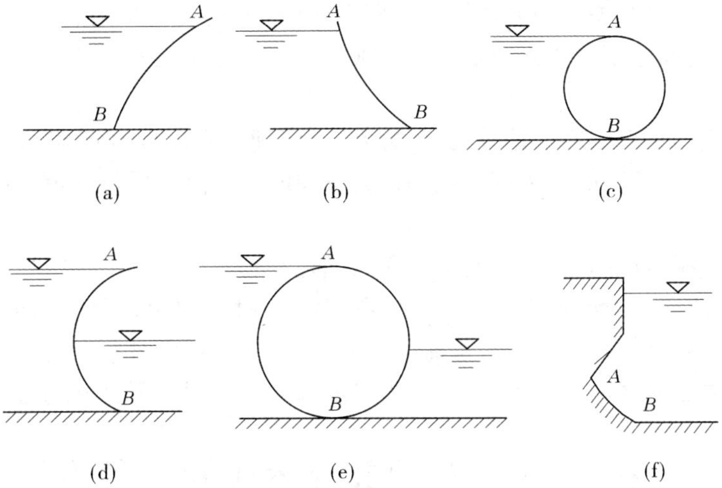

图 2-35

2-16　有一扇形闸门如图 2-36 所示,已知:$h=3$ m,$\alpha=45°$,闸门宽 $b=1$ m,求作用在扇形闸门上的静水总压力和压力中心。

2-17　某带胸墙的弧形闸门,如图 2-37 所示,已知闸门宽度 $b=12$ m,高 $H=9$ m,半径 $R=12$ m,闸门转轴距底也是 9 m,求弧形闸门上所受的静水总压力和压力中心。

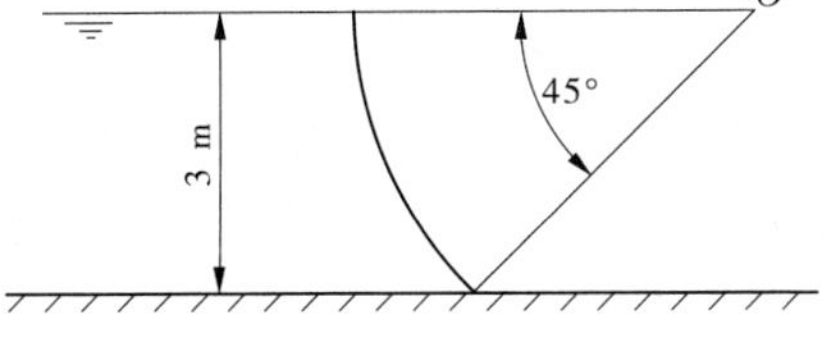

图 2-36

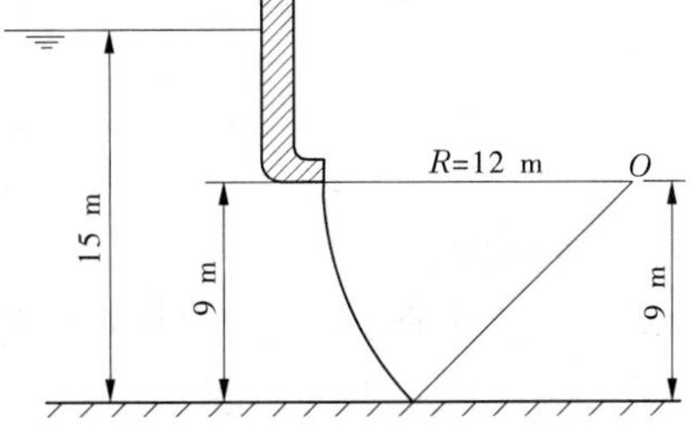

图 2-37

第三章 水流运动的基本原理

【学习要求】 理解液体运动的描述方法;掌握恒定流与非恒定流、均匀流与非均匀流、渐变流与急变流等基本概念与特点;理解恒定流的连续性原理,掌握连续性方程的应用;理解恒定流的能量原理,初步掌握能量方程的应用。

第二章已阐述了有关水静力学的基本概念、基本理论及其应用。但在自然界或许多工程实际问题中,液体多处于运动状态。因此,从本章开始将转入有关水流运动问题的讨论。

实际工程中的水流尽管千差万别、变化万千,但理论和实践都证明,它们必须遵循物质机械运动的普遍规律,如在物理学或理论力学中已学习过的质量守恒定律、动能定理和动量定理等。

本章作为水流运动问题的开端,重点介绍描述液体运动的方法和有关水流运动的基本概念,讨论并建立一元恒定流的连续性方程、能量方程、动量方程。至于如何应用这些规律解决具体边界条件特定形式的水流运动,将在以后各章中分别讨论。

本章是水力学的理论核心内容,它将为以后各章的学习打下良好的基础。

第一节 描述水流运动的两种方法

一、描述水流运动的两种方法

水流运动时,表征液体运动的各种物理量称为运动要素,常遇到的运动要素有流速、压强、加速度、切应力、液体的密度和容重等。这些运动要素一般除与空间坐标位置 x、y、z 有关外,还需要考虑时间的影响,即

$$\left.\begin{aligned} P &= P(x,y,z,t) \\ u &= u(x,y,z,t) \\ a &= a(x,y,z,t) \end{aligned}\right\}$$

式中 t——时间;

u——液体质点流速,简称点流速;

a——液体质点加速度。

另外,液体又是由无数质点构成的连续介质的流动。因此,要想从理论上研究液体运动规律,首先要解决的问题是如何描述液体的运动。

水力学中描述水流运动有两种方法,即迹线法和流线法。

(一)迹线法

迹线法就是像物理学中研究固体运动那样,把液体中各质点作为研究对象,跟踪每个

质点，考察分析质点所经过的轨迹及运动要素的变化规律，把每个液体质点的运动情况综合起来获得整个液体运动的规律。

利用迹线法研究液体运动实质上与研究一般固体力学方法相同，它着眼于液体中的各个质点，这种方法概念清晰，简单易懂。但它只适用于研究液体质点做某些有规则的运动，如波浪运动。对于其他形式的运动，因为液体质点的运动轨迹非常复杂，用该方法分析水流运动时，还会遇到许多较难解决的数学问题。另外，从实用上讲，大多数情况并不需要知道各质点的来龙去脉，而仅需了解某一固定区域的流动状况，所以这种方法在水力学上一般采用的不多。普遍采用的是较为简便实用的流线法。

（二）流线法

流线法是把充满液体质点的空间作为研究对象，不再跟踪每个质点，而是把注意力集中在考察分析水流中的水质点在通过固定空间点时的速度、压强的变化情况，来获得整个液体运动的规律。

由于流线法是以流动的空间作为研究对象，因此通常把液体流动所占据的空间称为流场。显然，处于运动中的全部液体质点，在同一时刻占据着流场中各自的空间点。不同的液体质点具有各自的速度、压强、密度等水力要素，所以这些水力要素是空间点位置坐标 (x,y,z) 的函数。对于同一空间点，不同时刻将由具有不同水力要素的液体质点所占据，所以它们也是时间的函数。这样，在整个流场中，液体运动的水力要素将是空间坐标 (x,y,z) 和时间 t 的函数。

（三）迹线与流线

用迹线法描述液体运动，是研究个别液体质点在不同时刻的运动情况，由此引出了迹线的概念。所谓迹线，就是指液体质点在运动过程中不同时刻所占据位置的连线，也就是液体质点运动的轨迹线。

用流线法描述液体运动，要考察同一时刻液体质点在不同空间点的运动情况，由此引出了流线的概念。所谓流线，就是指某一瞬时在流场中绘出的一条空间曲线，在该曲线上所有液体质点在该时刻的流速矢量都与这一曲线相切。由此可见，流线能够表示出某时刻各点的流动方向。

流线可用下述方法绘制：设想某一瞬时，在流场中任取一点 a，该液体质点的流速矢量为$\boldsymbol{u}_1$（见图 3-1），再在该矢量上取距点 a 很近的点 b，点 b 的流速矢量为 $\boldsymbol{u}_2$…继续做下去，就构成一条折线 $abcde$… 若折线上相邻各点的距离趋近于零，则折线 $abcde$… 将成为一条曲线，此曲线即为流线。

根据流线的概念，可知流线有以下特征：

（1）流线上所有各质点的切线方向就代表了该点的流动方向。

（2）一般情况下，流线既不能相交，也不能是折线，而只能是一条连续光滑的曲线。这是因为如果有两条流线相交，则在交点处，流速就会有两个方向；如果流线为折线，则在转折点处，同样将出现有两个流动方向的矛盾现象，所以流线只能是一条光滑曲线。

（3）流线上的液体质点只能沿着流线运动。这是因为水质点的流速是与流线相切的，在流线上不可能有垂直于流线的速度分量，所以液体质点不可能有横越流线的流动。

某一瞬时，在运动液体的整个空间绘出的由一系列流线所构成的图形，称为流线图，它可形象地描绘出该瞬时整个液流的流动趋势。流线图不仅能够反映空间点上液体质点的流速方向,对于不可压缩液体,流线图的疏密程度还能反映该时刻流场中各点的速度大小。流线愈密集的地方,流速愈大;流线愈稀疏的地方,流速愈小。同时,它的形状受到固体边界形状、离边界远近等因素的影响,见图 3-2。

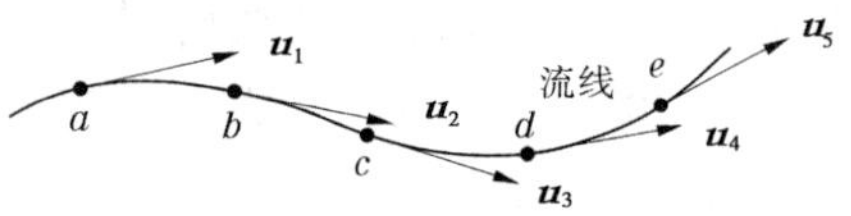

图 3-1　流线绘制图

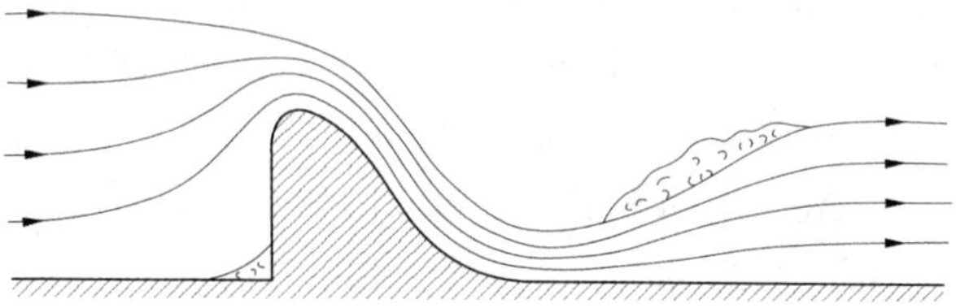

图 3-2　流线图

二、流管、微小流束、总流、过水断面

(一)流管

在流场中任取一封闭曲线,通过封闭曲线上各点画出许许多多条流线所构成的管状结构,称为流管。根据流线特征,流管内液体质点不能穿越流管壁流动。

(二)微小流束

充满以流管为边界的一束液流,称为微小流束,见图 3-3。微小流束过水断面面积很微小,它上面各点的运动要素在同一时刻一般可认为是相等的。由于微小流束的外包面是流管,因此微小流束与束外液体无能量、质量和动量的交换。由于液体不可压缩,因此从微小流束流入和流出的质量、能量和动量应一样。

(三)总流

在已给定的流动边界内,无数微小流束的总和,称为总流。任何一个具有一定大小尺寸边界(如自来水管、渠道及天然河道)的实际液流,都是总流。

(四)过水断面

与微小流束或总流流线正交的液流横断面,称为过水断面。过水断面可为平面,也可为曲面。在流线相互平行时,过水断面为平面;否则,过水断面则为曲面(见图 3-4)。

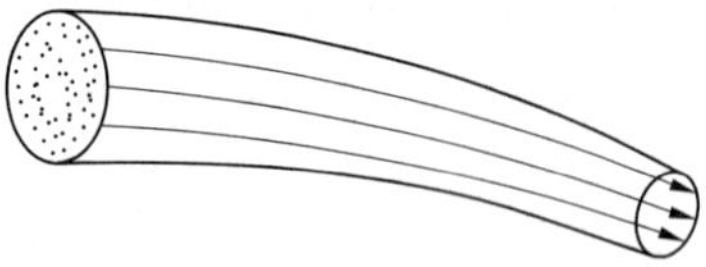

图 3-3　微小流束

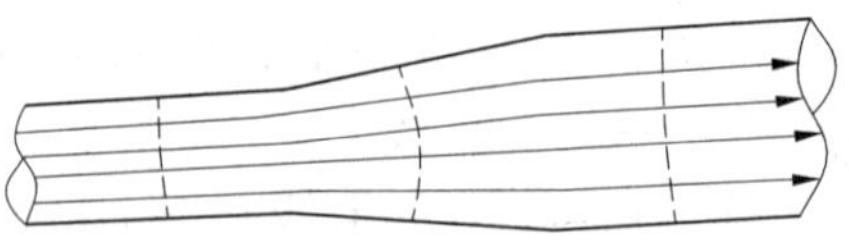

图 3-4　过水断面

三、水流的运动要素

(一)流量

单位时间内通过某一过水断面的液体体积,称为流量,用 Q 表示。其单位为米³/秒(m^3/s)或升/秒(L/s)。

假设在总流中任取一微小流束，其过水断面面积为 dA，流速为 u，则该微小流束的流量为

$$dQ = u\mathrm{d}A \tag{3-1}$$

设总流的过水断面面积为 A，则总流的流量应等于无数个微小流束的流量之和，即

$$Q = \int_Q \mathrm{d}Q = \int_A u\mathrm{d}A \tag{3-2}$$

若流速 u 在过水断面上的分布已知，则可通过积分求得通过该过水断面的流量。

(二)断面平均流速

在总流中，过水断面上各点的流速 u 一般并不一定相同，且断面流速分布不易确定。为使研究方便，实际工程中通常引入断面平均流速的概念。

设想过水断面上各点的流速都均匀分布，且等于 v(见图 3-5)，按这一流速计算所得的流量与按各点的真实流速计算所得的流量相等，则把流速 v 定义为该断面的平均流速，即

$$Q = \int_A u\mathrm{d}A = vA \tag{3-3}$$

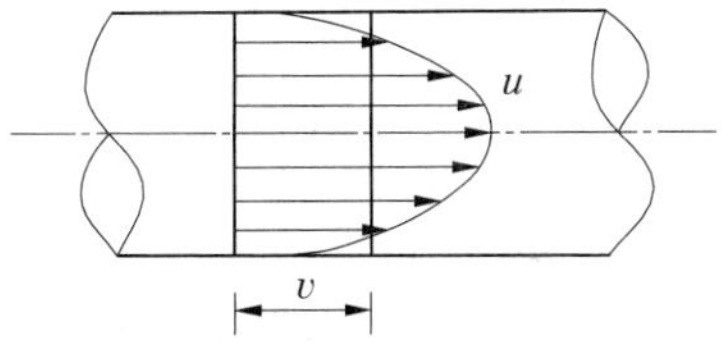

图 3-5 断面平均流速

所以

$$v = \frac{\int_A u\mathrm{d}A}{A} = \frac{Q}{A} \tag{3-4}$$

可见，总流的流量 Q 等于断面平均流速 v 与过水断面面积 A 的乘积。

(三)动水压强

液体运动时，液体中任意一点上的压强称为动水压强。

理想液体流动时与实际液体静止时，均不产生内摩阻力。因此，其任意一点各方向的压强与受压面的方位无关。但对于实际液体的运动，由于黏滞力与压应力同时存在，此时动水压强的大小一般将不再与作用面的方位无关，即从各方向作用于一点的动水压强并不相等。但动水在各个方向的变化受黏滞力的影响很小，而且从理论上可以证明，对于实际液体，任意一点任取彼此垂直的 3 个方向上动水压强的平均值，是一个不随 3 个彼此垂直方向选取而变化的常数。通常所说的实际液体某点的动水压强，即指 3 个方向压强的平均值。

四、水流运动的类型

(一)恒定流与非恒定流

根据液流的运动要素是否随时间变化，可将液流分为恒定流与非恒定流。

液体运动时，若任何空间点上所有的运动要素都不随时间而改变，这种水流称为恒定流。换句话说，在恒定流情况下的任一空间点上，无论哪个液体质点通过，其运动要素均不随时间而变化，它只是空间坐标的连续函数。就流速和动水压强而言，可表示为

$$
\left.\begin{aligned}
u_x &= u_x(x,y,z)\\
u_y &= u_y(x,y,z)\\
u_z &= u_z(x,y,z)\\
p &= p(x,y,z)
\end{aligned}\right\}
$$

液体运动时，若任何空间点上有一运动要素随时间发生了变化，这种水流称为非恒定流。例如，在水箱侧壁上开有孔口，当箱内水面保持不变(即 H 为常数)时，孔口泄流的形状、尺寸及运动要素均不随时间而变，这就是恒定流，见图 3-6。反之，箱中水位由 H_1 连续下降到 H_2。此时，泄流形状、尺寸、运动要素都随时间而变化，这就是非恒定流，见图 3-7。

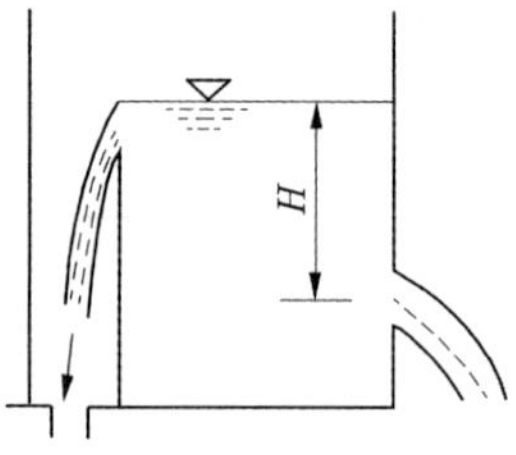

图 3-6　恒定流

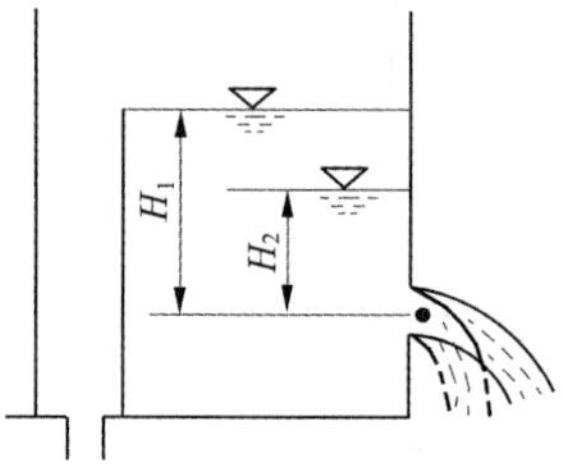

图 3-7　非恒定流

由于恒定流运动要素不随时间而改变，因此流线形状也不随时间而变化。此时，流线与迹线重合，水流运动的分析比较简单，本章只研究恒定流。

(二)均匀流与非均匀流

在恒定流中，可根据液流的运动要素是否沿程变化，将液流分为均匀流与非均匀流。若同一流线上液体质点流速的大小和方向均沿程不变地流动，称为均匀流。液体在直径不变的长直管中的流动，或在断面形状、尺寸沿程不变的长直渠道中的流动，均为均匀流。

在均匀流中，沿同一根流线的流速分布是均匀的，所以流线是一组互相平行的直线，此时过水断面为平面。

当液流流线上各质点的运动要素沿程发生变化，流线不是彼此平行的直线时，称为非均匀流。液体在收缩管、扩散管或弯管中的流动，以及液体在断面形状、尺寸改变的渠道中的流动，均为非均匀流。

(三)渐变流与急变流

在非均匀流中，根据流线的不平行程度和弯曲程度，可将其分为渐变流与急变流。渐变流是指流线接近于平行直线的流动，见图 3-8。此时，各流线的曲率很小(曲率半径 R 较大)，流线间的夹角也很小，它的极限情况就是流线为平行直线的均匀流。

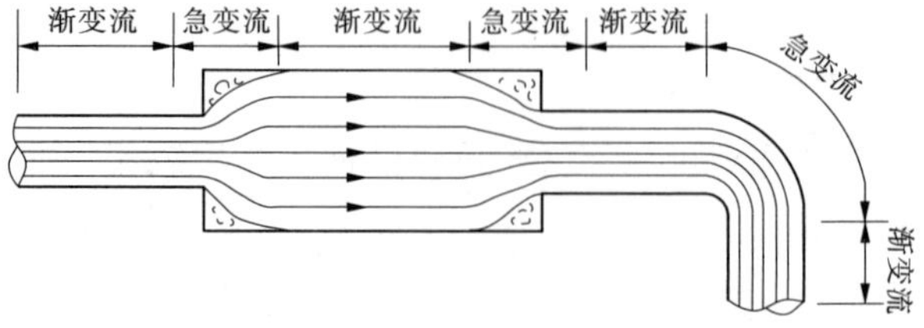

图 3-8　渐变流与急变流

由于渐变流中流线近似平行，因此可认为渐变流过水断面近似为平面。

急变流是指流线的曲率较大，流线之间的夹角也较大的流动。此时，流线已不再是一组平行的直线，因此过水断面为曲面。管道转弯、断面扩大或收缩使水面发生急剧变化处的水流，均为急变流，见图 3-8。

（四）有压流、无压流、射流

根据液流在流动过程中有无自由表面，可将其分为有压流与无压流。

液体沿流程整个周界都与固体壁面接触，而无自由表面的流动称为有压流。它主要是依靠压力作用而流动，其过水断面上任意一点的动水压强一般与大气压强不等。例如，自来水管和有压涵管中的水流，均为有压流。

若液体沿流程一部分周界与固体壁面接触，另一部分与空气接触，具有自由表面的流动，称为无压流。它主要是依靠重力作用而流动，因无压流液面与大气相通，故又可称为重力流或明渠流。例如，河渠中的水流和无压涵管中的水流，均为无压流。

水流从管道末端的喷嘴流出，射向某一固体壁面的流动，称为射流。射流四周均与大气相接触。

（五）一元流、二元流、三元流

在工程实际中，实际水流的运动一般极为复杂，它的运动要素是空间位置坐标和时间的函数（对于恒定流，则仅是空间位置坐标的函数）。根据液流运动要素依据空间自变量的个数，可将液流分为一元流、二元流和三元流。

如果水流运动要素只与一个空间自变量有关，这种水流称为一元流。例如，微小流束，因它的运动要素只与流程坐标有关，故微小流束为一元流。对于总流，严格地讲，都不是一元流，但若把过水断面上与点的坐标有关的运动要素（如流速、压强等）进行断面平均，如用断面平均流速去代替过水断面上各点的流速，这时总流也可视为一元流。

如果水流运动要素与两个空间自变量有关，这种水流称为二元流。例如，一矩形断面的顺直明渠，当渠底宽很大，两侧边界影响可忽略不计时，其运动要素（如点流速）仅在沿程方向和水深方向变化。

如果水流运动要素与三个空间自变量有关，这种水流称为三元流。严格地讲，任何实际水流都是三元流，如天然河道及断面形状、尺寸沿程变化的人工渠道中的水流。

从理论上讲，只有按三元流来分析水流现象才符合实际，但此时水力计算较为复杂，难以求解。因而在实际工程中，常结合具体水流运动特点，采用各种平均方法（如最常见的断面平均法），将三元流简化为一元流或二元流，由此而引起的误差，可通过修正系数加以校正。

第二节 恒定总流连续性方程

水流运动和其他物质运动一样，也必须遵循质量守恒定律。恒定流连续性方程，实质上就是质量守恒定律在水流运动中的具体体现。

在恒定流中任取一段微小流束作为研究对象（见图 3-9），设断面 1—1 的过水断面面积为 dA_1，流速为 u_1，断面 2—2 的过水断面面积为 dA_2，流速为 u_2。考虑到：

(1)在恒定流条件下,微小流束的形状与位置不随时间而改变。

(2)液体一般可视为不可压缩的连续介质,其密度为常数。

(3)液体质点不可能从微小流束的侧壁流入或流出。

这样,根据质量守恒定律,在 dt 时段内,流入断面 1—1 的水体的质量应等于流出断面 2—2 的水体的质量,即

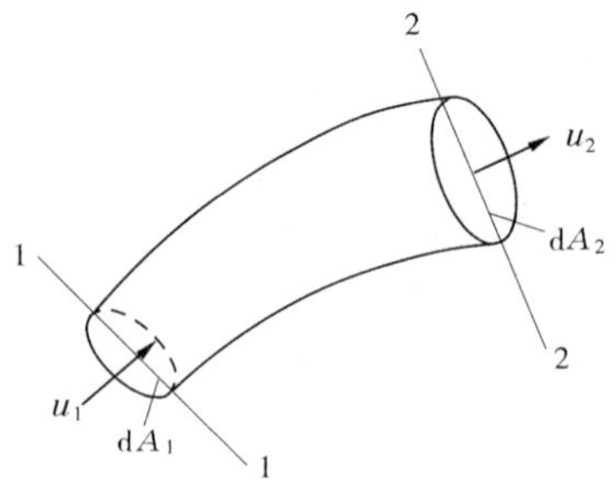

图 3-9 恒定流微小流束

$$\rho u_1 dA_1 dt = \rho u_2 dA_2 dt$$

消去 ρdt 得

$$u_1 dA_1 = u_2 dA_2$$

或

$$u_1 dA_1 = u_2 dA_2 = dQ = 常数 \tag{3-5}$$

式(3-5)为恒定流微小流束的连续性方程。

总流是无数个微小流束的总和,将微小流束的连续性方程在总流过水断面上积分,便可得到总流的连续性方程,即

$$\int_Q dQ = \int_{A_1} u_1 dA_1 = \int_{A_2} u_2 dA_2$$

引入断面平均流速后成为

$$Q = v_1 A_1 = v_2 A_2 = 常数 \tag{3-6}$$

或

$$\frac{v_2}{v_1} = \frac{A_1}{A_2} \tag{3-7}$$

式(3-7)为恒定总流的连续性方程。式中的 v_1 与 v_2 分别表示过水断面 A_1 及 A_2 的断面平均流速。连续性方程表明:

(1)对于不可压缩的恒定总流,流量沿程不变。

(2)如果断面沿流程变化,则任意两个过水断面的平均流速的大小与过水断面面积成反比。断面大的地方流速小,断面小的地方流速大。

上述总流的连续性方程是在流量沿程不变的条件下建立的,若沿程有流量汇入或分出,则连续性方程在形式上需做相应的变化。当有流量汇入(见图 3-10)时,其连续性方程为

$$Q_1 + Q_2 = Q_3 \tag{3-8}$$

当有流量分出(见图 3-11)时,其连续性方程为

$$Q_1 = Q_2 + Q_3 \tag{3-9}$$

【例 3-1】 有一变直径圆管(见图 3-12),已知断面 1—1 的直径 $d_1 = 200$ mm,断面平均流速 $v_1 = 0.5$ m/s;断面 2—2 的直径 $d_2 = 100$ mm。

试求:(1)断面 2—2 的断面平均流速 v_2。

(2)管中流量 Q。

解:(1)求断面平均流速 v_2。

根据恒定总流连续性方程得

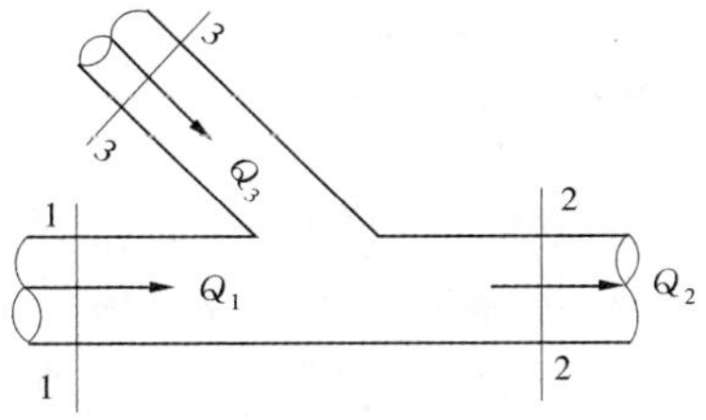

图 3-10　流量汇入

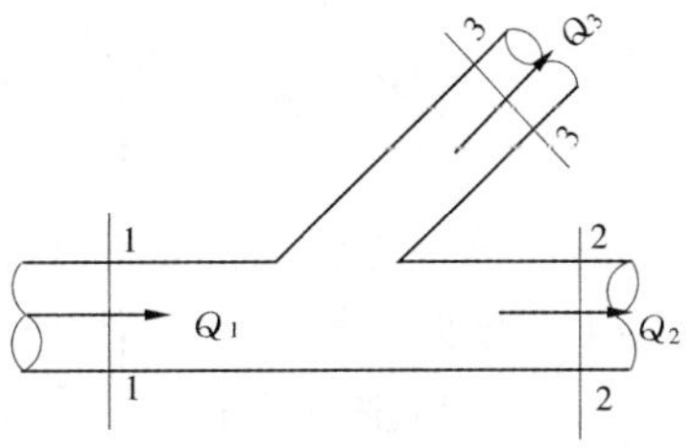

图 3-11　流量分出

$$v_1A_1 = v_2A_2$$

而
$$A_1 = \frac{\pi}{4}d_1^2；A_2 = \frac{\pi}{4}d_2^2$$

于是
$$v_2 = v_1\frac{d_1^2}{d_2^2} = 0.5 \times (\frac{0.2}{0.1})^2 = 2(\mathrm{m/s})$$

(2)求管中流量 Q。

$$Q = v_1A_1 = v_1 \times \frac{\pi}{4}d_1^2 = 0.5 \times \frac{3.14}{4} \times 0.2^2 = 0.0157(\mathrm{m^3/s})$$

【例 3-2】 一分岔管路如图 3-13 所示，已知管径 $d_1 = d_2 = 200$ mm，$d_3 = 100$ mm，断面平均流速 $v_1 = 4$ m/s，$v_2 = 3$ m/s，试求断面平均流速 v_3。

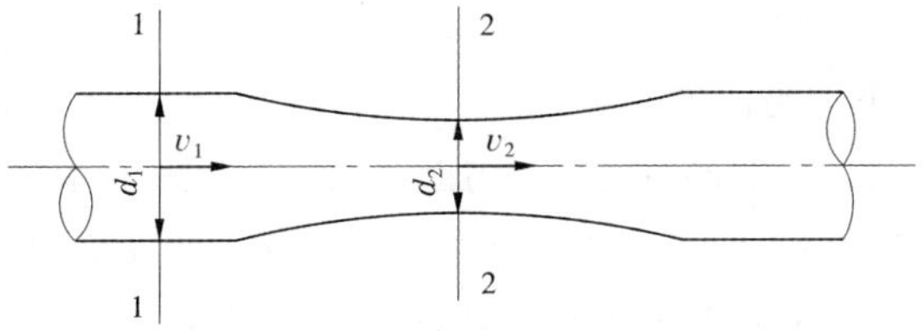

图 3-12　例 3-1 图

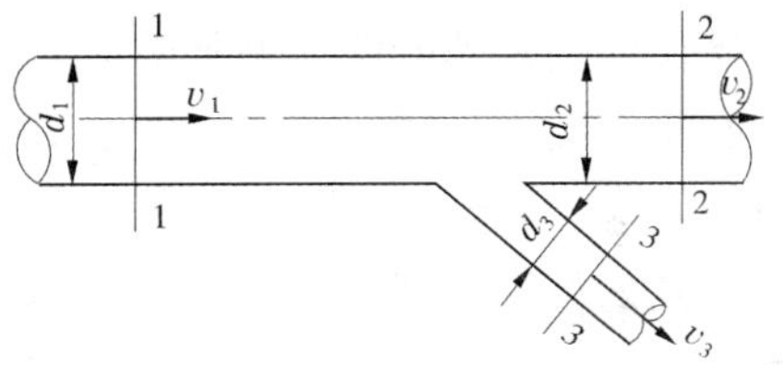

图 3-13　例 3-2 图

解：根据连续性方程得

$$Q_1 = Q_2 + Q_3$$

即
$$v_1A_1 = v_2A_2 + v_3A_3$$

其中
$$Q_1 = v_1A_1 = v_1\frac{\pi d_1^2}{4} = 4 \times \frac{3.14 \times 0.2^2}{4} = 0.1256(\mathrm{m^3/s})$$

$$Q_2 = v_2A_2 = v_2\frac{\pi d_2^2}{4} = 3 \times \frac{3.14 \times 0.2^2}{4} = 0.0942(\mathrm{m^3/s})$$

$$A_3 = \frac{\pi d_3^2}{4} = \frac{3.14 \times 0.1^2}{4} = 0.00785(\mathrm{m^2})$$

$$v_3 = \frac{v_1A_1 - v_2A_2}{A_3} = \frac{0.1256 - 0.0942}{0.00785} = 4(\mathrm{m/s})$$

第三节 恒定总流的能量方程

恒定流的连续性方程虽然揭示了液流断面平均流速与过水断面面积之间的关系，但却不能解决工程实际中常涉及的作用力和能量问题。为此，还需进一步研究液体运动所遵循的其他规律。恒定流的能量方程就是应用能量转化与守恒原理，分析液体运动时动能、压能和位能三者之间的相互关系。它为解决实际工程的水力计算问题奠定了理论基础。

一、微小流束的能量方程

由物理学动能定理可知：运动液体动能的增量，等于同一时段内作用于运动液体上各外力对液体做功的代数和，即

$$\sum M = \frac{1}{2}mu_2^2 - \frac{1}{2}mu_1^2$$

式中 $\sum M$——所有外力对物体做功的总和；

u_1——物体处于起始位置时的速度；

u_2——在外力作用下，物体运动到新位置时的速度；

m——运动物体的质量。

下面就根据动能定理来分析恒定流微小流束的能量方程。

在实际液体恒定流中取出一段微小流束，选取断面1—1与断面2—2之间的水体作为研究对象。设微小流束过水断面1—1与过水断面2—2的面积分别为dA_1和dA_2，其断面形心点的位置高度分别为z_1和z_2，动水压强分别为p_1和p_2，相应的流速为u_1和u_2。对于微小流束，过水断面上各点的流速与动水压强可认为是相等的。假设经过dt时段，微小流束由原来的1—2位置移动到了新的位置1′—2′，则断面1—1与断面2—2所移动的距离分别为

$$dl_1 = u_1 dt \qquad dl_2 = u_2 dt$$

由图3-14可见，1′—2是dt时段内运动液体始末共有流段，这段微小流束水体虽有液体质点，1′—2段水体的形状、体积和位置都不随时间发生变化。所以，要研究微小流束从1—2位置移动到1′—2′位置时，只需研究微小流束从1—1′段移动到2—2′位置的运动就可以了。

（一）动能的增量

在恒定流条件下，共有流段1′—2的质量和各点的流速不随时间而变，因而其动能也不随时间变化，所以微小流束段动能的增量就等于流段2—2′段动能与1—1′段动能之差。

根据质量守恒原理，流段2—2′与1—1′的质量相等，即$dm = \frac{\gamma dV}{g}$，于是动能的增量可表示为

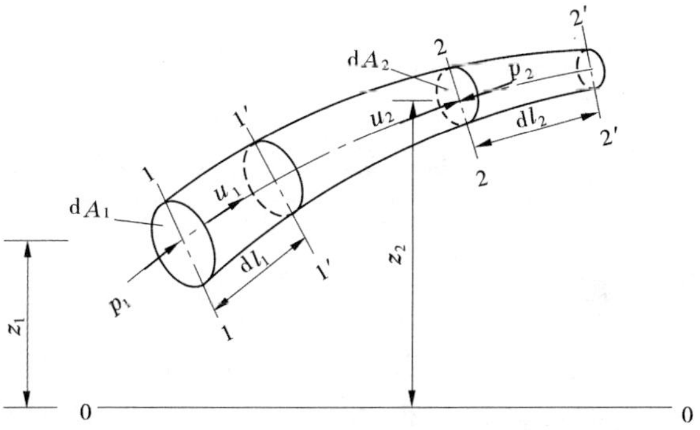

图 3-14　微小流束

$$\frac{1}{2}\mathrm{d}mu_2^2 - \frac{1}{2}\mathrm{d}mu_1^2 = \frac{\gamma \mathrm{d}V}{2g}(u_2^2 - u_1^2)$$

(二)外力做功

对微小流束做功的力有动水压力、重力和微小流束在运动过程中所受到的摩擦阻力。

1. 动水压力做功

作用于微小流束上的动水压力有两端断面上的动水压力和微小流束侧表面上的动水压力。由于微小流束侧表面上的动水压力与水流运动方向垂直,故不做功。

作用于过水断面 1—1 上的动水压力 $p_1\mathrm{d}A_1$ 与水流运动方向相同,故为正功;作用于过水断面 2—2 上的动水压力 $p_2\mathrm{d}A_2$ 与水流运动方向相反,故为负功。于是动水压力所做的功为

$$p_1\mathrm{d}A_1\mathrm{d}l_1 - p_2\mathrm{d}A_2\mathrm{d}l_2 = p_1\mathrm{d}A_1u_1\mathrm{d}t - p_2\mathrm{d}A_2u_2\mathrm{d}t = \mathrm{d}Q\mathrm{d}t(p_1 - p_2)$$

2. 重力做功

微小流束段 1—1′和 2—2′的位置高度差为 $z_1 - z_2$,重力对共有段 1′—2 不做功。于是液体从 1—1′移动到 2—2′时重力所做的功为

$$\mathrm{d}G(z_1 - z_2) = \gamma \mathrm{d}V(z_1 - z_2) = \gamma \mathrm{d}Q\mathrm{d}t(z_1 - z_2)$$

3. 阻力做功

对于实际液体,由于黏滞性的存在,液体运动时必须克服内摩擦阻力,消耗一定的能量,故阻力所做的功为负功。设阻力对单位重量液体所做的功为 h'_w,则对于所研究的微小流束由 1—1′位置移动到 2—2′位置,阻力所做的功为

$$-\gamma \mathrm{d}Q\mathrm{d}h'_w$$

所以,外力对微小流束所做的功,应为以上三项外力做功的代数和,即

$$\gamma \mathrm{d}Q\mathrm{d}t(z_1 - z_2) + \mathrm{d}Q\mathrm{d}t(p_1 - p_2) - \gamma \mathrm{d}Q\mathrm{d}h'_w$$

根据动能定理,则有

$$\gamma \mathrm{d}Q\mathrm{d}t(z_1 - z_2) + \mathrm{d}Q\mathrm{d}t(p_1 - p_2) - \gamma \mathrm{d}Q\mathrm{d}h'_w = \gamma \mathrm{d}Q\mathrm{d}t\left(\frac{u_2^2}{2g} - \frac{u_1^2}{2g}\right)$$

将以上各项同时除以 $\gamma \mathrm{d}Q\mathrm{d}t$,得单位质量液体功和能之间的关系式为

$$z_1 - z_2 + \frac{p_1}{\gamma} - \frac{p_2}{\gamma} - h'_w = \frac{u_2^2}{2g} - \frac{u_1^2}{2g}$$

整理得

$$z_1 + \frac{p_1}{\gamma} + \frac{u_1^2}{2g} = z_2 + \frac{p_2}{\gamma} + \frac{u_2^2}{2g} + h'_w \tag{3-10}$$

这就是恒定流微小流束的能量方程，该式是由瑞士的物理学家和数学家伯努利在1738年首次推导出来的，故又称为恒定流微小流束的伯努利方程。

二、动水压强的分布规律

一般情况下，实际液体中某点的动水压强与受压面方向有关，过水断面动水压强的分布规律与静水压强的分布规律也有所不同，但在某些特殊情况下，如均匀流和渐变流中却可以认为动水压强具有与静水压强同样的特性，实际液体中某点的动水压强与受压面方向无关，且过水断面上动水压强的分布符合静水压强直线分布规律。

（一）均匀流中过水断面上的动水压强分布规律

对均匀流，流线为一组平行直线，因而过水断面为平面。在均匀流过水断面 $n—n$ 上任意两相邻流线间取一长为 $\mathrm{d}l$，高为 $\mathrm{d}z$，底面积为 $\mathrm{d}A$，与铅垂方向夹角为 θ 的微小柱体（见图3-15），设该微小柱体两端面形心点处的动水压强分别为 p 与 $p+\mathrm{d}p$。下面分析沿 $n—n$ 轴向作用于微小柱体上的力。

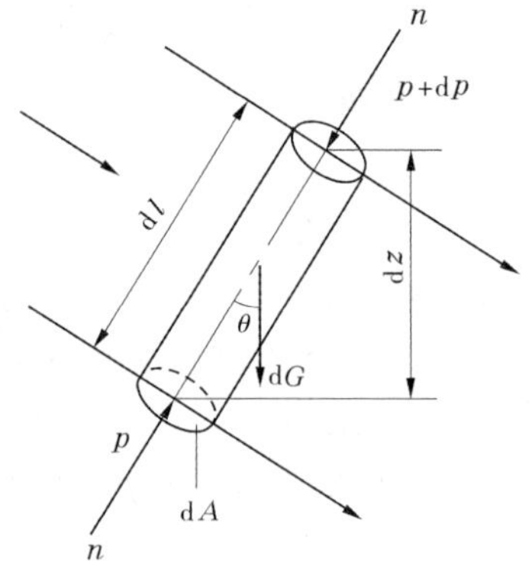

图 3-15 微小柱体

（1）柱体两端面上的动水压力分别为 $p\mathrm{d}A$ 和 $(p+\mathrm{d}p)\mathrm{d}A$。

（2）柱体自重沿 $n—n$ 方向的分力为

$$\mathrm{d}G\cos\theta = \gamma \mathrm{d}l\mathrm{d}A\cos\theta = \gamma \mathrm{d}A\mathrm{d}z$$

（3）柱体侧面上的动水压力及水流的内摩擦力均与轴线 $n—n$ 正交，故沿 $n—n$ 方向投影为零。

（4）均匀流中流速沿程不变，流线为平行直线，柱体在 $n—n$ 方向所受的惯性力为零。由 $n—n$ 轴向力的平衡方程，得

$$p\mathrm{d}A - (p+\mathrm{d}p)\mathrm{d}A - \gamma \mathrm{d}A\mathrm{d}z = 0$$

化简后得

$$z + \frac{p}{\gamma} = C \tag{3-11}$$

式（3-11）表明，均匀流过水断面上的动水压强分布规律与静水压强分布规律相同，即在同一过水断面上各点相对于同一基准面的测压管水头（或单位势能）为一常数，例如在图3-16中，同一过水断面1—1上 d、e、f 三点相对于0—0基准面，单位势能都为 C_1，断面2—2上 g、h、l 三点相对于0—0基准面，单位势能都为 C_2。但是应该注意，对于不同的过水断面1—1和2—2而言，测压管水头是不相同的，即 $C_1 \neq C_2$。

（二）渐变流段内过水断面上的动水压强分布规律

对于渐变流，由于流线间的夹角很小，流线近似成平行直线，沿 $n—n$ 轴向的加速度近似为零，惯性力的影响可忽略，此时沿渐变流过水断面仅有压力和重力的作用，这与液体

静止时和均匀流时的受力情况完全一致。因此,可以认为渐变流断面上各点的动水压强也符合静水压强分布规律,或同一过水断面上各点的测压管水头(单位势能)为一常数。

但应注意,上述关于均匀流或渐变流过水断面上动水压强分布规律的结论,只适用于有一定同体边界约束(如管壁和渠壁)的水流。当液体从管道末端流入大气时,出口附近的液流也符合均匀流或渐变流的条件(见图 3-17),但因该断面周界均与大气相通,断面周界上各点的动水压强为零,因而此种情况下过水断面上的动水压强分布不符合静水压强分布规律。

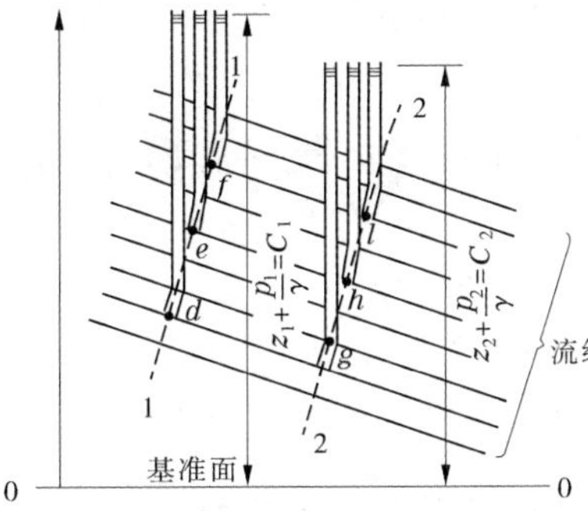

图 3-16　均匀流过水断面上动水压强分布规律

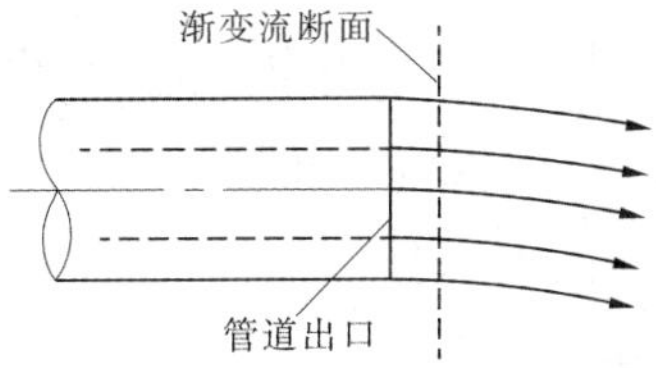

图 3-17　管道末端出口附近的液流

(三)急变流段内动水压强的分布规律

在急变流中,因流线的曲率较大,液体质点做曲线运动而产生的离心惯性力的影响已不能忽略。因此,过水断面上动水压强的分布规律将不再服从静水压强分布规律。

对于一上凸曲面边界的急变流(见图 3-18),因离心力的方向与重力方向相反,因而使过水断面上的动水压强比相同水深的静水压强小。反之,对于一下凹曲面边界的急变流(见图 3-19),因离心力的方向与重力方向相同,因而使过水断面上的动水压强比相同水深的静水压强大。图 3-18 与图 3-19 中的虚线部分均表示静水压强分布,实线部分均表示实际的动水压强分布。

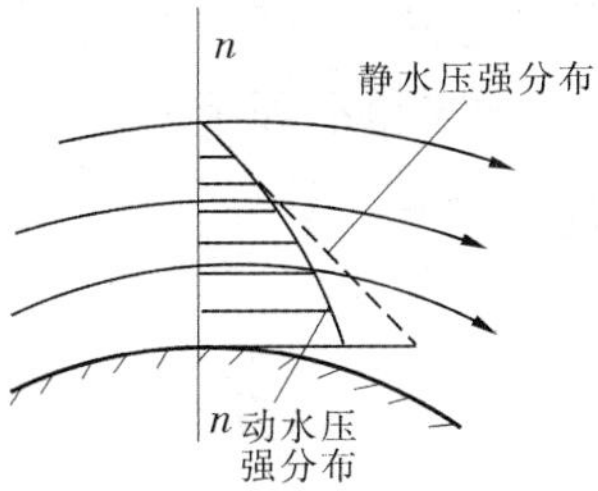

图 3-18　上凸曲面边界的急变流

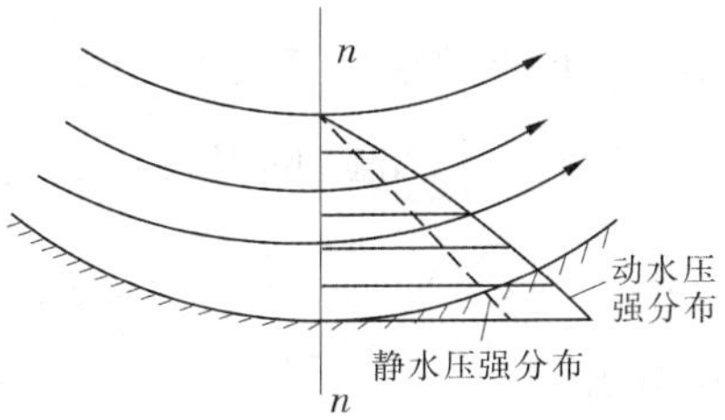

图 3-19　下凹曲面边界的急变流

三、恒定总流的能量方程

微小流束的能量方程只能反映微小流束内部或边界上各点的流速和压强的变化,为了解决工程实际问题,还需将微小流束的能量方程加以推广,得出恒定总流的能量方程。

微小流束能量方程中的各项,表示过水断面 dA 上单位重量液体所具有的能量。将式(3-10)两边同乘以单位时间内通过微小流束液体的重量 γdQ,可得

$$(z_1+\frac{p_1}{\gamma}+\frac{u_1^2}{2g})\gamma dQ=(z_2+\frac{p_2}{\gamma}+\frac{u_2^2}{2g}+h'_w)\gamma dQ \tag{3-12}$$

如对式(3-12)进行积分,就可得到单位时间内通过总流两过水断面的总能量之间的关系式为

$$\int_Q(z_1+\frac{p_1}{\gamma}+\frac{u_1^2}{2g})\gamma dQ=\int_Q(z_2+\frac{p_2}{\gamma}+\frac{u_2^2}{2g}+h'_w)\gamma dQ \tag{3-13}$$

式(3-13)可变为

$$\gamma\int_Q(z_1+\frac{p_1}{\gamma})dQ+\gamma\int_Q\frac{u_1^2}{2g}dQ=\gamma\int_Q(z_2+\frac{p_2}{\gamma})dQ+\gamma\int_Q\frac{u_2^2}{2g}dQ+\gamma\int_Q h'_w dQ \tag{3-14}$$

由式(3-14)可见,共有3种形式积分,现分别加以分析:

(1)势能类积分。

$$\gamma\int_Q(z+\frac{p}{\gamma})dQ \tag{3-15}$$

它表示单位时间内通过总流过水断面的液体势能的总和。若所取的总流过水断面为均匀流或渐变流,则断面上各点的单位势能 $z+\frac{p}{\gamma}=$常数,则

$$\gamma\int_Q(z+\frac{p}{\gamma})dQ=\gamma\left(z+\frac{p}{\gamma}\right)\int_Q dQ=\left(z+\frac{p}{\gamma}\right)\gamma Q \tag{3-16}$$

(2)动能类积分。

$$\gamma\int_Q\frac{u^2}{2g}dQ=\gamma\int_A\frac{u^2}{2g}u dA=\frac{\gamma}{2g}\int_A u^3 dA \tag{3-17}$$

它表示单位时间内通过总流过水断面动能的总和。一般情况下,总流过水断面上各点的流速是不相等的,且分布规律不易确定,所以直接积分该项较困难。这时,可考虑用断面平均流速代替断面上各点的流速 u 来表示动能,即用 $\frac{\gamma}{2g}\int_A v^3 dA$ 来代替 $\frac{\gamma}{2g}\int_A u^3 dA$,但两者实际并不相等。根据数学上有关平均值的性质,u 的立方和不等于 u 的平均值 v 的立方和,可证明 $\int_A u^3 dA>\int_A v^3 dA$,则引入一个大于1的修正系数,得

$$\int_A u^3 dA=\alpha\int_A v^3 dA=\alpha v^3 A \tag{3-18}$$

于是动能类积分为

$$\frac{\gamma}{2g}\int_A u^3 dA=\frac{\gamma}{2g}\alpha v^3 A=\frac{\alpha v^2}{2g}\gamma Q \tag{3-19}$$

式(3-19)中的 α 称为动能修正系数,表示过水断面上实际流速积分与按断面平均流速积分计算所得结果之比,即

$$\alpha=\frac{\int_A u^3 dA}{v^3 A} \tag{3-20}$$

α 值取决于总流过水断面上的流速分布情况，流速分布愈均匀，α 值愈接近于 1。当水流为均匀流或渐变流时，一般可取 $\alpha = 1.05 \sim 1.10$，实际工程计算中，常取 $\alpha = 1.0$。

(3)损失能量类积分。

$$\gamma\int_Q h'_{\mathrm{w}}\mathrm{d}Q \tag{3-21}$$

它表示单位时间内总流从 1—1 过水断面流到 2—2 过水断面间的机械能损失总和。设 h_{w} 为总流单位重量液体在这两断面间的平均机械能损失，则

$$\gamma\int_Q h'_{\mathrm{w}}\mathrm{d}Q = h_{\mathrm{w}}\gamma Q \tag{3-22}$$

将上述各分类积分结果式(3-16)、式(3-19)、式(3-22)代入式(3-14)，得

$$\left(z_1 + \frac{p_1}{\gamma}\right)\gamma Q + \frac{\alpha_1 v_1^2}{2g}\gamma Q = \left(z_2 + \frac{p_2}{\gamma}\right)\gamma Q + \frac{\alpha_2 v_2^2}{2g}\gamma Q + h_{\mathrm{w}}\gamma Q \tag{3-23}$$

将式(3-23)各项除以 γQ 得

$$z_1 + \frac{p_1}{\gamma} + \frac{\alpha_1 v_1^2}{2g} = z_2 + \frac{p_2}{\gamma} + \frac{\alpha_2 v_2^2}{2g} + h_{\mathrm{w}} \tag{3-24}$$

式(3-24)为不可压缩液体恒定总流的能量方程(伯努利方程)。它能够反映总流各断面上单位重量液体的平均位能、平均压能和平均动能之间的能量转化关系。同时，它也是研究水流运动规律应用最广，极为重要的方程。

四、能量方程的意义及图示

(一)能量方程的意义

实际液体恒定总流能量方程与微小流束能量方程相比，形式上很类似，但两者又存在差别。总流能量方程中用断面平均流速 v 代替了微小流束过水断面上的点流速 u，相应地引入了动能修正系数 α 来加以修正。同时，又以两流段间平均水头损失 h_{w} 代替了微小流束的水头损失 h'_{w}。

总流能量方程式中各项的意义如下：

z——总流过水断面上单位重量液体所具有的位能，简称为单位位能，几何上称为位置高度或位置水头；

$\frac{p}{\gamma}$——总流过水断面上单位重量液体所具有的压能，简称为单位压能，几何上称为测压管高度或压强水头；

$z + \frac{p}{\gamma}$——总流过水断面上单位重量液体所具有的平均势能，几何上称为测压管水头，通常又称 $z + \frac{p}{\gamma} = H_{\mathrm{p}}$；

$\frac{\alpha v^2}{2g}$——总流过水断面上单位重量液体所具有的平均动能，几何上称为流速水头；

$H = z + \frac{p}{\gamma} + \frac{\alpha v^2}{2g}$——总流过水断面上单位重量液体的总能量，即总机械能，几何上称

为总水头；

h_w —— 总流单位重量液体在始末两断面间沿流程的平均能量损失，即机械能损失，几何上称为水头损失。

以上各项水头的单位都是长度单位，一般用 m 来表示。

设 H_1 和 H_2 分别表示总流中任意两过水断面上液流所具有的总水头，根据能量方程式得

$$H_1 = H_2 + h_w \tag{3-25}$$

即

$$H_1 - H_2 = h_w \tag{3-26}$$

可见，因为水流在流动过程中要产生能量损失，所以水流只能从总机械能大的地方流向总机械能小的地方。

对于理想液体，$h_w = 0$，则 $H_1 = H_2$，即总流中任何过水断面上总水头保持不变。

（二）能量方程的图示

由于总流能量方程中各项均表示单位重量液体所具有的能量或水头，且各项的单位都是长度单位，因此可用几何线段来表示，使能量沿流程的转化情况更形象、更直观地体现出来。

图 3-20 为一段总流机械能转化的图示。首先选取基准面 0—0，并画出总流的中心线。总流各断面中心点离基准面的高度就代表了该断面的位置水头 z，所以总流的中心线就表示位置水头 z 沿程的变化，即位置水头线。

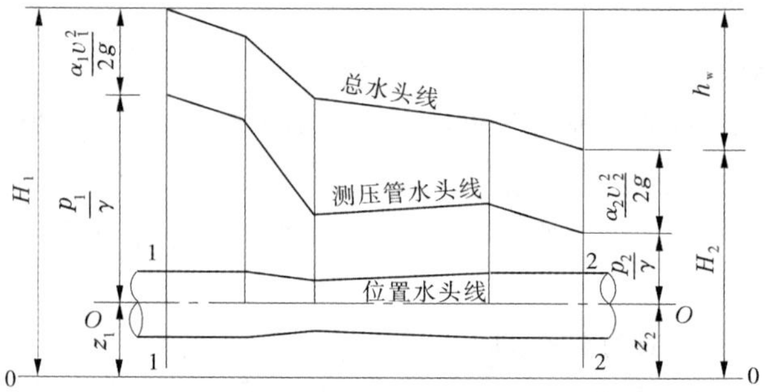

图 3-20 总流机械能转化示意图

在各断面的中心向上做铅垂线，并在铅垂线上截取高度等于中心点压强水头的 p/γ 线段，得到测压管水头 $z + p/\gamma$，即各断面上测压管水面离基准面的高度，如将各断面的测压管水头用线连起来，这条线称为测压管水头线。测压管水头线和位置水头线之间的铅垂距离反映了压强水头沿流程的变化情况。如测压管水头线在位置水头线以上，压强为正；反之为负。

在铅垂线所标示的测压管水头以上截取高度等于流速水头 $\frac{\alpha v^2}{2g}$ 的线段，得到该断面的总水头 $H = z + \frac{p}{\gamma} + \frac{\alpha v^2}{2g}$，各断面总水头的连线称为总水头线。它反映了总流总机械能沿流程的变化情况。

根据能量方程，实际液体一定存在水头损失，因而总流的总水头线为一条逐渐下降的

直线或曲线。总水头线沿流程的下降情况可用单位流程上的水头损失，即水力坡度 J 来表示。当总水头线为直线时，水力坡度为

$$J=\frac{H_1-H_2}{L}=\frac{h_w}{L} \tag{3-27}$$

当总水头线为曲线时，水力坡度为变值，在某一断面处可表示为

$$J=\frac{\mathrm{d}h_w}{\mathrm{d}L}=-\frac{\mathrm{d}H}{\mathrm{d}L} \tag{3-28}$$

因为总水头增量 dH 一定为负值，为使水力坡度为正值，所以在式(3-28)中要加负号。

由于总流几何边界条件的沿程变化，必将引起动能和势能的相互转化，因此测压管水头线可以沿程下降或上升，也可沿程不变。它沿流程的变化情况可用单位流程上测压管水头的降低值或升高值，即测压管坡度 J_p 来表示。当测压管水头线为直线时，测压管坡度为

$$J_p=\frac{\left(z_1+\frac{p_1}{\gamma}\right)-\left(z_2+\frac{p_2}{\gamma}\right)}{L} \tag{3-29}$$

当测压管水头线为曲线时，测压管坡度为

$$J_p=\frac{\mathrm{d}H_p}{\mathrm{d}L} \tag{3-30}$$

对于河渠中的渐变流，其测压管水头线就是水面线。

能量方程的这种图示方法，常运用于长距离有压输水管道的水力设计中，用来帮助分析水流现象，找出实际水流的变化规律。

第四节 能量方程的应用条件及应用举例

一、能量方程的应用条件及注意事项

(一)能量方程的应用条件

总流能量方程应用广泛，能够解决很多工程实际问题，但在推导过程中引入了一些限制条件，故能量方程在应用时需满足以下条件：

(1)水流必须是恒定流。

(2)液体为不可压缩液体，即 ρ = 常数。

(3)建立能量方程时，两个计算过水断面应满足均匀流或渐变流的条件(只受重力这一质量力作用，无惯性力存在)，但两个过水断面之间的水流也可为急变流。

(4)两个过水断面间，无流量的分出与加入。

(5)两个过水断面间，水流没有能量的输出与输入。

但因总流能量方程中各项均指单位重量液体的能量，所以在水流有分支或汇合的情况下，仍可分别对每一支水流建立能量方程式。对于汇流情况(见图 3-21)可建立断面

1—1 与断面 3—3 和断面 2—2 与断面 3—3 的能量方程：

$$z_1 + \frac{p_1}{\gamma} + \frac{\alpha_1 v_1^2}{2g} = z_3 + \frac{p_3}{\gamma} + \frac{\alpha_3 v_3^2}{2g} + h_{w1-3}$$

$$z_2 + \frac{p_2}{\gamma} + \frac{\alpha_2 v_2^2}{2g} = z_3 + \frac{p_3}{\gamma} + \frac{\alpha_3 v_3^2}{2g} + h_{w2-3}$$

对于分流情况(见图 3-22)可建立断面 1—1 与断面 2—2 和断面 1—1 与断面 3—3 的能量方程：

$$z_1 + \frac{p_1}{\gamma} + \frac{\alpha_1 v_1^2}{2g} = z_2 + \frac{p_2}{\gamma} + \frac{\alpha_2 v_2^2}{2g} + h_{w1-2}$$

$$z_1 + \frac{p_1}{\gamma} + \frac{\alpha_1 v_1^2}{2g} = z_3 + \frac{p_3}{\gamma} + \frac{\alpha_3 v_3^2}{2g} + h_{w1-3}$$

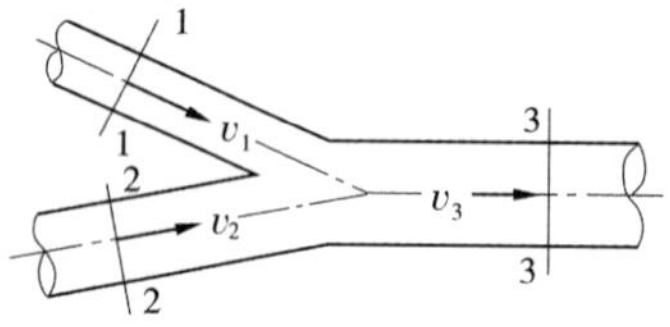

图 3-21　流量汇入

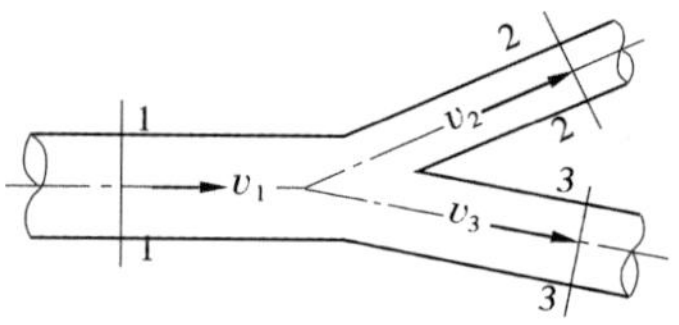

图 3-22　流量分出

(二)能量方程应用注意事项

为了更好地应用能量方程进行有关的水力计算，还应注意以下几点：

(1)基准面的选取。基准面原则上可任意选取，但必须为水平面，同时考虑到计算方便。另外，对于两个不同的过水断面，必须选取同一基准面。

(2)计算断面的选取。计算断面必须满足均匀流或渐变流条件，还应注意要把计算断面选在已知条件较多，含有待求未知量的断面上。

(3)计算点的选取。由于计算断面选在了均匀流或渐变流断面上，此时断面上各点的 $z+\frac{p}{\gamma}=C$，而且动能 $\frac{\alpha v^2}{2g}$ 为断面上的平均值。所以，计算点原则上也可任意选取，但考虑到计算方便，一般情况下，管流取管轴中心为代表点，明渠则取自由表面上的点为代表点。

(4)压强计算标准的选取。方程中的动水压强 p_1 和 p_2 可采用绝对压强作为计算标准，也可采用相对压强作为计算标准，但同一能量方程的两个断面必须采用同一计算标准。考虑到计算方便，一般多采用相对压强。

(5)动能修正系数值的选取。严格地讲，方程两边的 α_1 与 α_2 通常并不相等，也不等于 1.0。但因它们的数值相差不大，对均匀流或渐变流，大多数情况下取 $\alpha_1=\alpha_2=1.0$。

应用能量方程时还应具体问题具体分析，若方程中同时出现较多的未知量，应考虑与其他方程联立求解。

【例 3-3】　图 3-23 为水流经溢流坝前后的水流纵断面图。设坝的溢流段较长，上下游每米宽的流量相等。当坝顶水头为 1.50 m 时，上游断面 1—1 的流速 $v_1=0.8$ m/s，坝址断面2—2处的水深为0.42 m，下游断面3—3处的水深为2.20 m。

试求：(1)断面1—1、断面2—2、断面3—3处单位重量水体的势能、动能和总机械能。(2)断面1—1至断面2—2的水头损失和断面2—2至断面3—3的水头损失。

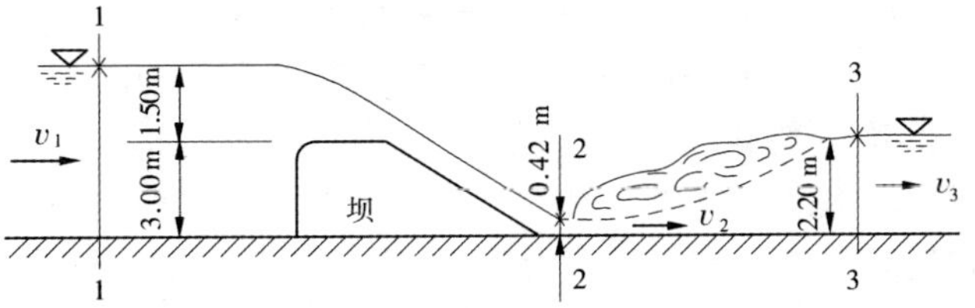

图3-23 例3-3图

解：(1)计算单位重量水体的势能、动能和总机械能。

列断面1—1和断面2—2连续性方程：$v_1A_1 = v_2A_2$，则

$$v_2 = \frac{A_1}{A_2}v_1 = \frac{bh_1}{bh_2}v_1 = \frac{h_1}{h_2}v_1 = \frac{4.50}{0.42} \times 0.8 = 8.57(\text{m/s})$$

列断面1—1和断面3—3连续性方程：$v_1A_1 = v_3A_3$，则

$$v_3 = \frac{A_1}{A_3}v_1 = \frac{bh_1}{bh_3}v_1 = \frac{h_1}{h_3}v_1 = \frac{4.50}{2.20} \times 0.8 = 1.64(\text{m/s})$$

以河床底部为基准面，计算点选在自由表面上，取 $\alpha_1 = \alpha_2 = \alpha_3 = 1.0$，计算各断面能量：

①断面1—1。

单位势能 $$z_1 + \frac{p_1}{\gamma} = 4.50 + 0 = 4.50(\text{m})$$

单位动能 $$\frac{v_1^2}{2g} = \frac{0.8^2}{2 \times 9.8} = 0.033(\text{m})$$

单位总机械能 $$H_1 = z_1 + \frac{p_1}{\gamma} + \frac{v_1^2}{2g} = 4.50 + 0.033 = 4.53(\text{m})$$

②断面2—2。

单位势能 $$z_2 + \frac{p_2}{\gamma} = 0.42 + 0 = 0.42(\text{m})$$

单位动能 $$\frac{v_2^2}{2g} = \frac{8.57^2}{2 \times 9.8} = 3.75(\text{m})$$

单位总机械能 $$H_2 = z_2 + \frac{p_2}{\gamma} + \frac{v_2^2}{2g} = 0.42 + 3.75 = 4.17(\text{m})$$

③断面3—3。

单位势能 $$z_3 + \frac{p_3}{\gamma} = 2.20 + 0 = 2.20(\text{m})$$

单位动能 $$\frac{v_3^2}{2g} = \frac{1.64^2}{2 \times 9.8} = 0.14(\text{m})$$

单位总机械能 $H_3=z_3+\frac{p_3}{\gamma}+\frac{v_3{}^2}{2g}=2.20+0.14=2.34(\text{m})$

(2)计算水头损失。

$$h_{w1-2}=H_1-H_2=4.53-4.17=0.36(\text{m})$$
$$h_{w2-3}=H_2-H_3=4.17-2.34=1.83(\text{m})$$

【例 3-4】 一水位不变的敞口水箱,通过下部一条直径 $d=200$ mm 的管道向外供水(见图 3-24),已知水箱水位与管道出口断面中心的高差为 3.5 m,管道水头损失为 3 m。试求管道的流速和流量。

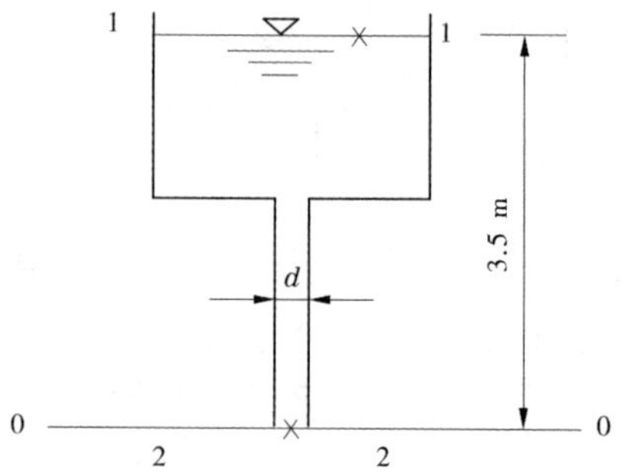

图 3-24 例 3-4 图

解:以通过出口断面中心的水平面 0—0 为基准面,选取水箱自由表面断面 1—1 和管道出口断面 2—2 作为计算断面,计算点分别选在断面 1—1 的水面上和断面 2—2 的轴线上,列断面图 3-24 中断面 1—1 和断面 2—2 的能量方程为

$$z_1+\frac{p_1}{\gamma}+\frac{\alpha_1 v_1^2}{2g}=z_2+\frac{p_2}{\gamma}+\frac{\alpha_2 v_2^2}{2g}+h_w$$

式中:$z_1=3.5$ m;$\frac{p_1}{\gamma}=0$;$z_2=0$;$\frac{p_2}{\gamma}=0$;$h_w=3$ m 。

由于水箱水面比管道出口断面大得多,其断面平均流速比管道出口平均流速小得多,故可认为 $\frac{\alpha_1 v_1{}^2}{2g}\approx 0$, 取 $\alpha_2=1.0$ 代入能量方程,得

$$3.5+0+0=0+0+\frac{v_2^2}{2g}+3$$

整理后得

$$\frac{v_2^2}{2g}=0.5$$

管道出口流速为

$$v_2=\sqrt{2g\times 0.5}=\sqrt{2\times 9.8\times 0.5}=3.13(\text{m/s})$$

管道流量为

$$Q=v_2A_2=v_2\times\frac{\pi}{4}d^2=3.13\times\frac{3.14}{4}\times 0.2^2=0.0983(\text{m}^3/\text{s})$$

【例 3-5】 一水泵(见图 3-25)的抽水量 $Q=30$ L/s,吸水管的直径 $d=150$ mm,水泵进口允许真空值 $p_{真}=6.8$ m,吸水管内的水头损失 $h_w=1.0$ m,试求此水泵在水面以上的安装高度 h_s。

解:取水池断面 0—0 为基准面,以断面 1—1 和水泵进口处断面 2—2 作为计算断面,计算点分别选在水池水面和断面 2—2 的中心点上,列出其能量方程:

$$z_1+\frac{p_1}{\gamma}+\frac{\alpha_1 v_1^2}{2g}=z_2+\frac{p_2}{\gamma}+\frac{\alpha_2 v_2^2}{2g}+h_{w1-2}$$

式中：$z_1=0$；$\frac{\alpha_1 v_1^2}{2g}\approx 0$；$z_2=h_s$；取 $\alpha_2=1.0$。

按相对压强计算 $\frac{p_1}{\gamma}=0$ $\frac{p_2}{\gamma}=-6.8\text{ m}$

将以上条件代入能量方程得

$$0+0+0=h_s-6.8+\frac{\alpha_2 v_2^2}{2g}+h_{w1-2}$$

$$v^2=\frac{Q}{A_2}=\frac{Q}{\frac{\pi}{4}d_2^2}=\frac{0.03}{\frac{3.14}{4}\times 0.15^2}=1.699(\text{m/s})$$

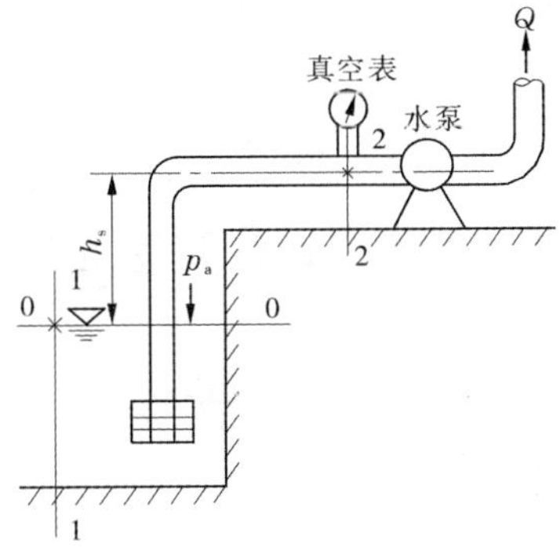

图 3-25 例 3-5 图

所以，水泵安装高度为

$$h_s=6.8-\frac{1.699^2}{2\times 9.8}-1.0=5.653(\text{m})$$

二、有能量输入或输出的能量方程

根据能量方程的适用条件可知，式(3-24)只适用于两个断面之间的液流沿程无能量输入或输出的情况。在工程实际中有时也会遇到沿程两个断面间有能量输入或输出问题，此时恒定总流的能量方程应改写为

$$z_1+\frac{p_1}{\gamma}+\frac{\alpha_1 v_1^2}{2g}\pm H_t=z_2+\frac{p_2}{\gamma}+\frac{\alpha_2 v_2^2}{2g}+h_{w1-2} \tag{3-31}$$

式中 H_t——流段内单位重量液体获得或失去的能量。

(1)对于水泵管路系统(见图 3-26)，式(3-31)中 H_t 项取正号，这是因为当水力机械为水泵时，泵的叶轮带动液流一起旋转，动力机械对水流做功，使水流的能量增加了，即单位重量液体从水泵获得了能量 H_t，此 H_t 称为水泵的扬程。以 0—0 为基准面，列断面 1—1 和断面 2—2 能量方程，则式(3-31)中

$$z_1+\frac{p_1}{\gamma}=0 \qquad z_2+\frac{p_2}{\gamma}=z \qquad \frac{\alpha_1 v_1^2}{2g}\approx\frac{\alpha_2 v_2^2}{2g}\approx 0$$

则有

$$H_t=z+h_{w1-2} \tag{3-32}$$

式中 z——提水高度，即上下游水面高差；

h_{w1-2}——全部管路中的水头损失，但不包括水泵内的水头损失。

因为单位时间内通过水泵的水流重量为 γQ，单位重量水体从水泵获得的净能量为 H_t，所以单位时间内水流实际获得的总能量为 γQH_t。另外，水流通过水泵时存在水头损失、机械磨损和漏损等现象。可见，水泵所做的功应大于水流实际获得的总能量。如用小于 1 的水泵效率 η_p 来综合反映这种影响，则原动力机每秒给予水泵的功，也就是水泵的轴功率 N_p 为

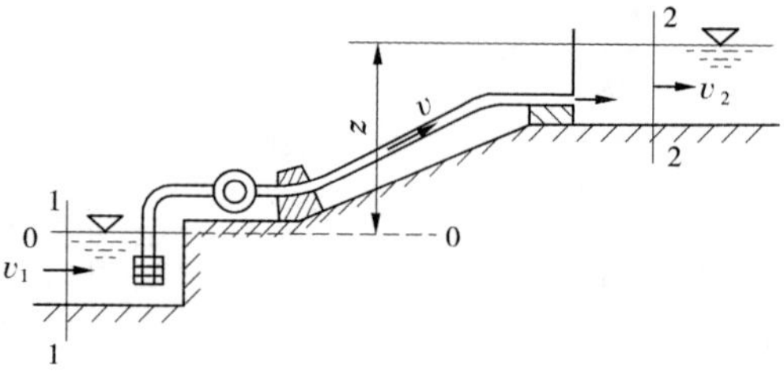

图 3-26　水泵管路系统

$$N_p = \frac{\gamma Q H_t}{\eta_p} \tag{3-33}$$

（2）对于水轮机管路系统（见图 3-27），式（3-31）中的 H_t 应取负号。这是因为水流冲击水轮机的叶轮使其旋转，水流对水力机械做功，水流能量减少了，即单位重量液流被水轮机取走了能量 H_t，此 H_t 称为水轮机的有效水头。对水轮机管路系统运用能量方程，得

$$H_t = (z_1 + \frac{p_1}{\gamma} + \frac{\alpha_1 v_1^2}{2g}) - (z_2 + \frac{p_2}{\gamma} + \frac{\alpha_2 v_2^2}{2g}) - h_{w1-2} \tag{3-34}$$

式（3-34）中　$\frac{\alpha_1 v_1^2}{2g} \approx \frac{\alpha_2 v_2^2}{2g} \approx 0$　　$z_1 + \frac{p_1}{\gamma} = z$　　$z_2 + \frac{p_2}{\gamma} = 0$

则有

$$H_t = z - h_{w1-2} \tag{3-35}$$

式中　z——水轮机的作用水头，即上下游水位差；

h_{w1-2}——管路系统的水头损失，但不包括水轮机系统内的损失。

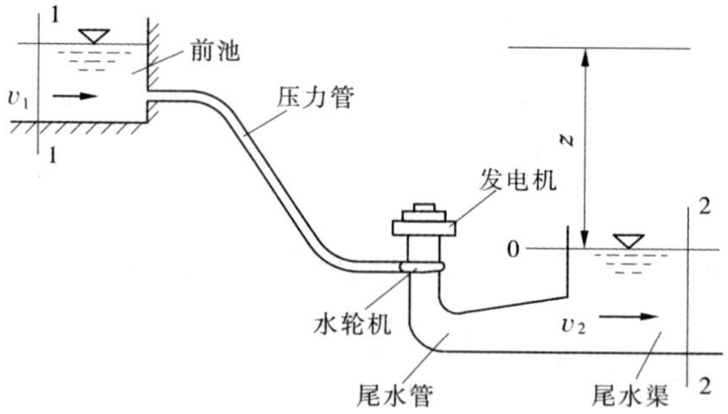

图 3-27　水轮机管路系统

水流通过水轮机输出单位重量水体能为 H_t，单位时间内通过水轮机的水流重量为 γQ，则单位时间内水流通过水轮机输出的总能量为 $\gamma Q H_t$。由于水轮机运行中水流和机械的摩阻、渗漏等影响，实际输出功率要小些，如用小于 1 的水轮机效率 η_t 来综合反映这种影响，则水轮机的实际功率 N_t 为

$$N_t = \eta_t \gamma Q H_t \tag{3-36}$$

式（3-33）、式（3-36）中，γ 的单位为 N/m^3，Q 的单位为 m^3/s，H_t 的单位为 m，则 N_p、N_t 的单位为 N · m/s = W，功率的单位也常用马力表示，1 马力 = 735 W = 0.735 kW。

三、能量方程应用举例

运用恒定流能量方程可以分析和解决许多具体问题，下面分别以毕托管测流速和文德里流量计为例来加以说明。

（一）毕托管测流速

毕托管是一种广泛应用于量测渠道和管道中水流流速的仪器。现分析毕托管测流速原理。

在运动液体中，放置一根一端弯成直角的两端开口的细管，即测速管（见图3-28）。它的前端对准来流，且置于测定点 B 处，另一端垂直向上。这时，B 点水流受弯管的阻挡，流速变为零，动能全部转化为压能，使得测速管中水面上升高度为 $\frac{p_B}{\gamma}$（即 B 点的相对压强水头）。这时 B 点称为液流的滞止点（或驻点）。在过 B 点的同一水平流线的上游，取一与 B 点极为接近的 A 点，流速为 u，并在 A 点附近位置的管壁上另装一测压管，从中即可测出 A 点的测压管高度为 $\frac{p_A}{\gamma}$，列出 A、B 两点的能量方程（A、B 两点相距很近，可忽略两者间的能量损失）可得

$$\frac{p_A}{\gamma}+\frac{u^2}{2g}=\frac{p_B}{\gamma}$$

$$\frac{u^2}{2g}=\frac{p_B}{\gamma}-\frac{p_A}{\gamma}=\Delta h$$

则

$$v=\sqrt{2g\Delta h} \tag{3-37}$$

在实际工程中采用的毕托管并不是用上述两根管进行两次测量，而是把两根管子并入同一根弯管当中（见图3-29），其中与前端迎流孔相通的是测速管，与侧面测压孔（一般有4~8个）相通的是测压管。考虑到前端孔与侧面孔的位置不同，因而测得的不是同一点上的能量，以及考虑到毕托管放入液流中所产生的扰动影响，所以使用时应引入修正系数 μ，则

$$u=\mu\sqrt{2g\Delta h} \tag{3-38}$$

μ 称为毕托管的修正系数，可由实验测定，一般 μ 为0.98 ~ 1.0，在毕托管说明书上都给出了该值，当毕托管使用过久或测量精度要求较高时，μ 值应重新率定。

（二）文德里流量计

文德里流量计是一种量测有压管道中液体流量大小的装置，它由上游收缩段、中间断面最小的喉管段和下游扩散段等三部分组成，见图3-30。在测量某管道中通过的流量时，把文德里流量计连接在管段当中，要求两端的直径和管道的直径相等，并在断面1—1和断面2—2处各安装一根测压管（也可直接设置差压计）。当液体流经文德里管的喉管段时，由于管径收缩引起动能增大，而压能相应减小。因而，在测得两测压管水面高差 Δh 后，再根据能量方程即可计算出管中的流量，其原理如下：

假定水管是水平放置的，以管轴线所在的平面0—0为基准面，建立新断面1—1和断

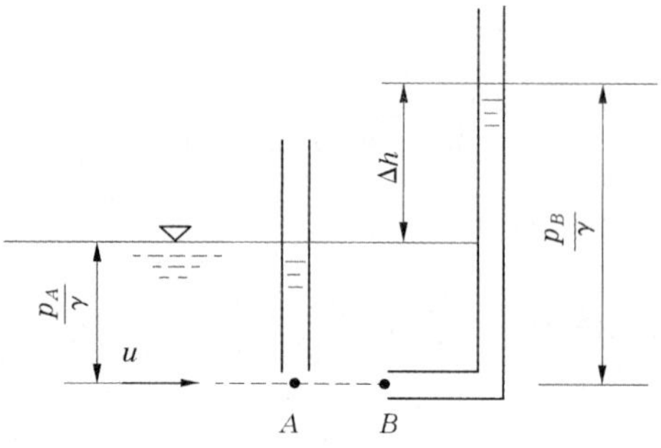

图 3-28 测速管

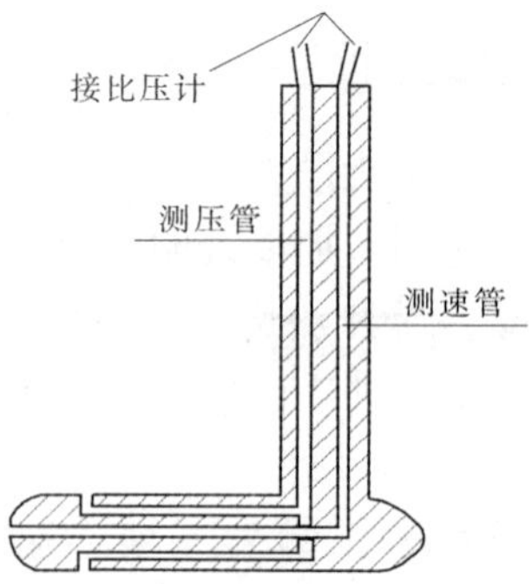

图 3-29 毕托管

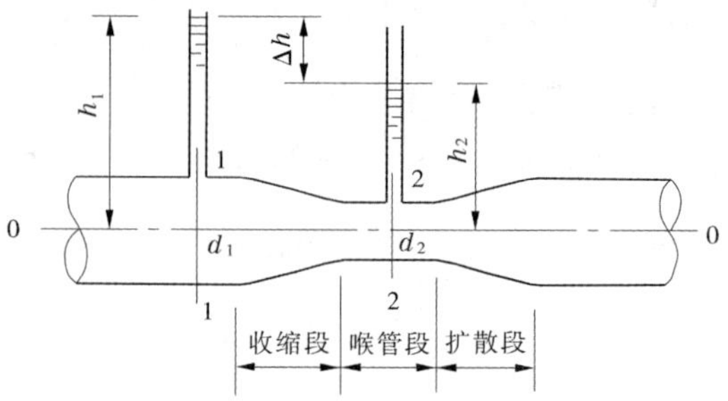

图 3-30 文德里流量计

面 2—2 的能量方程(暂不考虑水头损失影响):

$$z_1+\frac{p_1}{\gamma}+\frac{\alpha_1 v_1^{\,2}}{2g}=z_2+\frac{p_2}{\gamma}+\frac{\alpha_2 v_2^{\,2}}{2g} \tag{3-39}$$

式(3-39)中 $z_1=z_2=0\qquad \frac{p_1}{\gamma}=h_1\qquad \frac{p_2}{\gamma}=h_2$

设 $\alpha_1=\alpha_2=1.0$,则

$$h_1-h_2=\frac{v_2^{\,2}}{2g}-\frac{v_1^{\,2}}{2g} \tag{3-40}$$

式(3-40)中的 h_1-h_2 即为两断面的测压管水头差 Δh 。

设断面 1—1 和断面 2—2 处管道直径分别为 d_1、d_2,根据连续性方程可知

$$v_1A_1=v_2A_2$$

$$v_2=v_1\frac{A_1}{A_2}=v_1\left(\frac{d_1}{d_2}\right)^2$$

将 v_1 与 v_2 的关系式代入式(3-40)得

$$\Delta h=\frac{v_1^{\,2}}{2g}\left[\left(\frac{d_1}{d_2}\right)^4-1\right] \tag{3-41}$$

或

$$v_1=\frac{1}{\sqrt{\left(\frac{d_1}{d_2}\right)^4-1}}\sqrt{2g\Delta h}=\frac{d_2^2}{\sqrt{d_1^4-d_2^4}}\sqrt{2g\Delta h}$$

所以,通过文德里流量计的流量为

$$Q = A_1 v_1 = \frac{\pi d_1^2 d_2^2}{4\sqrt{d_1^4 - d_2^4}}\sqrt{2g\Delta h} \tag{3-42}$$

令

$$K = \frac{\pi d_1^2 d_2^2}{4\sqrt{d_1^4 - d_2^4}}\sqrt{2g}$$

则

$$Q = K\sqrt{\Delta h} \tag{3-43}$$

显然,当管道直径 d_1 及喉管直径 d_2 确定以后, K 为一定值,可以预先计算出。因此,只要测得两测压管的水面高差 Δh ,便很快能得出流量 Q 值。

由于实际液体存在水头损失,将会促使流量减小,因而在式(3-43)中应引入一系数加以修正,则实际流量公式为

$$Q = \mu K\sqrt{\Delta h} \tag{3-44}$$

流量系数 μ 表示实际流量与理论流量的比值,一般为 0.95~0.98。当量测需要精度较高时,μ 值应再经过率定确定。

如果在文德里流量计断面 1—1 和断面 2—2 处直接安装水银差压计(见图 3-31),由差压计原理可知

$$\frac{p_1}{\gamma} - \frac{p_2}{\gamma} = \frac{\gamma_m - \gamma}{\gamma}\Delta h = 12.6\Delta h \tag{3-45}$$

式(3-45)中的 Δh 为水银差压计两支管中水银面的高差,此时文德里流量计的流量为

$$Q = \mu K\sqrt{12.6\Delta h} \tag{3-46}$$

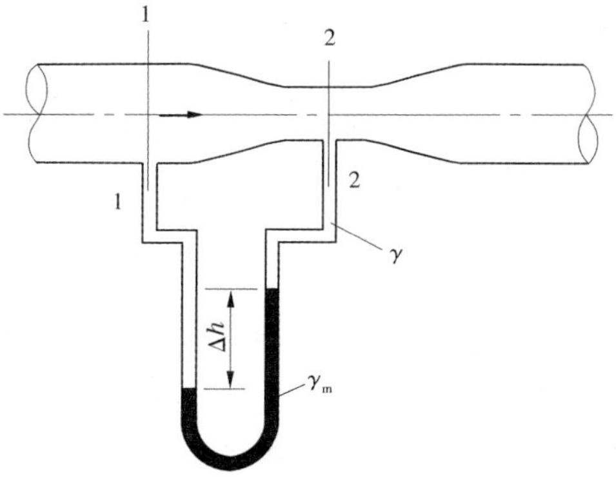

图 3-31　文德里流量计(水银差压计)

【例 3-6】 如图 3-31 所示,文德里管进口直径 d_1=100 mm,喉管直径 d_2=50 mm,若已知文德里管的流量系数 μ =0.98,水银差压计读数 Δh =4.5 cm。试求管道中水的实际流量 Q 。

解:根据已知条件,可计算出该文德里管的常数为

$$K = \frac{\pi d_1^2 d_2^2}{4\sqrt{d_1^4 - d_2^4}}\sqrt{2g} = \frac{3.14\times 0.1^2 \times 0.05^2}{4\times\sqrt{0.1^4 - 0.05^4}}\times\sqrt{2\times 9.8} = 0.008\ 97$$

$$Q = \mu K\sqrt{12.6\Delta h} = 0.98\times 0.008\ 97\times\sqrt{12.6\times 0.045}$$
$$= 0.006\ 62(\mathrm{m^3/s}) = 6.62\ \mathrm{L/s}$$

第五节　恒定总流的动量方程

利用前面介绍的连续性方程和能量方程，已经能够解决许多实际水力学问题，但对于某些较复杂的水流运动问题，尤其是涉及计算水流与固体边界间的相互作用力问题，如水流作用于闸门的动水总压力，以及水流经过弯管时，对管壁产生的作用力等计算问题，用连续性方程和能量方程则无法求解，而必须建立动量方程来解决这些问题。

动量方程实际上就是物理学中的动量定理在水力学中的具体体现，它反映了水流运动时动量变化与作用力间的相互关系，其特点是可避开计算急变流范围内水头损失这一复杂的问题，使急变流中水流与边界面之间的相互作用力问题较方便地得以解决。

一、动量方程式的推导及适用条件

（一）动量方程式的推导

由物理学可知，物体的质量 m 与速度 $\boldsymbol{v}$ 的乘积称为物体的动量。动量是矢量，其方向与流速方向相同。物体在外力作用下，速度会发生改变，同时动量也随之变化。动量定理可表述为：运动物体单位时间内动量的变化等于物体所受外力的合力。现将动量定理用于恒定流中，推导恒定流的动量方程。

在不可压缩的恒定流中，任取一渐变流微小流束段 1—2（见图 3-32）。设断面 1—1 和断面 2—2 的过水断面面积和流速分别为 $\mathrm{d}A_1$、$\mathrm{d}A_2$ 和 $\boldsymbol{u}_1$、$\boldsymbol{u}_2$，经过 dt 时段后，微小流束由原来的 1—2 位置运动到了新的位置 1′—2′处，从而发生了变化。设其动量的变化为 d$\boldsymbol{k}$，它应等于流段 1′—2′与流段 1—2 内的动量之差。

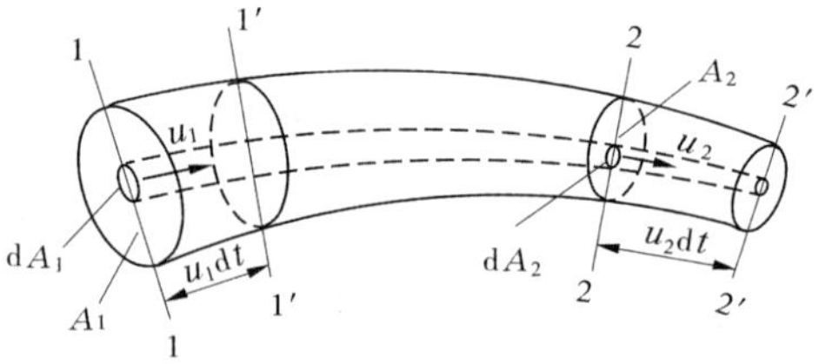

图 3-32　恒定总流动量方程计算图

因为水流为不可压缩的恒定流，所以对公共部分 1′—2 段来讲，虽存在着质点的流动和替换现象，但它的形状、位置及液体的质量、流速等均不随时间发生变化，故动量也不随时间发生改变。这样，在 dt 时段内，1′—2′段的水流动量与 1—2 段的动量之差实际上即为 2—2′段的动量与 1—1′段的动量之差。

在 dt 时段内，通过 1—1′段的水体质量为 $\rho u_1\mathrm{d}t\mathrm{d}A_1$，通过 2—2′段的水体质量为 $\rho u_2\mathrm{d}t\mathrm{d}A_2$，对于不可压缩液体，根据连续性方程可知，$\rho u_1\mathrm{d}t\mathrm{d}A_1 = \rho u_2\mathrm{d}t\mathrm{d}A_2 = \rho\mathrm{d}Q\mathrm{d}t$，则微小流束段的动量变化为

$$\mathrm{d}\boldsymbol{k} = \rho\mathrm{d}Q\mathrm{d}t(\boldsymbol{u}_2 - \boldsymbol{u}_1) \tag{3-47}$$

设总流两个过水断面的面积分别为 A_1 与 A_2，将上述微小流束的动量变化 d$\boldsymbol{k}$ 沿相应的总流过水断面进行积分，即可得到总流在 dt 时段内动量的变化量为

$$\sum \mathrm{d}\boldsymbol{k} = \int_Q \rho \mathrm{d}Q\mathrm{d}t(\boldsymbol{u}_2 - \boldsymbol{u}_1) = \int_Q \rho \mathrm{d}Q\mathrm{d}t\boldsymbol{u}_2 - \int_Q \rho \mathrm{d}Q\mathrm{d}t\boldsymbol{u}_1$$

$$= \rho \mathrm{d}t\left(\int_{A_2} \boldsymbol{u}_2 u_2 \mathrm{d}A_2 - \int_{A_1} \boldsymbol{u}_1 u_1 \mathrm{d}A_1\right) \tag{3-48}$$

由于实际液体过水断面上的流速分布不均匀，且不易求得，故考虑用断面平均流速 $\boldsymbol{u}$ 来代替断面上不均匀分布的流速以便计算总流的动量。在渐变流情况下，过水断面上各点流速 $\boldsymbol{u}$ 近似互相平行，与平均流速 $\boldsymbol{v}$ 的方向基本一致，但按平均流速计算的动量与按实际流速 $\boldsymbol{u}$ 计算的动量并不相等，需引入一个动量修正系数来加以修正，即

$$\int_A \boldsymbol{u} u \mathrm{d}A = \beta \boldsymbol{v} v A \tag{3-49}$$

动能修正数 β 为

$$\beta = \frac{\int_A u^2 \mathrm{d}A}{v^2 A} \tag{3-50}$$

由此可见，动量修正系数，是表示单位时间内通过总流过水断面的单位质量液体实际动量与单位时间内以相应的断面平均流速通过的动量的比值。同样，可以证明 β 值大于1，且大小取决于过水断面的流速分布。通常在渐变流中，$\beta = 1.02 \sim 1.05$。在工程实际中，为简便起见，一般采用 $\beta = 1.0$。

将式(3-49)代入式(3-48)得

$$\sum \mathrm{d}\boldsymbol{k} = \rho \mathrm{d}t(\beta_2 \boldsymbol{v}_2 v_2 A_2 - \beta_1 \boldsymbol{v}_1 v_1 A_1) \tag{3-51}$$

因为 $v_1A_1 = v_2A_2 = Q$，则

$$\sum \mathrm{d}\boldsymbol{k} = \rho Q \mathrm{d}t(\beta_2 \boldsymbol{v}_2 - \beta_1 \boldsymbol{v}_1) \tag{3-52}$$

设 dt 时段内作用于总流 1—2 流段所有外力的矢量和为 $\sum \boldsymbol{F}$，将式(3-52)代入动量定理得

$$\frac{\sum \mathrm{d}\boldsymbol{k}}{\mathrm{d}t} = \sum \boldsymbol{F}$$

得

$$\sum \boldsymbol{F} = \rho Q(\beta_2 \boldsymbol{v}_2 - \beta_1 \boldsymbol{v}_1) \tag{3-53}$$

式(3-53)即为不可压缩液体恒定总流的动量方程。它表明，单位时间内作用于所研究总流流段上的所有外力的矢量和，应等于该流段通过下游断面流出动量与通过上游断面流入动量的矢量差。

由于速度为矢量，动量也为矢量，所以动量方程是一个矢量方程，在计算实际问题中，常写成直角坐标轴上的投影表达式，即

$$\left.\begin{aligned}
\sum F_x &= \rho Q(\beta_2 v_{2x} - \beta_1 v_{1x}) \\
\sum F_y &= \rho Q(\beta_2 v_{2y} - \beta_1 v_{1y}) \\
\sum F_z &= \rho Q(\beta_2 v_{2z} - \beta_1 v_{1z})
\end{aligned}\right\} \tag{3-54}$$

式(3-54)中的v_{2x}、v_{2y}、v_{2z}和v_{1x}、v_{1y}、v_{1z}分别为总流下游过水断面2—2和上游过水断面1—1的平均流速$\boldsymbol{v}_2$和$\boldsymbol{v}_1$在三个坐标方向上的投影。$\sum F_x$、$\sum F_y$、$\sum F_z$为作用在断面1—1与断面2—2间液体上的所有外力在三个坐标轴方向投影的代数和。

(二)动量方程式的适用条件

1. 应注意的条件

上面给出的动量方程,是在一定条件下推导出来的,因此在应用时应注意以下条件:

(1)液流为恒定流,即输入和输出的动量只有上下游两个过水断面,输入和输出的流量应相等。

(2)液体为连续、不可压缩的液体。

(3)所选的两个过水断面必须为渐变流断面,但两个断面间的流段可以为急变流。

实际上,动量方程也可以推广应用于沿程水流有分支或汇合的情况。例如,对某一分叉管路(见图3-33),可以把管壁及上下游过水断面所组成的封闭段作为脱离体(如图3-33中虚线所示)来应用动量方程。此时,对该脱离体建立动量方程应为

$$\rho Q_2\beta_2\boldsymbol{v}_2 + \rho Q_3\beta_3\boldsymbol{v}_3 - \rho Q_1\beta_1\boldsymbol{v}_1 = \sum \boldsymbol{F} \tag{3-55}$$

式中 $\boldsymbol{v}_1$、$\boldsymbol{v}_2$、$\boldsymbol{v}_3$——断面1—1、断面2—2、断面3—3三个过水断面上的平均流速;

$\sum\boldsymbol{F}$——作用于脱离体上的合外力。

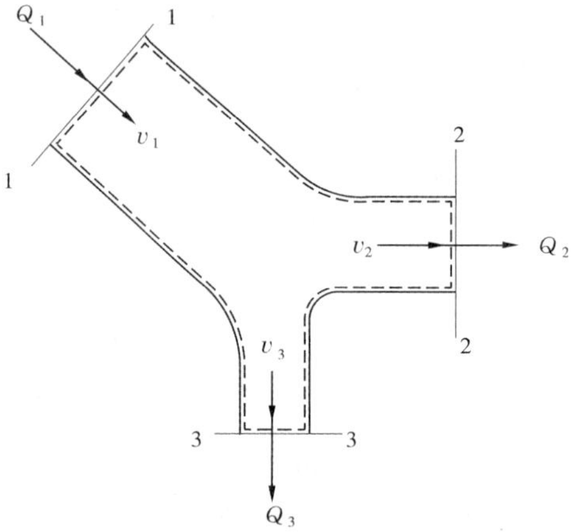

图3-33 分叉管路

2. 应注意的问题

动量方程在实际工程中应用十分广泛,为了便于求解,应注意以下几个问题:

(1)选取脱离体。根据问题需要,选取液流某一包含已知条件和待求量的流段作为脱离体,流段上下游端的过水断面为渐变流断面。过水断面的动量修正系数均可取1.0。

(2)选取坐标轴。动量方程为矢量方程,式中的流速和作用力都是有方向的。因此,在应用动量方程时需选定坐标轴,坐标轴原则上可任意选取,但应考虑到计算方便。矢量投影与坐标轴方向一致取正,反之则取负。

(3)分析外力。分析并标出作用在脱离体上的外力,一般包括以下几种外力:①两端过水断面上的动水压力P_1及P_2。因为流段两端的过水断面为渐变流断面,则两个过水

断面上的动水压力可按静水压力方法计算，即 $P=p_C A$（p_C 为断面形心处压强）。②力 G。等于脱离体内液体的重量。③固体边界表面作用于脱离体上的作用力 F。与水流作用于固体边界的动水总作用力 F' 大小相等，方向相反，即 $F'=F$。通常 F 为要求解的力，如其方向不确定，可先假定某一方向，若求得该力为正值，表明假定方向正确；否则，该力的实际方向与假定方向相反。

（4）计算动量改变。一定是流出的动量减去流入的动量，切记不可颠倒。

（5）联立其他方程求解。动量方程可求解许多情况下水流与固体边界的相互作用力问题，应用时，一般需配合使用连续性方程和能量方程。

二、能量方程运用举例

（一）弯管内水流对管壁的作用力

【例 3-7】 有一水平放置的弯管，由直径 $d_1=300$ mm 渐变到 $d_2=200$ mm，弯管转角 $\theta=60°$（见图 3-34）。断面 1—1 处的压强为 $p_1=35$ kN/m²（相对压强），当通过弯管流量 $Q=150$ L/s 时，不计水头损失，求水流对弯管的作用力。

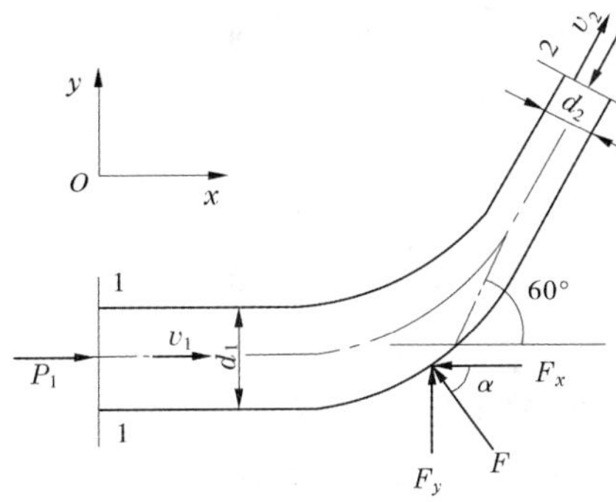

图 3-34　例 3-7 图

解：建立直角坐标系 xOy，并选取符合渐变流条件的断面 1—1 与断面 2—2 间的水体作为脱离体。

分析作用在脱离体内液体上的力，其中包括：过水断面 1—1 和断面 2—2 上的动水压力 P_1 和 P_2；脱离体内水体重力，因弯管水平放置，故重力沿 x 轴和 y 轴没有分力；弯管对水流的作用力 F，此力为待求量，它实际上是水流对弯管作用力 F' 的反作用力，两者大小相等，方向相反。假定 F_x 与 F_y 的方向，如计算结果为正值，说明假设方向是正确的；否则，表示实际方向与假定方向相反。

分别列出 x 轴方向和 y 轴方向的动量方程，并取动量修正系数 $\beta_1=\beta_2=1.0$。

（1）x 轴方向的动量方程为

$$P_1-P_2\cos 60°-F_x=\rho Q(v_2\cos 60°-v_1)$$

由连续性方程求得

$$v_1=\frac{Q}{A_1}=\frac{150\times 10^{-3}}{\frac{\pi}{4}\times 0.3^2}=2.12(\mathrm{m/s})$$

$$v_2 = \frac{Q}{A_2} = \frac{150 \times 10^{-3}}{\frac{\pi}{4} \times 0.2^2} = 4.78(\mathrm{m/s})$$

为确定 P_2，再以管轴线为基准面，列断面1—1和断面2—2能量方程，并取动能修正系数 $\alpha_1 = \alpha_2 = 1.0$，则

$$0 + \frac{p_1}{\gamma} + \frac{v_1^2}{2g} = 0 + \frac{p_2}{\gamma} + \frac{v_2^2}{2g}$$

$$\frac{p_2}{\gamma} = \frac{p_1}{\gamma} + \frac{v_1^2}{2g} - \frac{v_2^2}{2g} = \frac{35}{9.8} + \frac{2.12^2}{2 \times 9.8} - \frac{4.78^2}{2 \times 9.8} = 2.64(\mathrm{m})$$

$$p_2 = 2.64 \times 9.8 = 25.9(\mathrm{kN/m^2})$$

所以
$$P_1 = p_1 A_1 = p_1 \frac{\pi d_1^2}{4} = 35 \times \frac{3.14 \times 0.3^2}{4} = 2.47(\mathrm{kN})$$

$$P_2 = p_2 A_2 = p_2 \frac{\pi d_2^2}{4} = 25.9 \times \frac{3.14 \times 0.2^2}{4} = 0.81(\mathrm{kN})$$

$$\begin{aligned} F_x &= P_1 - P_2 \cos 60° - \rho Q(v_2 \cos 60° - v_1) \\ &= 2.47 - 0.81 \times 0.5 - 1 \times 0.15 \times (4.78 \times 0.5 - 2.12) \\ &= 2.065 - 0.04 = 2.03(\mathrm{kN}) \end{aligned}$$

(2) y 轴方向的动量方程为

$$-P_2 \sin 60° + F_y = \rho Q(v_2 \sin 60° - 0)$$

所以
$$\begin{aligned} F_y &= P_2 \sin 60° + \rho Q v_2 \sin 60° \\ &= 0.81 \times 0.866 + 1 \times 0.15 \times 4.78 \times 0.866 \\ &= 0.701 + 0.621 = 1.32(\mathrm{kN}) \end{aligned}$$

(3) 合力为

$$F = \sqrt{F_x^2 + F_y^2} = \sqrt{2.03^2 + 1.32^2} = 2.421(\mathrm{kN})$$

F_x、F_y 都为正值，说明所设的 F 方向正确。

(4) 合力方向为

$$\alpha = \arctan \frac{F_x}{F_y} = \arctan \frac{1.32}{2.03} = 33.03°$$

所以，水流对弯管的作用力 $F' = F$，方向与 F 相反，与 x 轴方向的夹角为33.03°。

(二)水流对溢流坝面的水平总作用力

【例3-8】 某溢流坝(见图3-35)上游渐变流断面1—1处的水深 $h_1 = 2.0$ m，下游渐变流断面2—2处的水深 $h_2 = 0.8$ m，若忽略水头损失，试求水流作用于1 m坝宽上的水平推力。

解： 建立 x 轴方向坐标，并选取渐变流断面1—1和断面2—2之间的水体为脱离体 c，脱离体内水体沿 x 轴方向所受的外力有：断面1—1和断面2—2上的动水压力 P_1 和 P_2；溢流坝对水流的作用力 F，它实际上是水流对溢流坝面水平推力 F' 的反作用力。取动量修正系数 $\beta_1 = \beta_2 = 1.0$，列出 x 轴方向的动量方程为

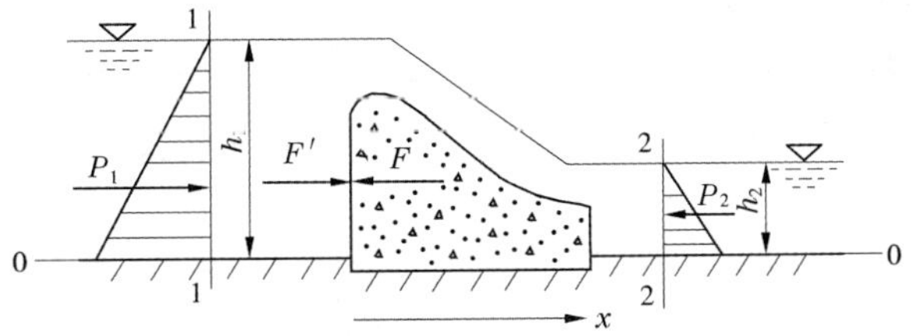

图 3-35　例 3-8 图

$$\rho Q(v_2 - v_1) = P_1 - P_2 - F$$

则
$$F = P_1 - P_2 - \rho Q(v_2 - v_1) \tag{a}$$

断面 1—1 动水压力为

$$P_1 = \frac{1}{2}\gamma h_1^2 b = \frac{1}{2} \times 9.8 \times 2.0^2 \times 1 = 19.6(\mathrm{kN})$$

断面 2—2 动水压力为

$$P_2 = \frac{1}{2}\gamma h_2^2 b = \frac{1}{2} \times 9.8 \times 0.8^2 \times 1 = 3.136(\mathrm{kN})$$

为求流量，以渠底部 0—0 面为基准面，取动能修正系数 $\alpha_1 = \alpha_2 = 1.0$，列出断面 1—1 和断面 2—2 能量方程，得

$$h_1 + \frac{v_1^2}{2g} = h_2 + \frac{v_2^2}{2g} \tag{b}$$

由连续性方程可得
$$v_2 = \frac{A_1}{A_2}v_1 = \frac{2.0}{0.8}v_1 = 2.5v_1 \tag{c}$$

将式(c)代入式(b)得

$$2.0 + \frac{v_1^2}{2g} = 0.8 + \frac{(2.5v_1)^2}{2g}$$

故
$$v_1 = \sqrt{\frac{2 \times 9.8 \times (2 - 0.8)}{2.5^2 - 1}} = 2.12(\mathrm{m/s})$$

$$v_2 = 2.5v_1 = 2.5 \times 2.12 = 5.30(\mathrm{m/s})$$

$$Q = v_1 A_1 = 2.12 \times 2.0 \times 1 = 4.24(\mathrm{m^3/s})$$

将已求得的 P_1、P_2、v_1、v_2 及 Q 值代入式(a)得

$$\begin{aligned} F &= 19.6 - 3.136 - 1 \times 4.24 \times (5.30 - 2.12) \\ &= 2.981(\mathrm{kN}) \end{aligned}$$

因 F 为正值，说明所设的 F 方向正确，所以水流作用于坝体上的水平推力 $F' = 2.981$ kN，方向与 F 相反。

小　结

本章首先建立了有关液体运动的一些基本概念，着重研究了水流运动的三大方程，即连续性方程、能量方程和动量方程。该章是学习水力学的重点。

1. 基本概念

(1) 描述液体运动的方法。描述液体运动的方法有迹线法和流线法。前者是以液流中个别液体质点为着眼点，而后者是以固定空间点为着眼点，水力学普遍采用流线法来研究水流的运动。

(2) 基本定义。流管 → 微小流束 → 总流 → 过水断面 → 流量 → 断面平均流速。过水断面面积 A、断面平均流速 v 和流量 Q 之间关系可表示为

$$Q = vA$$

(3) 水流运动分类。按液流的运动要素是否随时间变化，可将液流分为恒定流与非恒定流；按流线是否为相互平行的直线，可将液流分为均匀流与非均匀流；按流线的不平行程度和弯曲程度，可将液流分为渐变流与急变流；按液流与固体边界接触的状况，可将液流分为有压流、无压流和射流；按水流运动要素与空间自变量有关的个数，又可将液流分为一元流、二元流、三元流。它们之间的关系如下：

$$\text{液流}\begin{cases}\text{有压流}\rightarrow\text{恒定流}\begin{cases}\text{均匀流}\\ \text{非均匀流}\begin{cases}\text{渐变流}\\ \text{急变流}\end{cases}\end{cases}\\ \qquad\quad\times\\ \text{无压流}\rightarrow\text{非恒定流}\rightarrow\text{非均匀流}\end{cases}$$

2. 恒定流的连续性方程

在不可压缩恒定总流中，如沿流程没有分出与加入的水流，则通过各过水断面的流量为一常数，即

$$v_1A_1 = v_2A_2 = Q = \text{常数}$$

因此，水流断面平均流速与过水断面面积成反比，即

$$\frac{v_1}{v_2} = \frac{A_2}{A_1}$$

3. 实际液体恒定流的能量方程(伯努利方程)

对于不可压缩的、沿程没有能量输入或输出的、仅受重力作用的实际液体，恒定总流的能量方程形式为

$$z_1 + \frac{p_1}{\gamma} + \frac{\alpha_1 {v_1}^2}{2g} = z_2 + \frac{p_2}{\gamma} + \frac{\alpha_2 {v_2}^2}{2g} + h_w$$

该式反映了总流各过水断面上平均位能 z、平均压能 $\frac{p}{\gamma}$ 和平均动能 $\frac{\alpha v^2}{2g}$ 之间的能量转化关系。

应用能量方程时要注意，过水断面必须选在渐变流断面上，压强计算的标准基准面和断面上的代表点均可任意选择(以计算方便为宜)。

4. 实际液体恒定总流的动量方程

对于不可压缩的恒定总流，动量方程式的形式如下：

$$\sum \boldsymbol{F} = \rho Q(\beta_2 \boldsymbol{v}_2 - \beta_1 \boldsymbol{v}_1)$$

该式表明：单位时间内，研究流段流出的动量与流入的动量之差，等于作用于这个流段上所有外力的总和。

在直角坐标系中,恒定总流动量方程式的三个投影式为

$$\left.\begin{aligned}\sum F_x &= \rho Q(\beta_2 v_{2x} - \beta_1 v_{1x})\\ \sum F_y &= \rho Q(\beta_2 v_{2y} - \beta_1 v_{1y})\\ \sum F_z &= \rho Q(\beta_2 v_{2z} - \beta_1 v_{1z})\end{aligned}\right\}$$

应用动量方程时应注意,脱离体两端的过水断面必须取在渐变流断面上。

5. 本章应注意的几个概念

(1) 渐变流断面的特性:$z + \dfrac{p}{\gamma} = C$,即渐变流断面上压强分布规律和静止液体一样。

(2) 水流的位能、压能、动能三者可以相互转化,但总能量只能沿程减少。

(3) 动量方程式一个矢量,$\sum \boldsymbol{F}$、$\boldsymbol{v}$ 都是有方向的。

(4) 动量方程求出的是边界对水的作用力 $\boldsymbol{F}$,水对边界的作用力 $\boldsymbol{F}'$ 与之大小相等,方向相反。

习 题

3-1 如图 3-36 所示,水流通过由两段等截面及一段变截面组成的管道,如果上游水位保持不变。

试问:(1) 当阀门开度一定时,各段管中是恒定流还是非恒定流?

(2) 当阀门逐渐关闭时,这时管中为恒定流还是非恒定流?

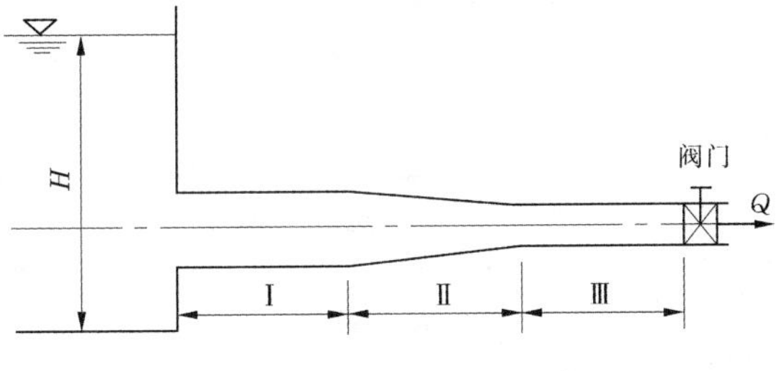

图 3-36

3-2 有人认为均匀流和渐变流一定是恒定流,急变流一定是非恒定流,这种说法对否,并说明理由。

3-3 有一变直径圆管,已知断面 1—1、断面 2—2 的直径分别是 d_1 和 d_2,问两断面平均流速之比为 1:2时,其直径成什么比例?

3-4 拿两张薄纸,平行提到手中,当用嘴顺纸间间隙吹气时,问薄纸是不动或靠拢,还是张开,为什么?

3-5 在火车站站台上等车,在火车马上就要进站的时候,从水力学的角度解释,为什么广播员要乘客站在候车黄线以外,以保安全?

3-6 如图 3-37 所示,两轮船在水中航行。按水上航运规定,两船距离不能相距过

近，从水力学的角度解释，这是为什么？

3-7 飞机机翼的剖面如图3-38所示，当飞机快速穿过空气时，会产生一个什么方向的力？

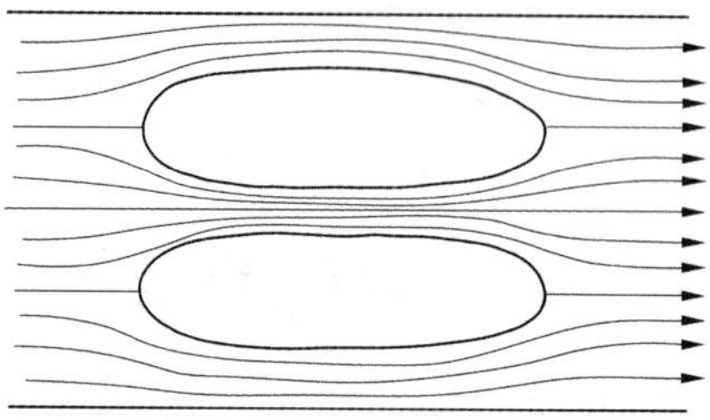

图3-37

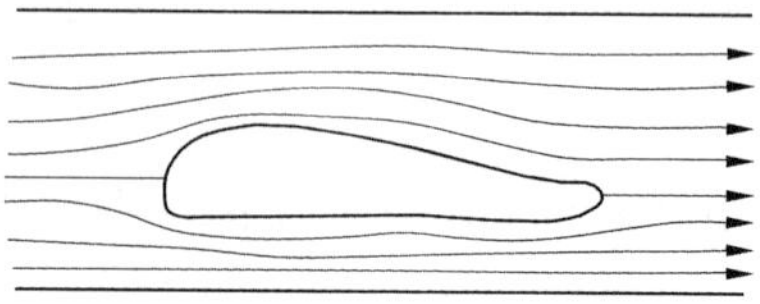

图3-38

3-8 对水流流向问题有如下一些说法："水一定是从高处向低处流"、"水一定从压强大的地方向压强小的地方流"、"水一定是从流速大的地方向流速小的地方流"，这些说法是否正确，为什么？正确的说法应该是怎样的？

3-9 如图3-39所示的隧洞，在出口处装一闸门，其底面是水平的，直径均为 d。

试问：(1) a、b、c 三点压强是在闸门关闭时大，还是开门时大？

(2)开门后试比较三点压强的大小，并说明原因。

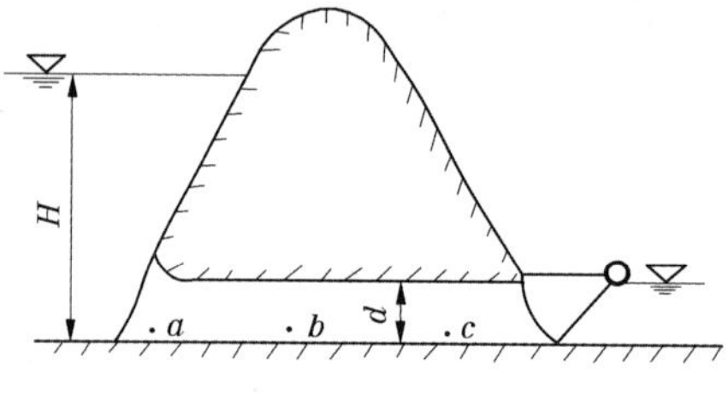

图3-39

3-10 有一等直径的弯管如图3-40所示，试问：水流由低处流向高处的 AB 管段中，断面平均流速 v 是否会沿程减小；在由高处流向低处的 BC 段中，断面平均流速 v 是否会沿程增大，为什么？

3-11 在如图3-41所示的装置中，当 H 不断升高，A 点流速不断加大时，h 会如何改变？容器中的液体是否可能被吸入 AB 管中？

3-12 如图3-42所示四种管流。

试问：(1)图3-42(a)、(b)管路是否均受轴向力作用？为什么？

(2)图3-42(c)、(d)管路是否均受动水总压力作用？哪一个受的作用力大？为什么？

3-13 如图3-43所示三种形式的叶片，受流量为 Q、流速为 v 的射流冲击，试问：哪一种情况叶片上受的冲力最大？哪一种受的冲力最小？为什么？

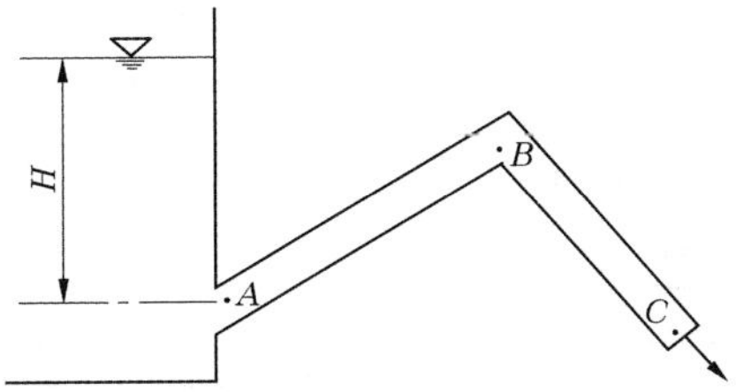

图 3-40

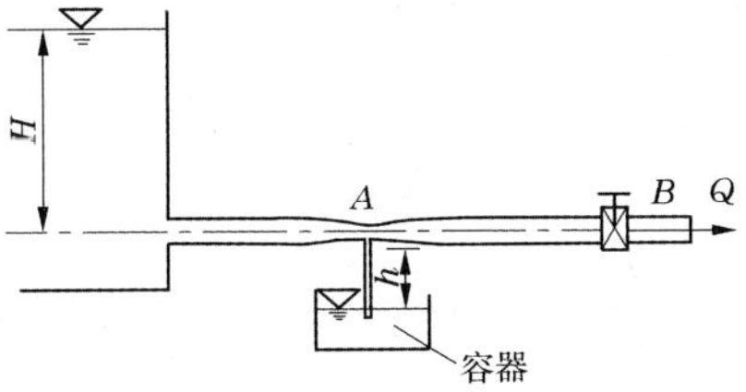

图 3-41

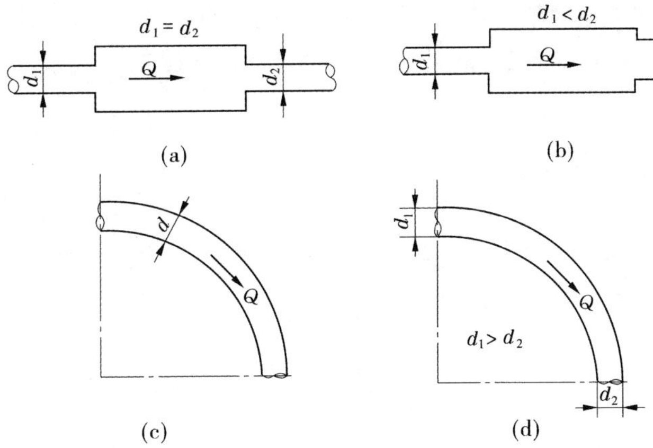

图 3-42

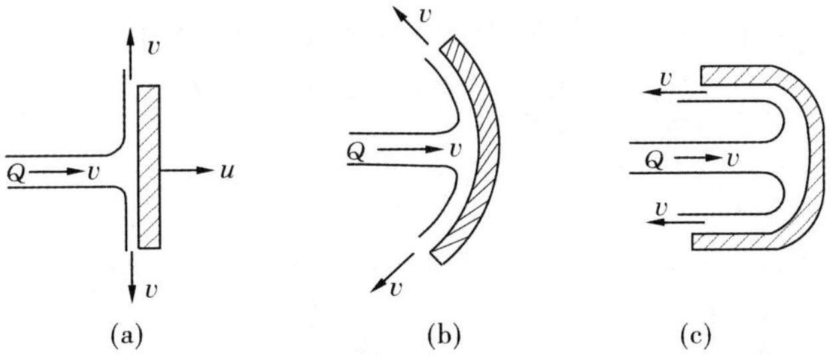

图 3-43

3-14　已知圆管中流速为轴对称分布(见图 3-44),其分布函数 $u=u_m(1-R^2/R_0^2)$,式中的 R_0 为管道半径,u 为距管轴中心为 R 处的流速,u_m 为管轴上的流速。若已知 $R_0=3$ cm,$u_m=0.15$ m/s,试计算通过管中的流量 Q 及断面平均流速 v。

3-15　在一压力管(见图 3-45)中,已知 $d_1=200$ mm,$d_2=150$ mm,$d_3=100$ mm。第三段管中的平均流速 $v_3=2$ m/s。试求管中的流量 Q 及第一、第二两段管中的平均流速 v_1、v_2。

3-16　如图 3-46 所示,某主河道的总流量 $Q_1=1\ 890\ m^3/s$,上游两个支流的断面平均流速 $v_3=1.30$ m/s,$v_2=0.95$ m/s。若两个支流过水断面面积之比 $A_2/A_3=4$,求两个支流的断面面积 A_2 及 A_3。

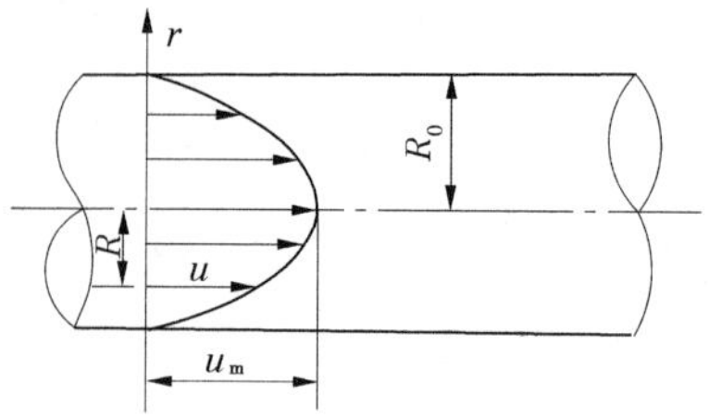

图 3-44

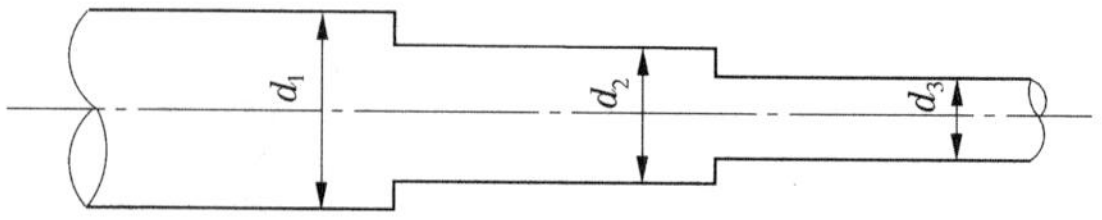

图 3-45

3-17　一变直径的管段 AB(见图 3-47),$d_A=0.2$ m,$d_B=0.4$ m,高差 $\Delta h=1.5$ m,今测得 $p_A=30$ kN/m^2,$p_B=40$ kN/m^2,B 点处断面平均流速 $v_B=1.5$ m/s,求 A、B 两断面的总水头差及管中水流流动方向。

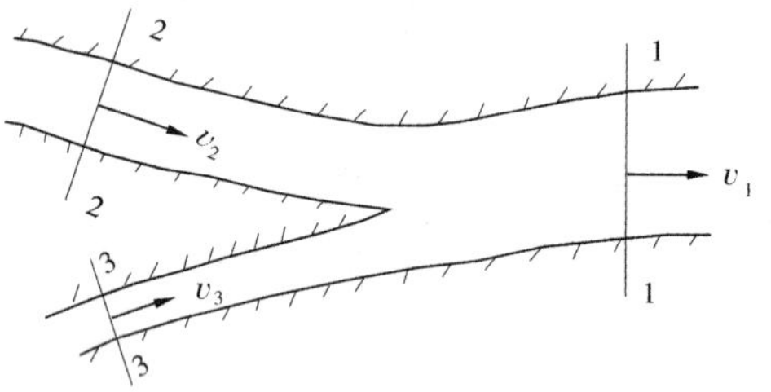

图 3-46

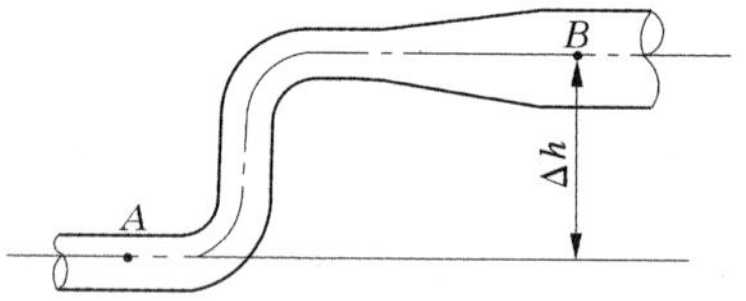

图 3-47

3-18　某管道如图 3-48 所示,直径 $d=0.15$ m,测得水银压差计中液面差 $\Delta h=0.2$ m,若断面平均流速 $v=0.78\,u_{max}$,求管中通过的流量。

3-19　某水管(见图 3-49),已知管径 $d=100$ mm,当阀门全关时,压力计读数为 0.5 个大气压,而当阀门开启后,保持恒定流,压力计读数降至 0.2 个大气压,若压力计前段的总水头损失为 $2\dfrac{v^2}{2g}$,试求管中的流速和流量。

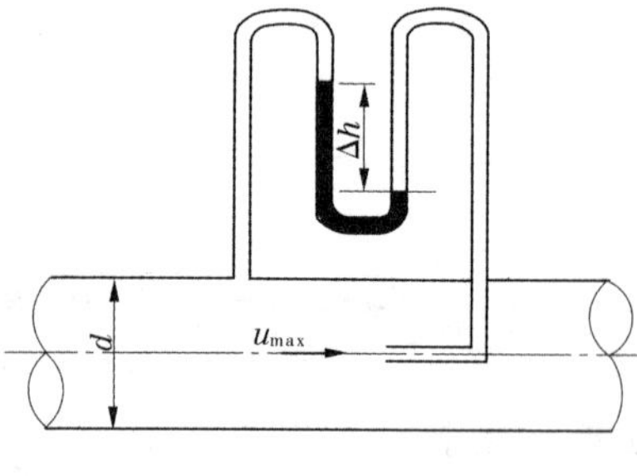

图 3-48

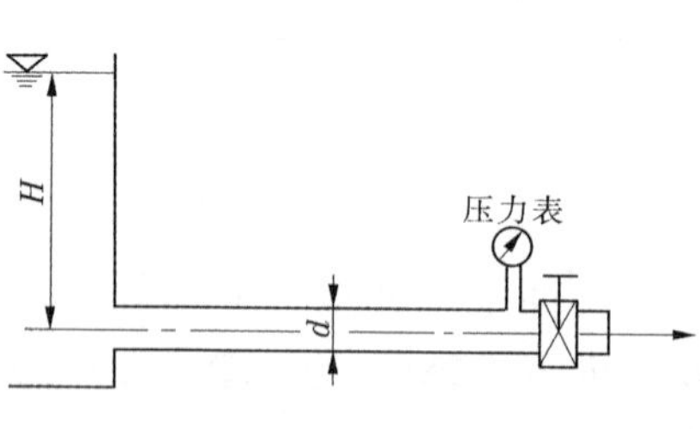

图 3-49

3-20　矩形断面平底渠道,其宽度 $b=27$ m,河床在某断面处抬高 $\Delta=0.3$ m,抬高前的水深 $h_1=1.8$ m,抬高后水面降低 $\Delta h=0.12$ m(见图 3-50)。若水头损失 h_w 为尾渠流速水头的一半,问流量 Q 等于多少?

3-21　有一铅直输水管(见图 3-51),上游为一水池,出口接一管嘴,已知管径 $D=10$

cm，出口直径 $d=5$ cm，流入大气，其他尺寸如图 3-51 所示。若不计水头损失，求管中 A、B、C 三点的压强。

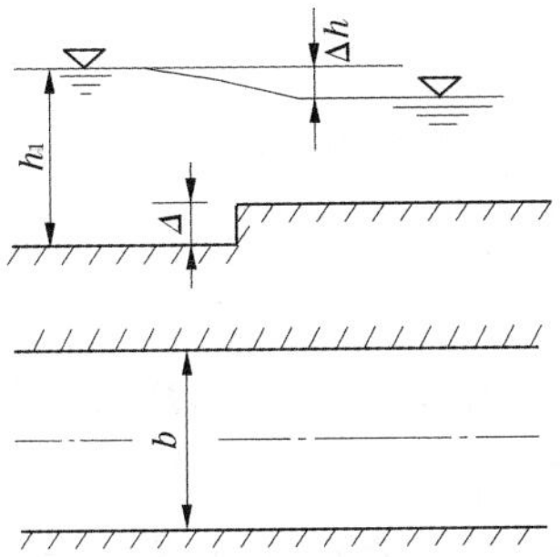

图 3-50

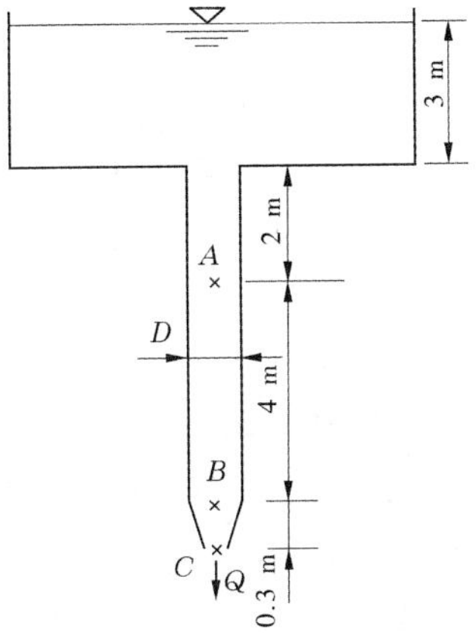

图 3-51

3-22 有一文德里管路（见图 3-52），已知管径 $d_1=15$ cm，文德里管喉部直径 $d_2=10$ cm，水银压差计高差量 $\Delta h=20$ cm，实测管中流量 $Q=60$ L/s，试求文德里流量计的流量系数 μ。

3-23 一引水管的渐缩弯段（见图 3-53），已知入口直径 $d_1=250$ mm，出口直径 $d_2=200$ mm，流量 $Q=150$ L/s，断面 1—1 的相对压强 $p_1=196$ kN/m^2，管子中心线位于水平面内，转角 $\alpha=90°$。若不计水头损失，试求固定此弯管所需的力。

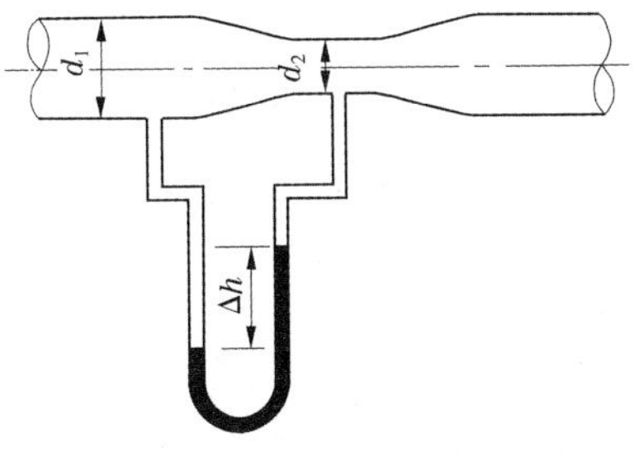

图 3-52

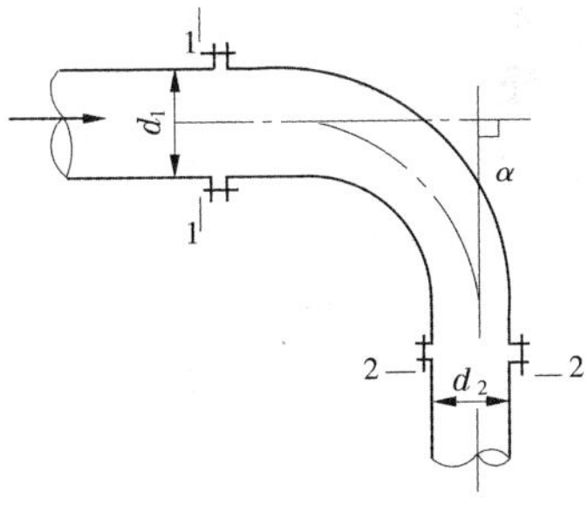

图 3-53

3-24 矩形断面的平底渠槽上，装置一平板闸门（见图 3-54），已知闸门宽度 $b=2$ m，闸前水头 $H=4$ m，闸门开度 $e=0.8$ m，闸孔后收缩断面水深 $h_c=0.62e$。当泄流量 $Q=8$ m^3/s 时，若不计摩擦力，试求作用于平板闸门上的动水总压力。

3-25 有一管道出口处的针形阀门全开时为射流（见图 3-55），已知出口直径 $d_2=15$ cm，流速 $v_2=30$ m/s，管径 $d_1=35$ cm。若不计水头损失，当测得针阀的拉杆受拉力 $F=4\ 900$ N 时。

试求：(1) 连接管道出口段的螺栓所受的水平总力为多少？

(2) 所受的是拉力还是压力？

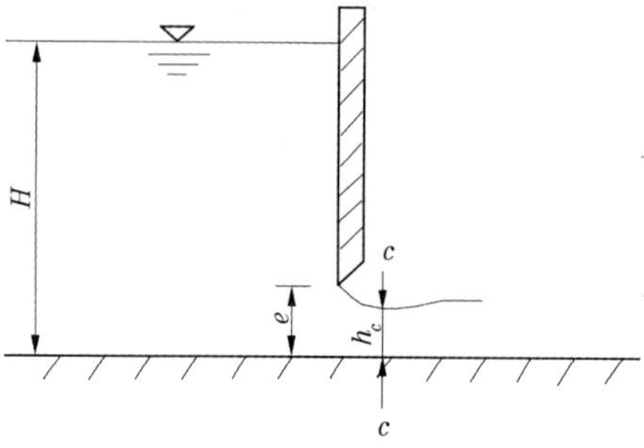

图 3-54

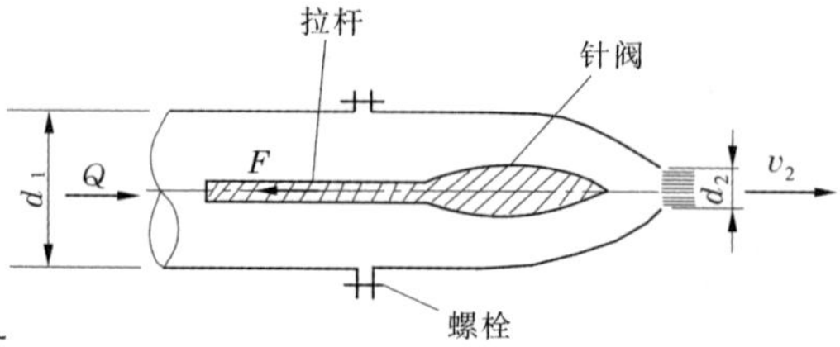

图 3-55

3-26　某矩形断面平底弯曲渠段(见图 3-56),渠道由 b_1=2.0 m 的底宽断面 1 渐变为断面 2,底宽为 b_2=3.0 m。当通过渠道流量 Q =4.2 m^3/s 时,两个断面水深分别为 h_1=1.5 m,h_2=1.2 m,两个断面的平均流速 v_1 和 v_2 与 x 轴的夹角分别为 θ_1=30°和 θ_2=60°,试求水流对渠段侧壁的水平冲力。

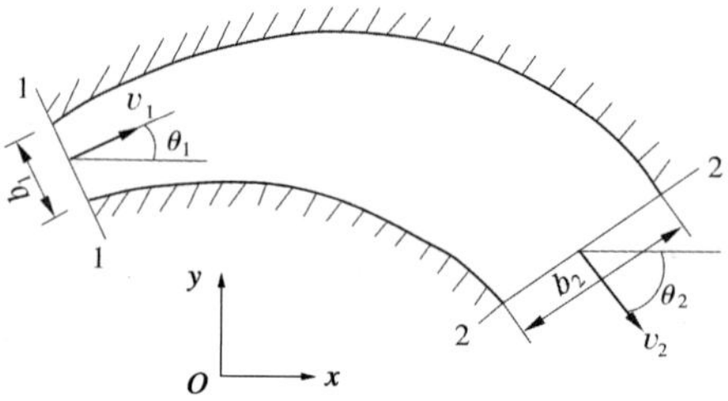

图 3-56

第四章　水流形态与水头损失

【学习要求】　理解水头损失产生的原因、雷诺数的物理意义；熟悉层流、紊流两种水流运动形态；掌握沿程水头损失和局部水头损失计算的基本公式；了解均匀流沿程水头损失与切应力的关系、紊流的形成过程、层流区、紊流水力光滑区、紊流过渡区、紊流水力粗糙区、沿程阻力系数、谢才系数等概念。

前面我们已经讨论了液体的能量转换规律，并给出了能量方程式。该方程中的水头损失项 h_w 是应用能量方程的关键，因此探究该项在水流运动中的规律和计算方法是本章首要任务。本章从水流的物理特征出发，先弄清产生水头损失的原因，以及它与水流形态的关系，然后讨论水头损失的变化规律，最后介绍水头损失的计算方法。

第一节　水头损失及其分类

一、水头损失产生原因及分类

液体在流动过程中克服阻力做功，一部分机械能不可逆地转化为热能而散失，形成能量损失。液体从一断面流至另一断面所损失的机械能，就叫作两断面之间的能量损失。单位重量液体的机械能损失称为水头损失。

在顺直的固体边界（如顺直河道）中，水流的边界形状和尺寸沿水流方向不变或基本不变，其水流属于均匀流或渐变流，水流的流线便是平行的直线，或者近似为平行的直线［如图 4-1(a)所示］。与固体边界（如河床）接触的液体质点在黏滞力的作用下依附于固体边界表面，致使该部分液体质点流速为零。距离固体边界越远，受到边界影响越小，因此在垂直于边界面的方向上流速从零迅速加大［如图 4-1(b)所示］。如果选取相邻两流层来研究，由于两流层间存在相对运动，在黏滞性作用下，相对运动的相邻流层间就会产生内摩擦力。液体流动过程中要损耗一部分液流的机械能，用以克服这种摩擦阻力，而损耗的机械能则转化为热能散失。

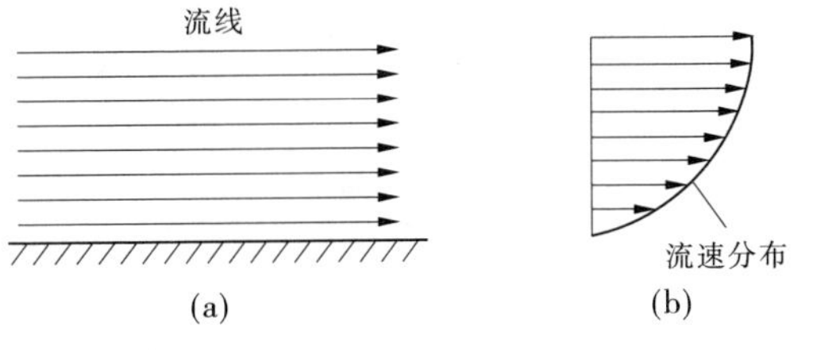

图 4-1　流线及流速分布

在边界形状和大小沿流程发生改变的流段，水流的流线发生弯曲。由于水流的惯性作用，水流在边界突变处会产生与边界的分离并且水流与边界之间形成漩涡。因此，在水流边界突变处的水流属于急变流（如图 4-2 所示）。在急变流段内，由于水流的扩散和漩涡的形成，使水流在此段内形成了比内摩擦阻力大得多的水流阻力，产生了较大的能量损失。

从上面的分析可知,液体黏滞性(内因)和边界突变(外因)都会造成液体能量的损失,我们可以将水流阻力和水头损失分成两类:

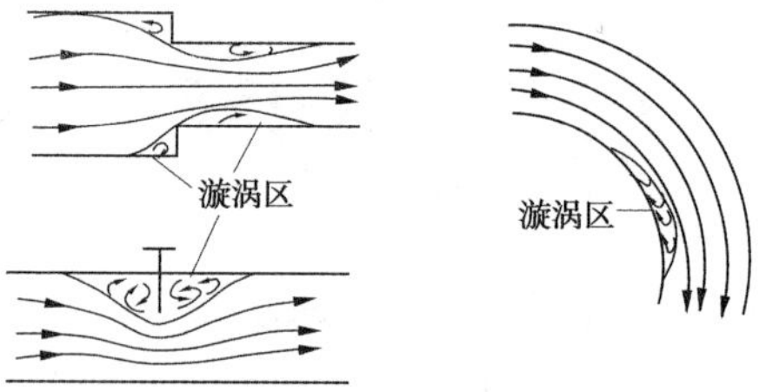

图 4-2 急变流的形成边界

(1)由于液体黏滞力的作用,各流层之间的相对运动而产生的阻力,称为内摩擦阻力。它均匀地分布在水流的整个流程上,故又称为沿程阻力,常用 h_f 表示。为克服沿程阻力而引起单位重量水体在运动过程中的能量损失,称为沿程水头损失,如输水管道、隧洞和河渠中的均匀流及渐变流流段内的水头损失,就是沿程水头损失。

(2)当流动边界沿程发生急剧变化时(如突然扩大、突然缩小、转弯、阀门等处),局部流段内的水流流态发生剧烈变化,水流质点之间摩擦、旋转和碰撞加剧,产生了附加的阻力,额外消耗了大量的机械能,通常称这种附加的阻力为局部阻力,克服局部阻力而造成单位重量水体的机械能损失为局部水头损失,常用 h_j 表示。局部水头损失,是在边界发生改变处的一段流程内产生的,为了计算方便,常将局部水头损失看成是集中在一个突变断面上产生的水头损失。

实际水流中,整个流程既存在着各种局部水头损失,又有各流段的沿程水头损失,见图 4-3。某一流段沿程水头损失与局部水头损失的总和,称为该流段的总水头损失,即

$$h_w = \sum h_f + \sum h_j \tag{4-1}$$

式中 $\sum h_f$——整个流程中各段沿程水头损失之和;

$\sum h_j$——整个流程中各种局部水头损失之和。

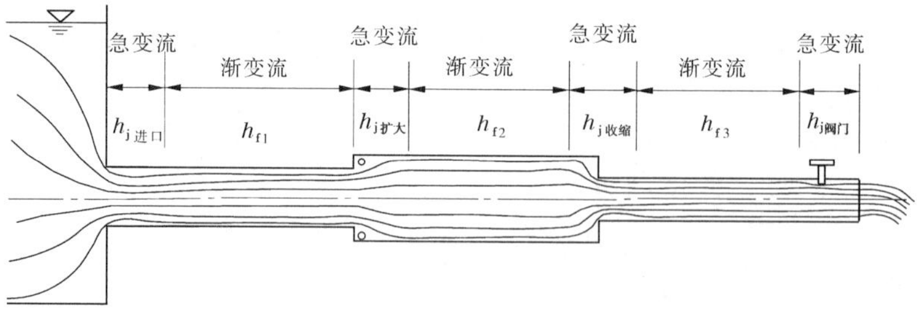

图 4-3 水头损失的分类

二、液流边界几何条件对水头损失的影响

产生水头损失的根本原因是实际液体具有黏滞性,但固体边界横向和纵向几何条件对水头损失也有很大影响。

(一)液流边界横向轮廓的形状和尺寸对水头损失的影响

液流边界横向轮廓的形状和尺寸对水流的影响,主要体现在过流断面面积大小、与液流接触的周界长度等。

液流过水断面与固体边界接触的周界叫作湿周,常用 χ 表示。湿周越大,液流与边界

接触面积越大,受到边界黏滞阻力越大,能量损失越多。例如,两个过流面积相同,形状不同的断面,一为正方形,一为扁长矩形,由于扁长矩形渠槽中的液流的湿周要长些,所受到的阻力大,因而水头损失大。

根据流量公式可知,流量 Q 一定时,过流断面面积 A 越小,水流流速越大,相应的水流阻力及水头损失也较大,因此当两个湿周相等但过流面积不同的过水断面通过同样大小的流量时,面积较小的过水断面能量损失越多。

所以,用过水断面面积 A 或湿周 χ 中的任何一个水力要素单独来表示过水断面的水力特征都是不全面的,只有把二者结合起来才较为全面。由此引入水力半径 R 表征液流边界横向轮廓对水头损失的影响,其计算公式为过水断面面积 A 与湿周 χ 的比值,即

$$R=\frac{A}{\chi} \tag{4-2}$$

水力半径是过水断面的一个非常重要的水力要素,单位为米(m)或厘米(cm)。例如,直径为 d 的圆管,当充满液流时,$A=\frac{\pi d^2}{4}$, $\chi=\pi d$,故水力半径 $R=\frac{A}{\chi}=\frac{d}{4}$。

(二)液流边界纵向轮廓对水头损失的影响

根据边界纵向轮廓的不同,有两种不同的液流:均匀流与非均匀流。

均匀流中沿程各过水断面的水力要素及断面平均流速都是不变的,此时只有沿程水头损失。非均匀渐变流时局部水头损失可忽略不计,非均匀急变流时两种水头损失都有。

三、均匀流沿程水头损失与切应力的关系

在管道或明渠均匀流里,只存在沿程水头损失。现任取一段总流来分析(见图 4-4),以管流为例,设管道的中心线与水平面的夹角为 α,流段长度为 l,过水断面面积为 A。用 p_1 和 p_2 分别表示作用在流段过水断面 1—1、2—2 形心点上的动水压强,z_1 和 z_2 为该两断面形心点距基准面的高度,作用在该流段上的外力有以下三部分:

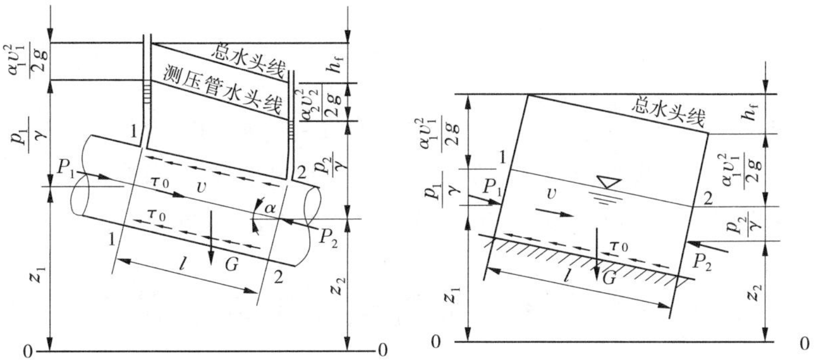

图 4-4　圆管、明渠均匀流

(1)动水压力。作用在断面 1—1 上的动水压力可按静水总压力公式计算,即 $P_1=p_1A$;作用在断面 2—2 上的动水压力 $P_2=p_2A$。方向均垂直指向作用面。

(2)重力。重力为 $G=\gamma Al$,方向竖直向下。

(3)摩擦阻力。设 τ_0 为流段的固体边界作用于水流上的平均切应力，流段内固体边界面积 $A'=l\chi$(χ 为湿周)，则整个流段固体边界作用于水流的总摩擦阻力为 $T=\tau_0 l\chi$，方向与水流的方向相反。

由于所分析的液流处于均匀流状态，则作用在该流段上沿流向的各外力合力为零，即

$$P_1 - P_2 + G\sin\alpha - T = 0$$

或者

$$p_1A - p_2A + \gamma Al\sin\alpha - \tau_0 l\chi = 0$$

由图 4-4 可知

$$\sin\alpha = \frac{z_1 - z_2}{l}$$

将式中各项除以 γA，整理后得

$$\left(z_1 + \frac{p_1}{\gamma}\right) - \left(z_2 + \frac{p_2}{\gamma}\right) = \frac{l\chi}{A}\cdot\frac{\tau_0}{\gamma} \tag{4-3}$$

以 0—0 为基准面，列断面 1—1 和 2—2 的能量方程，得

$$z_1 + \frac{p_1}{\gamma} + \frac{\alpha_1 v_1^2}{2g} = z_2 + \frac{p_2}{\gamma} + \frac{\alpha_2 v_2^2}{2g} + h_w$$

由于均匀流过水断面 1—1 和 2—2 的流速水头相等，即 $v_1=v_2$，分析流段无局部水头损失，因此 $h_w=h_f$，取 $\alpha_1=\alpha_2=1$，上式简化后得

$$\left(z_1 + \frac{p_1}{\gamma}\right) - \left(z_2 + \frac{p_2}{\gamma}\right) = h_f$$

将上式及 $R=\dfrac{A}{\chi}$ 代入式(4-3)得

$$h_f = \frac{l}{R}\cdot\frac{\tau_0}{\gamma} \tag{4-4}$$

将单位长度上的水头损失称为水力坡度，即 $J=\dfrac{h_f}{l}$，把其代入式(4-4)，则式(4-4)又可写成

$$\tau_0 = \gamma RJ \tag{4-5}$$

式(4-4)和式(4-5)即为均匀流中沿程水头损失与边界切应力的关系式。由于式中的边界平均切应力 τ_0 尚无法直接确定，所以无法利用该式直接计算求解沿程水头损失。因此，为了能计算均匀流中的沿程水头损失，必须对水流的流动状态进行研究。

第二节　水流运动的两种流态

在 19 世纪初，人们便发现管道的沿程阻力与管道水流的流速之间存在特殊的对应关系。当流速较小时，沿程水头损失与流速的一次方成正比；当流速较大时，沿程水头损失与流速的平方成正比。直到 1883 年，英国物理学家雷诺(Reynolds)通过物理实验发现实际液体运动存在着层流和紊流两种不同流动形态，由此揭示了水头损失与流速间特殊对应关系的本质。

一、雷诺实验

雷诺实验装置如图 4-5 所示，实验装置主要由水箱、末端带阀门的水平玻璃管、装有颜色液体细管组成。水箱的作用是创造恒定水位的实验条件。水平玻璃管用于观察水流流态，管道末端阀门用以控制管道中的流速。颜色液体细管主要作用是提供着色液体，利于观察水流流态。

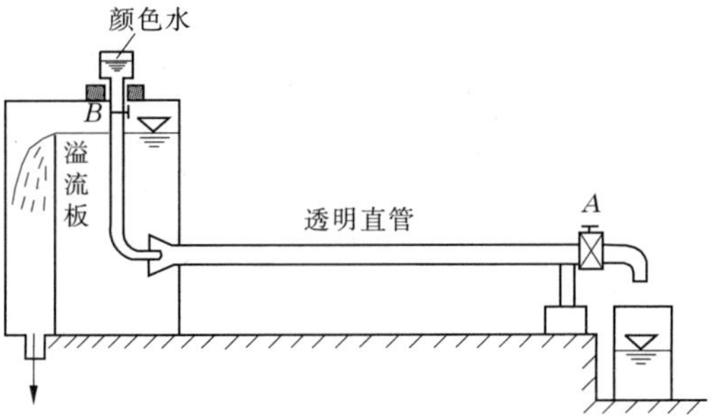

图 4-5　雷诺实验

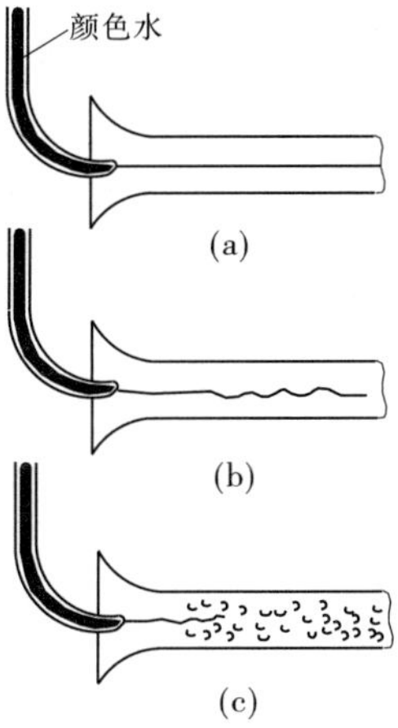

图 4-6　水流形态

在实验过程中，水箱水位保持不变。实验开始时，先缓慢开启实验管末端的阀门 A 至很小的开度，在管段中创造流速较小的水流流动，然后打开装在颜色液体细管上的阀门 B，此时玻璃管内出现一条细直的着色流束，而且此着色流束不与管内清水相混杂，如图 4-6(a)所示。

逐渐开大阀门 A，随着管段内流速的增大，原本细直的着色流束开始颤动，然后弯曲成波浪形，如图 4-6(b)所示。随着阀门 A 的继续开大，着色的波状流束先在个别地方出现断裂，着色流束失去清晰可辨的形状。当流速达到某一定值时，着色流束突然完全破裂，并快速扩散，使管中水流全部着色，如图 4-6(c)所示，此时水流质点已经相互混掺。

上述实验表明，不同流速的水流具有两种不同的流动形态。当流速较小时，水流质点有条不紊、互不掺混地分层流动称为层流。当流速较大时，水流质点互相掺混称为紊流。

再次进行实验，将阀门 A 开度由大缓慢变小，管段中的水流流态由紊流状态变为层流状态。实验过程中观察到，水流流态由紊流转变成为层流时的流速比由层流转变成紊流时的流速要小。

二、水流形态的判别

在进行雷诺实验过程中，将层流和紊流相互转换瞬时的管段断面平均流速称为临界流速。其中，层流变紊流时的临界流速称上临界流速；而由紊流变层流时的临界流速称下临界流速。由于临界流速会随着管径 d、液体运动黏滞性系数 ν 的变化而变化，其值并不固定，在实际工程中采用临界流速判定水流形态并不高效。因此，将液体流速 v、管径 d、液体运动黏滞性系数 ν 三个因素进行综合考虑，采用液体流速 v 和管径 d 的乘积与液体运动黏滞性系数 ν 的比值来判定水流流态，该值称为雷诺数，用 Re 表示，即

$$Re = \frac{vd}{\nu} \tag{4-6}$$

对不同液体在不同管径圆管和不同温度下的流动实验表明：同一形状的边界中流动的各种液体，流动形态转变时的雷诺数是一个常数，称为临界雷诺数，用 Re_k 表示。紊流变层流时的雷诺数称为下临界雷诺数，其流速对应为下临界流速。层流变紊流的雷诺数称为上临界雷诺数，其流速对应为上临界流速。由于层流变紊流的上临界流速受外界干扰较大，因此上临界雷诺数并不稳定。实践中，一般采用下临界雷诺数作为判别流态的依据，当液流的雷诺数 $Re<Re_k$ 时，为层流；当液流的雷诺数 $Re>Re_k$ 时，则为紊流。

进一步的实验研究表明：对于同一边界形状的流动，在不同液体、不同温度及不同边界尺寸的情况下，临界雷诺数是一个常数；不同边界形状下流动的临界雷诺数大小不同。因此，临界雷诺数与边界形状有关。根据实验测得：有压圆管的临界雷诺数常取 $Re_k=2\ 320$，明渠流动临界雷诺数常取 $Re_k=580$。

水利工程中所遇到的流动绝大多数属于紊流，层流很少发生，只有在地下水流动、沉沙池和高含沙的浑水中，或在泥沙颗粒分析及其他实验中，才可能发生层流。

【例 4-1】 现有一管径为 0.2 m 的输水管道，管内过水流量为 3 L/s，水温 18 ℃，试判别管内水流流态。

解：输水管 $d=0.2$ m，则

$$A = \frac{\pi}{4}d^2 = \frac{3.14}{4} \times 0.2^2 = 3.14 \times 10^{-2}(\mathrm{m}^2)$$

$$v = \frac{Q}{A} = \frac{3 \times 10^{-3}}{3.14 \times 10^{-2}} = 9.55 \times 10^{-2}(\mathrm{m/s})$$

由表 1-3 查得当水温为 18 ℃时，$\nu=1.062\times10^{-6}\mathrm{m^2/s}$，则

$$Re=\frac{vd}{\nu}=\frac{9.55\times10^{-2}\times0.2}{1.062\times10^{-6}}=17\ 985>Re_k=2\ 320$$

因此，输水管内水流为紊流。

【例 4-2】 已知某矩形明渠，渠底宽 $b=0.2$ m，测得其水深 $h=0.1$ m 时，断面平均流速 $v=0.1$ m/s，水温为 16 ℃，试判别渠内水流的流态。

解：(1)计算明槽过水断面的水力要素。

$$A = bh = 0.4 \times 0.2 = 0.08(\mathrm{m}^2)$$

$$\chi = b + 2h = 0.4 + 2 \times 0.2 = 0.8(\mathrm{m})$$

$$R = \frac{A}{\chi} = \frac{0.08}{0.8} = 0.1(\mathrm{m})$$

(2)判别水流的流态。

由表 1-1 查得当水温为 16 ℃时，$\nu=1.118\times10^{-6}\mathrm{m^2/s}$，则

$$Re=\frac{vR}{\nu}=\frac{0.1\times0.1}{1.118\times10^{-6}}=8\ 944>580$$

因此,明渠中的水流为紊流。

三、水流流动形态和水头损失关系

在雷诺实验装置的水平玻璃管段两端各接一根测压管,测量两端断面 1—1 和 2—2 之间的沿程水头损失 h_f,如图 4-7 所示。

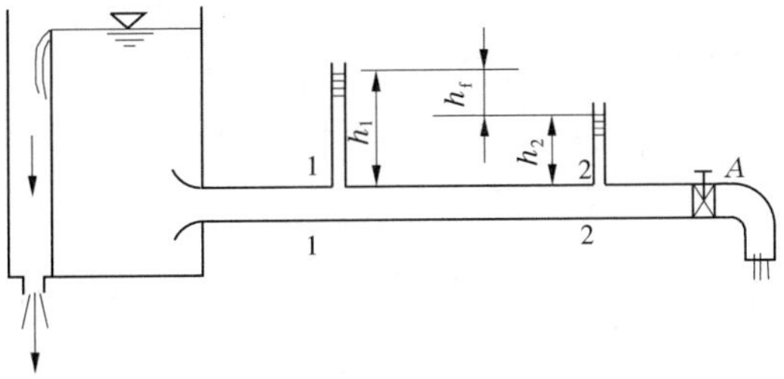

图 4-7　沿程水头损失的测定

列断面 1—1 和 2—2 的能量方程,得

$$z_1+\frac{p_1}{\gamma}+\frac{\alpha_1 v_1^2}{2g}=z_2+\frac{p_2}{\gamma}+\frac{\alpha_2 v_2^2}{2g}+h_f$$

由图 4-7 可知,$z_1=z_2$,$\frac{\alpha_1 v_1^2}{2g}=\frac{\alpha_2 v_2^2}{2g}$,上式可简化为

$$h_f=\frac{p_1}{\gamma}-\frac{p_2}{\gamma}=h_1-h_2=\Delta h$$

上式表明,过水断面 1—1 和 2—2 之间的沿程水头损失可通过该实验设备测得,即为两测压管中的水位差。

为了进一步研究流态与沿程水头损失间的关系,雷诺在观测水流流态的同时,记录该状态时刻的水头损失,以探究两者间的对应关系。首先,按层流转变为紊流的程序,记录水流在不同流速下的水头损失,并绘制在双对数坐标纸上;然后按紊流转变为层流的程序,重复上述操作,得到流速和沿程水头损失双对数坐标曲线,如图 4-8 所示。

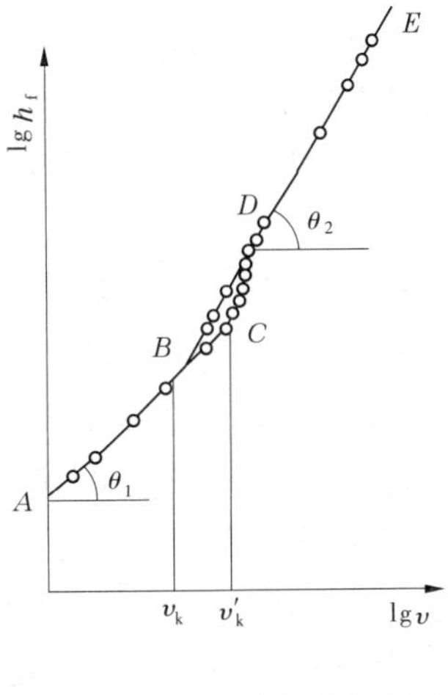

图 4-8　h_f 与 v 的关系曲线图

图 4-8 的关系曲线说明:层流时,沿程水头损失 h_f 与过流断面 v 按倾角为 45°的直线 AB 变化,因此沿程水头损失与流速的一次方成正比。紊流时,沿程水头损失与流速的关系按 DE 直线变化,直线 DE 的倾角大于 5°,因此沿程水头损失与流速的 1.75~2.0 次方成正比。可用统一的指数形式的公式表示沿程水头损失与流速的关

系,即

$$h_f = kv^m \tag{4-7}$$

当水流为层流时,指数 $m=1$;当水流为紊流时,指数 $m=1.75\sim2.0$。

四、雷诺数的物理意义

雷诺数可理解为水流惯性力和黏滞力作用的对比关系。下面通过量纲分析予以证明。由式(4-6)可知,雷诺数的量纲可表示为$[\mathrm{Re}]=\dfrac{[\mathrm{v}]\cdot[\mathrm{L}]}{[\nu]}$。

水流惯性力作用可用惯性力表示,黏滞力作用可用黏滞力来表征:

惯性力　　$F=ma=\rho V\dfrac{\mathrm{d}u}{\mathrm{d}t}$

其量纲为　　$[\rho][\mathrm{L}^3]\dfrac{[\mathrm{v}]}{[\mathrm{T}]}$

黏滞力　　$T=\mu A\dfrac{\mathrm{d}u}{\mathrm{d}y}$

其量纲为　　$[\mu][\mathrm{L}^2]\dfrac{[\mathrm{v}]}{[\mathrm{L}]}=[\mu][\mathrm{L}][\mathrm{v}]$

惯性力和黏滞力量纲的比值为

$$\frac{[\text{惯性力}]}{[\text{黏滞力}]}=\frac{[\rho][\mathrm{L}^3]\dfrac{[\mathrm{v}]}{[\mathrm{T}]}}{[\mu][\mathrm{L}][\mathrm{v}]}=\frac{[\rho][\mathrm{L}^2]}{[\mu][\mathrm{T}]}=\frac{[\mathrm{v}][\mathrm{L}]}{[\nu]}=[\mathrm{Re}]$$

上述表明:惯性力与黏滞力之比的量纲式与雷诺数的量纲相同,所以,雷诺数的物理意义就是表征惯性力与黏滞力的对比关系。式中的特征长度 L,在管流中用管径 d 表示,在明渠中则用水力半径 R 表示。

若 Re 较小,表明作为分母的黏滞力大而作为分子的惯性力小,水流运动过程中黏滞力对水流质点起控制作用,水流为成层流流动,质点互不混掺。若 Re 较大,表明作为分母的黏滞力小而作为分子的惯性力大,惯性力对水流起控制作用,水流质点依靠自身惯性流动,摆脱了黏滞力控制并发生混掺而形成紊流。

五、紊流的形成过程

实际水流具有黏滞性,在运动过程中,受到边界条件的影响,距离边界越近,受到的影响越大,流速越小;距离边界越远,受到的影响越小,流速越大。以明渠流动为例,距离河床近的下部水流流速小,距离河床远的上部水流流速大。若此时水流为层流,任取一层水流,其流速大于相邻的下层水流流速,则该流层受到方向与流速方向相反的摩擦力;但其流速小于相邻的上层水流流速,该流层又受到方向与流速方向相同的摩擦力;因此,当水流为层流时,水流内任一流层的上下面均存在方向相反的摩擦力。当水流受到外界轻微干扰时,流层会发生微小波动,如图 4-9(a)所示。根据水流能量方程可知,在波峰处,上部流线压紧后,过流断面减小,流速增大而压强减小;其下部过流断面增大,流速减小而压强增大,从而在波峰的上、下两侧形成压差,最终形成一个向着波峰峰顶方向的压力。同理,在相邻波谷处产生向着波谷谷底的压力。这两个垂直于流层的压力形成一个力矩,方向与摩阻力矩相同。这两个力矩的共同作用加剧了原有的波动和波幅,增加的波动和波幅又进一步促使波峰和波谷的上下压力及所产生的力矩继续增大,如图 4-9(b)、(c)所示。在合力矩和流层扭曲的相互促进下,在液流中形成一系列随机、不规则散布的微小旋转涡体。

如图 4-9(d)所示,涡体旋转方向和上部流速方向一致,和下部流速方向相反。在黏滞力的作用下,涡体将带动上部水流流动,使得上部水流流速增大而压强变小;同时,涡体对其下部水流形成阻滞,使得下部水流流速减小而压强变大,最终在涡体的上、下侧形成压差,产生升力 P,迫使涡体从一个流层进入另一个流层,完成不同流层质点的掺混。漩涡的形成并不一定能使层流立即变成为紊流,只有当漩涡本身的惯性作用比黏滞作用大到一定程度,即 $Re>Re_{\mathrm{k}}$,漩涡向其他流层掺混,才最终形成紊流。

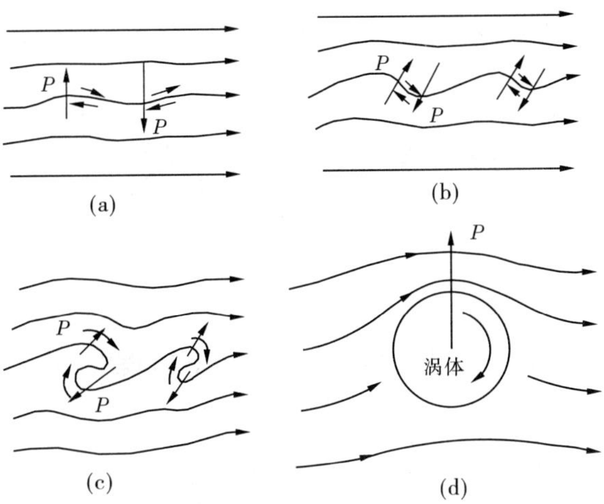

图 4-9　紊流的形成过程

第三节　沿程水头损失的分析与计算

沿程水头损失计算公式有理论公式和经验公式。理论公式称为达西-魏斯巴哈公式,由沿程水头损失与边界切应力的关系推导得到;经验公式称为谢才公式,根据大量实践观测总结得到。下面将逐一介绍这两个公式。

一、沿程水头损失计算的理论公式

在第一节中推导出了均匀流沿程水头损失与边界平均切应力的关系式(4-4)为

$$h_{\mathrm{f}} = \frac{l}{R} \cdot \frac{\tau_0}{\gamma}$$

该式表明,沿程水头损失与边界平均切应力 τ_0 成正比。但边界平均切应力无法从理论推导确定，因而采用实验手段成为确定其值的有效方法。

实验研究发现，边界切应力 τ_0 与断面平均流速 v、水力半径 R、液体的密度 ρ、动力黏滞系数 μ 及固体边壁的绝对粗糙度 Δ 等因素有关，即

$$\tau_0 = F(v, R, \rho, \mu, \Delta)$$

进一步的分析表明，边界切应力 τ_0 与断面平均流速 v 的二次方和液体的密度 ρ 的一次方呈正比，可用下式表示：

$$\tau_0 = \varphi\rho v^2 \tag{4-8}$$

式中，φ 为比例系数，随着雷诺数 Re 与相对粗糙度$\dfrac{\Delta}{R}$的变化而变化，即

$$\varphi = f(Re, \frac{\Delta}{R})$$

将式(4-8)代入沿程水头损失与边界平均切应力关系式(4-4)中，得

$$h_f = \frac{l}{R} \cdot \frac{\varphi\rho v^2}{\gamma} = \frac{l}{R} \cdot \varphi \frac{v^2}{g}$$

整理上式得

$$h_f = 8\varphi \frac{l}{4R} \cdot \frac{v^2}{2g} = \lambda \frac{l}{4R} \cdot \frac{v^2}{2g} \tag{4-9}$$

其中，$\lambda = 8\varphi$，因此

$$\lambda = f(Re, \frac{\Delta}{R}) \tag{4-10}$$

由式(4-10)可知 λ 反映了固体边界平均切应力对沿程水头损失的影响，故称 λ 为沿程阻力系数。

对于圆管，其水力半径 R 为管径的 1/4，即 $R = \dfrac{d}{4}$，故沿程水头损失的表达式可写为

$$h_f = \lambda \frac{l}{d} \frac{v^2}{2g} \tag{4-11}$$

由于式(4-9)和式(4-11)是在均匀流条件下推导的，因此在均匀流下的层流和紊流都适用。理论公式的沿程阻力系数反映了水流流动形态对沿程水头损失的影响，所以称沿程水头损失计算的理论公式为通用公式，又称达西-魏斯巴哈公式。

二、沿程阻力系数 λ 的测定

以圆管为例研究和分析沿程阻力系数 λ 的测定，整理式(4-11)可得

$$\lambda = \frac{h_f}{\dfrac{l}{d} \cdot \dfrac{v^2}{2g}} = 2g \frac{d}{l} \frac{h_f}{v^2} \tag{4-12}$$

根据式(4-12)可知，对已知管长 l 和管径 d 的管道，只需测定该管道的沿程阻力和流量，则可求得该管道的沿程阻力系数 λ。

所采用的实验装置(见图 4-10)与雷诺实验相似，左侧为水位恒定的水箱，右侧连接

一段平直圆管,管道末端设置调节流量的阀门,测定管径和 AB 段长度后,在其两端设置比压计。

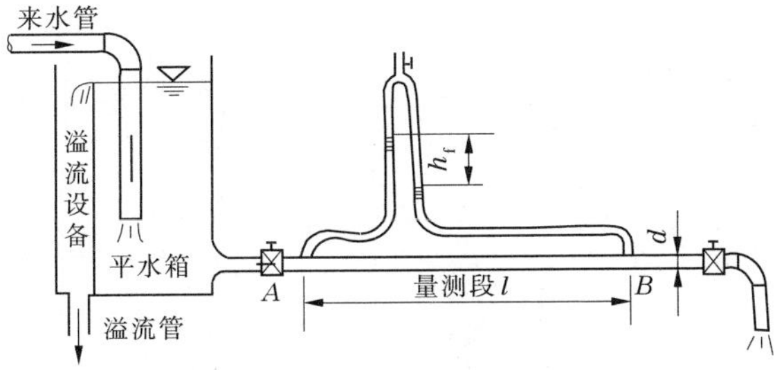

图 4-10 λ 的测定实验装置图

根据能量方程,列 A、B 两断面的能量方程为

$$z_A + \frac{p_A}{\gamma} + \frac{v_A^2}{2g} = z_B + \frac{p_B}{\gamma} + \frac{v_B^2}{2g} + h_w$$

由于 AB 段水平放置,沿程管径不变,且无局部水头损失,因此 $z_A = z_B$, $\frac{v_A^2}{2g} = \frac{v_B^2}{2g}$, $h_w = h_f + h_j = h_f$,整理上式可得

$$\frac{p_A}{\gamma} = \frac{p_B}{\gamma} + h_f$$

则

$$h_f = \frac{p_A}{\gamma} - \frac{p_B}{\gamma}$$

上式表明,A、B 两断面间的沿程水头损失 h_f 即等于两断面间的压差,该压差可由比压计测得。

采用上述装置,根据实测的管径 d、管长 l、流速 $v(v=Q/A)$、沿程水头损失 h_f,代入式(4-12)即可求得沿程水头损失系数 λ。

三、沿程阻力系数 λ 的分析

在固体边界的影响下,靠近固体边界的水流贴附在边界面上,质点沿着几乎平行于边壁的方向缓慢移动,不发生横向质点的掺混,水流的黏滞力起主导作用,水流的流态为层流,通常将该流层称为近壁流层或黏性底层,用 δ_0 表示。由此可知,在紊流运动中,并不是整个水流都处于紊流状态,在黏性底层的水流仍为层流,而黏性底层以外的水流才是紊流。黏性底层 δ_0 的厚度很小,通常只有几分之一毫米,但其对水流阻力和水头损失的影响很大。

根据对圆管和明渠的大量实验资料分析发现,水流沿程水头损失系数的变化规律和黏性底层 δ_0 的厚度与材料绝对粗糙度 Δ 的相对大小有关,两者不同的相对大小情况下,出现四个不同流区,见图 4-11。黏性底层 δ_0 的厚度与雷诺数 Re 呈反比,雷诺数 Re 越大,水流紊动越强,黏性底层 δ_0 越小。绝对粗糙度 Δ 反映材料边壁凸起高度,对于具体材料,可认为绝对粗糙度 Δ 为不变常数。现以圆管为例,说明不同流区时沿程水头损失系数 λ

遵循着不同的规律。

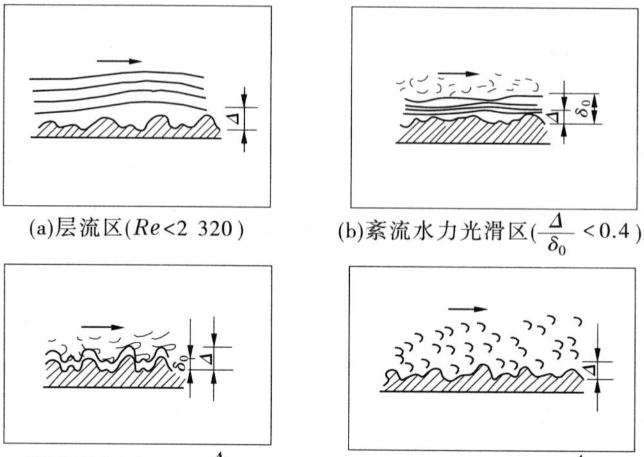

(a)层流区($Re<2\ 320$)　(b)紊流水力光滑区($\frac{\Delta}{\delta_0}<0.4$)

(c)紊流过渡区($0.4\leqslant\frac{\Delta}{\delta_0}\leqslant6$)　(d)紊流水力粗糙区($\frac{\Delta}{\delta_0}>6$)

图 4-11　四个流区

(一)层流区($Re<2\ 320$)

整个断面水流都是层流。壁面凸起高度完全掩盖在层流中,λ 与 Δ 无关,而仅是 Re 的函数,即 $\lambda=f(Re)$。

对于圆管

$$\lambda=\frac{64}{Re} \tag{4-13}$$

根据 $Re=\frac{vd}{\nu}$,代入式(4-11)得相应的水头损失为

$$h_{\mathrm{f}}=\frac{64}{vd/\nu}\frac{l}{d}\frac{v^2}{2g}=\frac{32l\nu v}{d^2g}$$

这表明,在层流区,水头损失与断面平均流速的一次方呈正比。

(二)紊流水力光滑区($\frac{\Delta}{\delta_0}<0.4$)

此时水流属紊流,但黏性底层厚度 δ_0 仍然比边壁粗糙度 Δ 大得多,被黏性底层将边壁凸出高度 Δ 掩盖,紊流区不受边壁突出高度影响,称这时的边界为水力光滑管。λ 与 Δ 无关,仅是 Re 的函数,即 $\lambda=f(Re)$。实验表明,水力光滑区的水头损失与断面平均流速的 1.75 次方呈比例。

(三)紊流过渡区($0.4\leqslant\frac{\Delta}{\delta_0}\leqslant6$)

当水流流速继续加大,雷诺数 Re 增大,紊流进一步向近壁区域发展,黏性底层 δ_0 已不能完全掩盖住 Δ 时,Δ 直接影响紊流核心区的流动。这时,沿程水头损失系数 λ 既与 Re 有关,又与 $\frac{\Delta}{d}$ 有关,即 $\lambda=f(Re,\frac{\Delta}{d})$。实验成果表明,紊流过渡区的水头损失与断面平均流速的 1.75~2.0 次方呈比例。

(四)紊流水力粗糙区($\frac{\Delta}{\delta_0} > 6$)

当水流的流速和雷诺数都增大到一定程度,黏性底层厚度 δ_0 比绝对粗糙度 Δ 小得多时,黏性底层无法掩盖边壁粗糙度对紊流核心区的影响,这时的管称为水力粗糙管(相应情况的明槽称为水力粗糙槽)。这种情况下,系数 λ 与 Re 无关,仅与 $\frac{\Delta}{d}$ 有关,即 $\lambda = f(\frac{\Delta}{d})$,水头损失与流速的平方呈正比,因此水力粗糙区又称阻力平方区,是水利工程中最为常见的情况。

根据上述分析可知,不同流区中,流动特征、切应力、流速分布和影响 λ 值的因素等均不相同。为了进一步探讨沿程阻力系数 λ 的变化规律,尼古拉兹曾用不同粒径的人工砂贴在不同直径的管道内壁上,进行了一系列的实验,并绘制了反映 λ 值变化规律的关系曲线。后来,蔡克士大用同样的方法得到了矩形明渠 λ 值变化规律的关系曲线,该曲线与尼古拉兹实验结果相类似。

1944 年,摩迪在总结前人实验研究成果的基础上,对工业用的实际管道进行了实验研究,并绘制了不同相对粗糙度的管道沿程阻力系数 λ 与雷诺数 Re 的关系曲线,称为摩迪图,如图 4-12 所示。该图的纵坐标为 λ,横坐标为 Re,参变量相对粗糙度用 Δ/R 表示,管道直径为 d。在实际使用中,可通过已知的雷诺数 Re 和相对粗糙度 Δ/R 确定相应的沿程阻力系数 λ 值。

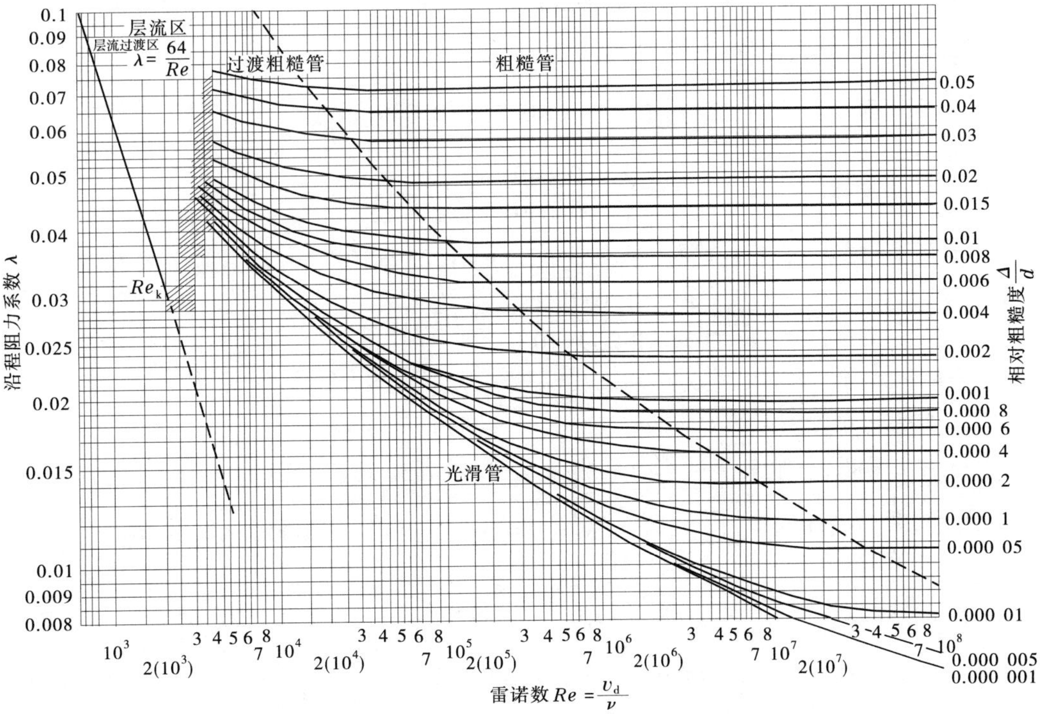

图 4-12　摩迪图

实际管道的壁面粗糙高度是不均匀的,无法直接量测绝对粗糙度 Δ 值,工程实践和理论分析采用当量粗糙度衡量管道粗糙度,即通过实验,把具有相同 λ 值的人工均匀粗糙管的 Δ 值作为工业管道的绝对粗糙度。表 4-1 是管道和明渠计算中常用的当量粗糙值,可参考使用。

表 4-1　当量粗糙度 Δ

序号	边界条件	当量粗糙度 Δ (mm)	序号	边界条件	当量粗糙度 Δ (mm)
1	铜或玻璃的无缝管	0.001 5~0.01	8	磨光的水泥管	0.33
2	涂有沥青的钢管	0.12~0.24	9	未刨光的木槽	0.35~0.70
3	白铁皮管	0.15	10	旧的生锈金属管	0.60
4	一般状况的钢管	0.19	11	污秽的金属管	0.75~0.97
5	清洁的镀锌铁管	0.25	12	混凝土衬砌渠道	0.8~9.0
6	新的生铁管	0.25~0.40	13	土渠	4~11
7	木管或清洁的水泥面	0.25~1.25	14	卵石河床(d=70~80 mm)	30~60

【例 4-3】 某泵站的出水管采用工业钢管,管径 $d=0.25$ m,管长 $l=50$ m,管壁状况一般,管内水温为 12 ℃。当引用流量为 49 L/s 时,求该管中的沿程水头损失 h_f。

解:(1)计算雷诺数 Re,判别水流流态:

过水断面面积　$A=\frac{\pi}{4}d^2=\frac{3.14}{4}\times0.25^2=0.049(\text{m}^2)$

断面平均流速　$v=\frac{Q}{A}=\frac{0.049}{0.049}=1.0(\text{m/s})$

由水温 $t=12$ ℃查表 1-3 得运动黏滞系数 $\nu=1.239\times10^{-6}\ \text{m}^2/\text{s}$,则雷诺数 Re 为

$$Re=\frac{vd}{\nu}=\frac{1.0\times0.25}{1.239\times10^{-6}}=2.02\times10^5>2\ 320$$

所以,为紊流。

(2)沿程阻力系数 λ 确定:

由表 4-2 看出,一般钢管的当量粗糙度为 0.19 mm,近似取 $\Delta=0.2$ mm,则相对粗糙度为 $\frac{\Delta}{d}=\frac{0.2}{250}=0.000\ 8$。用已算出的 $Re=2.02\times10^5$ 和 $\frac{\Delta}{d}=0.000\ 8$ 查摩迪图。查图方法为:从图右坐标上找到 $\frac{\Delta}{d}=0.000\ 8$ 的曲线,由横坐标上 $Re=2.02\times10^5$ 的点引一垂直线,两线相交于一点(其位置在过渡区内),则该点所对应的左边纵坐标即为所求的沿程阻力系数 λ 值,在图上查得 $\lambda=0.027$。

(3)沿程水头损失计算:

根据理论公式
$$h_f=\lambda\frac{l}{d}\cdot\frac{v^2}{2g}$$

将 $l=50$ m、$d=0.25$ m、$v=1.0$ m/s 和 $\lambda=0.027$ 代入上式，则可算出沿程水头损失为

$$h_f=\lambda\frac{l}{d}\cdot\frac{v^2}{2g}=0.027\times\frac{50}{0.25}\times\frac{1.0^2}{2\times9.8}=0.276(\mathrm{m})$$

四、沿程水头损失的经验公式——谢才公式

沿程水头损失 h_f 的经验公式虽然在理论上不够完善，但在一定的范围内能满足生产上的需要，最常用的是1769年谢才（Chezy）在总结明渠均匀流的实测资料后提出来的公式，又称谢才公式。其形式为

$$v=C\sqrt{RJ} \tag{4-14}$$

式中 v——断面平均流速，m/s；

C——谢才系数，$\mathrm{m}^{\frac{1}{2}}/\mathrm{s}$；

R——水力半径，$R=\frac{A}{\chi}$，m；

J——水力坡度，即 $J=\frac{h_f}{l}$。

将 $J=\frac{h_f}{l}$ 代入式（4-14），得

$$h_f=\frac{v^2}{C^2R}l \tag{4-15}$$

常用的确定谢才系数 C 的公式有以下两种：

（1）曼宁公式。

$$C=\frac{1}{n}R^{\frac{1}{6}} \tag{4-16}$$

式中 R——水力半径；

n——粗糙系数，简称糙率。

糙率是综合反映壁面对水流阻滞作用的系数。大量的工程实践积累了不同输水渠道边壁的 n 值列于表4-2中，以供查用。

曼宁公式形式简单，计算方便，多适用于管道及较小河渠。

将式（4-16）代入式（4-14）中，则谢才公式可整理为

$$v=\frac{1}{n}R^{\frac{2}{3}}\cdot J^{\frac{1}{2}} \tag{4-17}$$

（2）巴甫洛夫斯基公式。

$$C=\frac{1}{n}R^{y} \tag{4-18}$$

式(4-18)中的 y 为

$$y = 2.5\sqrt{n} - 0.13 - 0.75\sqrt{R}(\sqrt{n} - 0.10)$$

或者可近似地按下式确定:

①当 $R < 1.0$ m 时, $y = 1.5\sqrt{n}$;

②当 $R > 1.0$ m 时, $y = 1.3\sqrt{n}$ 。

巴甫洛夫斯基公式的适用范围为 0.1 m≤R≤3.0 m,0.011≤n≤0.04。

表 4-2 粗糙系数 n 值

壁面种类及状况	n	$\frac{1}{n}$
特别光滑的黄铜管、玻璃管,涂有珐琅质或其他釉料的表面	0.009	111
精致水泥浆抹面,安装及连接良好的、新制的清洁铸铁管及钢管,精刨木板	0.011	90.9
很好地安装的未刨木板,正常情况下无显著水锈的给水管,非常清洁的排水管,最光滑的混凝土面	0.012	83.3
良好的砖砌体,正常情况的排水管,略有积污的给水管	0.013	76.9
积污的给水管和排水管,中等情况下渠道的混凝土砌面	0.014	71.4
良好的块石圬工,旧的砖砌体,比较粗制的混凝土砌面,特别光滑、仔细开挖的岩石面	0.017	58.8
坚实黏土的渠道,不密实淤泥层(有的地方是中断的)覆盖的黄土、砾石及泥土的渠道,良好养护情况下的大渠道	0.022 5	44.4
良好的干砌圬工,中等养护情况的土渠,情况良好的天然河流(河床清洁、顺直、水流通畅、无塌岸及深潭)	0.025	40.0
养护情况在中等标准以下的土渠	0.027 5	36.4
情况比较不良的土渠(如部分渠底有水草、卵石或砾石、部分边岸崩塌等),水流条件良好的天然河流	0.030	33.3
情况特别坏的渠道(有不少深潭及塌岸、芦苇丛生、渠底有大石及密生的树根等),过水条件差、石子及水草数量增加、有深潭及浅滩等的弯曲河道	0.040	25.0

【例 4-4】 某引水式电站的引水隧洞内壁采用混凝土衬砌,洞径 d=2.0 m,洞长 l=2 000 m。求引水隧洞通过流量 Q=6.28 m³/s 时的沿程水头损失 h_f。

解:先计算隧洞过水断面的水力要素。

过水断面面积 $$A=\frac{\pi}{4}d^2=\frac{3.14}{4}\times 2.0^2=3.14(\mathrm{m}^2)$$

水力半径 $$R=\frac{d}{4}=\frac{2.0}{4}=0.50(\mathrm{m})$$

断面平均流速 $$v=\frac{Q}{A}=\frac{6.28}{3.14}=2.00(\mathrm{m/s})$$

根据隧洞的壁面为混凝土面，选用糙率 $n=0.014$，按曼宁公式计算谢才系数 C。

$$C=\frac{1}{n}R^{1/6}=\frac{1}{0.014}\times 0.5^{1/6}=63.636(\mathrm{m^{1/2}/s})$$

由式(4-15)得

$$h_{\mathrm{f}}=\frac{v^2}{C^2R}l=\frac{2.00^2}{63.636^2\times 0.50}\times 2\,000=3.95(\mathrm{m})$$

第四节 局部水头损失的分析与计算

边界条件的改变是水流产生水头损失的外部原因，边界变化的形式多种多样，如断面突然扩大、突然缩小、转弯、分岔、沿程缩小等。边界变化从以下两个方面影响水流运动：

(1)在边界形状突变处，水流由于惯性作用，与边壁产生分离，并形成漩涡。漩涡的形成和运动过程消耗大量的能量，因此漩涡区的大小和漩涡的强度是影响局部水头损失大小的直接因素。

(2)主流在边界变化区域附近，过流断面流速分布急剧调整。如图 4-13 中断面 1—1 的流速分布，经过不断调整，在断面 2—2 上变为接近于下游正常水流的流速分布。在这个过程中，水流质点相对运动加强，碰撞、摩擦作用加剧，从而造成较大的能量损失。

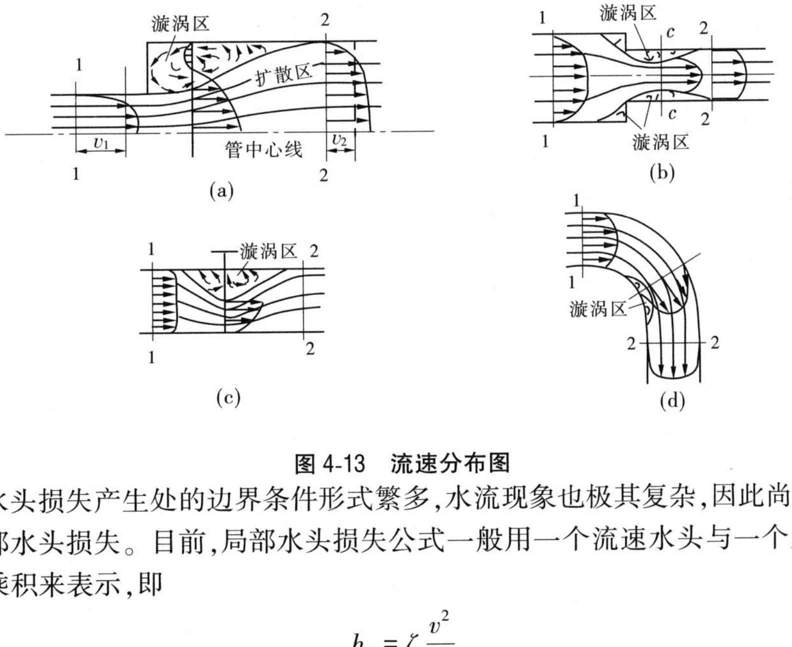

图 4-13 流速分布图

局部水头损失产生处的边界条件形式繁多，水流现象也极其复杂，因此尚没有理论公式计算局部水头损失。目前，局部水头损失公式一般用一个流速水头与一个局部水头损失系数的乘积来表示，即

$$h_{\mathrm{j}}=\zeta\frac{v^2}{2g}\tag{4-19}$$

其中，ζ 表示局部水头损失系数，通常由实验测定，现列于表 4-3 中。由于 ζ 都是对应于某一流速水头而言的，在实际选用时，应注意局部水头损失系数与流速水头的对应关系。表 4-3 中已标明与 ζ 相应的流速水头，若无特殊的标明，该 ζ 值均是指相应于局部阻力后的流速水头。

表 4-3 局部水头损失系数 ζ 值（公式：$h_j=\zeta\frac{v^2}{2g}$，式中 v 如图说明）

<table>
<tr><th>名称</th><th colspan="2">简图</th><th>局部水头损失系数 ζ 值</th></tr>
<tr><td>断面突然扩大</td><td colspan="2">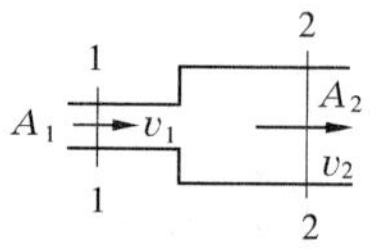</td><td>$\zeta'=(1-\frac{A_1}{A_2})^2$ （应用公式 $h_j=\zeta'\frac{v_1^2}{2g}$）
$\zeta''=(\frac{A_2}{A_1}-1)^2$ （应用公式 $h_j=\zeta''\frac{v_2^2}{2g}$）</td></tr>
<tr><td>断面突然缩小</td><td colspan="2">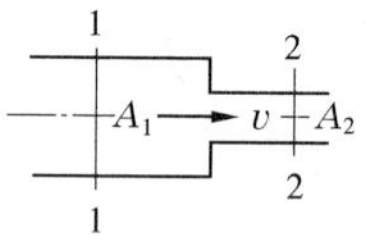</td><td>$\zeta=0.5(1-\frac{A_2}{A_1})$</td></tr>
<tr><td rowspan="3">进口</td><td rowspan="2">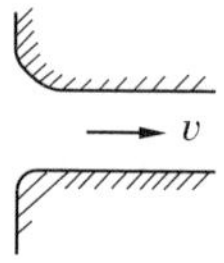</td><td>完全修圆</td><td>0.05～0.10</td></tr>
<tr><td>稍微修圆</td><td>0.20～0.25</td></tr>
<tr><td>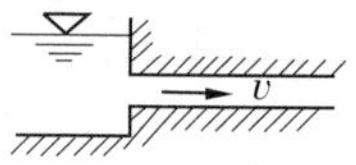</td><td>没有修圆</td><td>0.50</td></tr>
<tr><td rowspan="2">出口</td><td>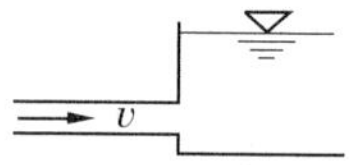</td><td>流入水库（池）</td><td>1.0</td></tr>
<tr><td>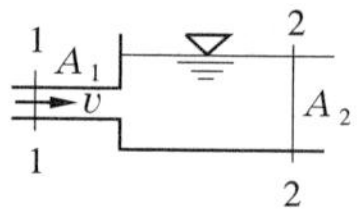</td><td>流入明渠</td><td><table><tr><td>A_1/A_2</td><td>0.1</td><td>0.2</td><td>0.3</td><td>0.4</td><td>0.5</td><td>0.6</td><td>0.7</td><td>0.8</td><td>0.9</td></tr><tr><td>ζ</td><td>0.81</td><td>0.64</td><td>0.49</td><td>0.36</td><td>0.25</td><td>0.16</td><td>0.09</td><td>0.04</td><td>0.01</td></tr></table></td></tr>
<tr><td rowspan="2">急转弯管</td><td rowspan="2">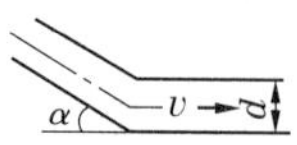</td><td>圆形</td><td><table><tr><td>α(°)</td><td>30</td><td>40</td><td>50</td><td>60</td><td>70</td><td>80</td><td>90</td></tr><tr><td>ζ</td><td>0.20</td><td>0.30</td><td>0.40</td><td>0.55</td><td>0.70</td><td>0.90</td><td>1.10</td></tr></table></td></tr>
<tr><td>矩形</td><td><table><tr><td>α(°)</td><td>15</td><td>30</td><td>45</td><td>60</td><td>90</td></tr><tr><td>ζ</td><td>0.025</td><td>0.11</td><td>0.26</td><td>0.49</td><td>1.20</td></tr></table></td></tr>
</table>

续表 4-3

<table>
<tr><th>名称</th><th colspan="2">简图</th><th>局部水头损失系数ζ值</th></tr>
<tr><td rowspan="2">弯管</td><td>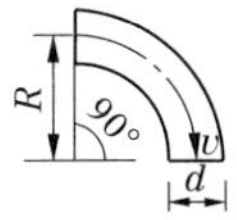</td><td>90°</td><td>
<table>
<tr><td>R/d</td><td>0.5</td><td>1.0</td><td>1.5</td><td>2.0</td><td>3.0</td><td>4.0</td><td>5.0</td></tr>
<tr><td>$\zeta_{90°}$</td><td>1.2</td><td>0.80</td><td>0.60</td><td>0.48</td><td>0.36</td><td>0.30</td><td>0.29</td></tr>
</table></td></tr>
<tr><td>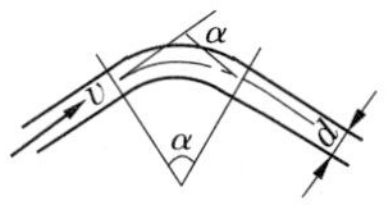</td><td>任意角度</td><td>$\zeta_\alpha = a\zeta_{90°}$
<table>
<tr><td>α(°)</td><td>20</td><td>30</td><td>40</td><td>50</td><td>60</td><td>70</td></tr>
<tr><td>a</td><td>0.40</td><td>0.55</td><td>0.65</td><td>0.75</td><td>0.83</td><td>0.88</td></tr>
<tr><td>α(°)</td><td>80</td><td>90</td><td>100</td><td>120</td><td>140</td><td>160</td><td>180</td></tr>
<tr><td>a</td><td>0.95</td><td>1.00</td><td>1.05</td><td>1.13</td><td>1.20</td><td>1.27</td><td>1.33</td></tr>
</table></td></tr>
<tr><td>闸阀</td><td colspan="2">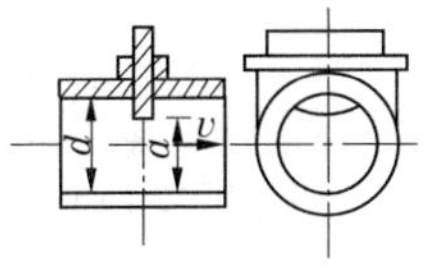</td><td>当全开时($a/d=1$)
<table>
<tr><td>d(mm)</td><td>15</td><td>20~50</td><td>80</td><td>100</td><td>150</td><td>200~250</td></tr>
<tr><td>ζ</td><td>1.5</td><td>0.5</td><td>0.4</td><td>0.2</td><td>0.1</td><td>0.08</td></tr>
</table>
<table>
<tr><td>d(mm)</td><td>300~450</td><td>500~800</td><td>900~1 000</td></tr>
<tr><td>ζ</td><td>0.07</td><td>0.06</td><td>0.05</td></tr>
</table>
当各种开启度时
<table>
<tr><td>a/d</td><td>7/8</td><td>6/8</td><td>5/8</td><td>4/8</td><td>3/8</td><td>2/8</td><td>1/8</td></tr>
<tr><td>$A_{开启}/A_{总}$</td><td>0.948</td><td>0.856</td><td>0.740</td><td>0.609</td><td>0.466</td><td>0.315</td><td>0.159</td></tr>
<tr><td>ζ</td><td>0.15</td><td>0.26</td><td>0.81</td><td>2.06</td><td>5.52</td><td>17.0</td><td>97.8</td></tr>
</table></td></tr>
<tr><td>截止阀</td><td colspan="2">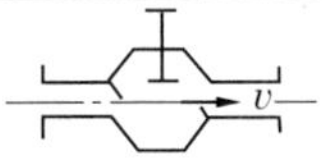</td><td>4.3~6.1</td></tr>
<tr><td>平板门槽</td><td colspan="2">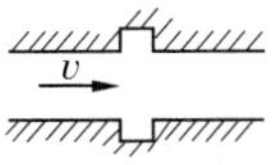</td><td>0.05~0.20</td></tr>
</table>

【例 4-5】 从水箱引出一根管径不同的管道，如图 4-14 所示。已知第一段管道 $d_1=160$ mm、$l_1=35$ m、$\lambda_1=0.034$，第二段管道 $d_2=130$ mm、$l_2=25$ m、$\lambda_2=0.039$，第二段管道上设置有一平板闸阀，其开度为 $a/d=0.5$。当输送流量 $Q=0.03$ m^3/s 时，求：沿程水头损失 $\sum h_f$，局部水头损失 $\sum h_j$，水箱的水头 H。

解：(1) 沿程水头损失。

①第一段管道断面平均流速为

$$v_1 = \frac{Q}{A_1} = \frac{Q}{\frac{\pi}{4}d_1^2} = \frac{4 \times 0.03}{3.14 \times 0.16^2} = 1.49(\text{m/s})$$

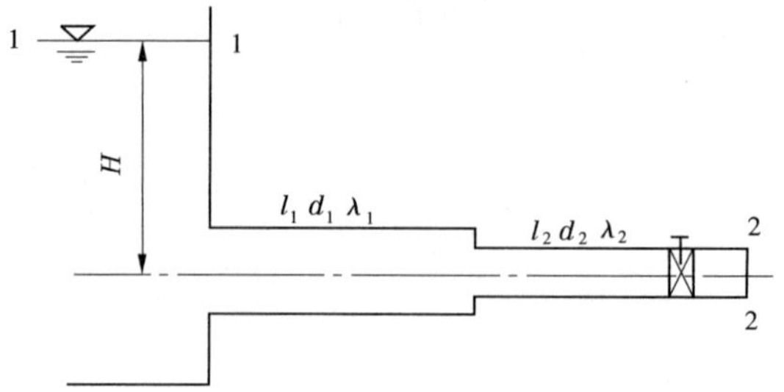

图 4-14　例 4-5 图

则沿程水头损失为

$$h_{f1}=\lambda_1\frac{l_1}{d_1}\cdot\frac{v_1^2}{2g}=0.034\times\frac{35}{0.16}\times\frac{1.49^2}{2\times9.8}=0.842(\mathrm{m})$$

②第二段管道断面平均流速为

$$v_2=\frac{Q}{\frac{\pi}{4}d_2^2}=\frac{4\times0.03}{3.14\times0.13^2}=2.26(\mathrm{m/s})$$

则沿程水头损失为

$$h_{f2}=\lambda_2\frac{l_2}{d_2}\cdot\frac{v_2^2}{2g}=0.039\times\frac{25}{0.13}\times\frac{2.26^2}{2\times9.8}=1.954(\mathrm{m})$$

所以,总的沿程水头损失为

$$\sum h_f=h_{f1}+h_{f2}=0.842+1.954=2.796(\mathrm{m})$$

(2)局部水头损失。进口损失由直角进口查表 4-3 得 $\zeta_{进口}=0.5$,则

$$h_{j1}=\zeta_{进口}\cdot\frac{v_1^2}{2g}=0.5\times\frac{1.49^2}{2\times9.8}=0.057(\mathrm{m})$$

根据 $\frac{A_1}{A_2}=(\frac{d_2}{d_1})^2=(\frac{0.13}{0.16})^2=0.66$,查表 4-3 得

$$\zeta_{缩}=0.5\times(1-\frac{A_2}{A_1})=0.5\times(1-0.66)=0.17$$

则

$$h_{j2}=\zeta_{缩}\cdot\frac{v_2^2}{2g}=0.17\times\frac{2.26^2}{2\times9.8}=0.044(\mathrm{m})$$

闸阀损失由平板闸门的开度 $a/d=0.5$,查表 4-3 得 $\zeta_{阀}=2.06$,则

$$h_{j3}=\zeta_{阀}\cdot\frac{v_2^2}{2g}=2.06\times\frac{2.26^2}{2\times9.8}=0.537(\mathrm{m})$$

所以,总的局部水头损失为

$$\sum h_j=h_{j1}+h_{j2}+h_{j3}=0.057+0.044+0.537=0.638(\mathrm{m})$$

(3)水箱的水头。以管轴线为基准面,取水箱内断面和管出口断面为两过水断面。断面 1—1 取水面点,其位置高度为 H,压强为大气压,流速近似为零;断面 2—2 取中心

点，位置高度为零，因断面四周为大气压强，故中心点也近似为大气压强，流速为 v_2，则列能量方程后得

$$H=\frac{\alpha v_2^2}{2g}+h_w=\frac{\alpha v_2^2}{2g}+\sum h_f+\sum h_j$$

将上述已算出的结果代入，得

$$H=\frac{1\times 2.26^2}{2\times 9.8}+2.796+0.638=3.694(\mathrm{m})$$

小 结

1. 概念

(1) 沿程水头损失、局部水头损失、总水头损失。

(2) 雷诺数、下临界雷诺数、上临界雷诺数。

(3) 湿周、水力半径。

(4) 谢才系数、沿程阻力系数、局部水头损失系数。

2. 流态的判别

原理：比较流动液体雷诺数 Re 与下临界雷诺数 Re_k 的大小。

步骤如下：

(1) 由 $Re=\frac{vd}{\upsilon}$计算流动液体雷诺数 Re。

(2) 若 $Re<Re_k$，为层流；若 $Re>Re_k$，则为紊流。

3. 沿程水头损失计算

步骤如下：

(1) 确定沿程水头损失系数 λ，两种方法：查摩迪图，利用谢才公式($v=C\sqrt{RJ}$)计算。

(2) 求解沿程水头损失计算公式：$h_f=\lambda\frac{l}{d}\cdot\frac{v^2}{2g}$。

4. 局部水头损失计算

步骤如下：

(1) 确定产生局部水头的位置及类型。

(2) 根据边界形状或类型查得局部水头损失系数 ζ 的值或计算公式。

(3) 求解局部水头损失计算公式：$h_j=\zeta\frac{v^2}{2g}$。

习 题

4-1 产生水头损失的根本原因是什么？水头损失可以分为哪几类？

4-2 判别层流和紊流的无量纲数是什么数？Re 的物理意义是什么？

4-3 有两根圆管，管径不同($d_1\neq d_2$)，管内液体的运动黏滞系数不同($\nu_1\neq\nu_2$)，液体

的流动速度也不相同（$v_1 \neq v_2$），问两根圆管中的雷诺数 Re 一样吗？临界雷诺数 Re_k 一样吗？

4-4　当输水管直径一定时，随流量加大，雷诺数 Re 如何变化？当输水管的流量一定时，随管径加大，雷诺数 Re 又如何变化？

4-5　某矩形渠道，底宽 $d=4$ m，水深 $h=2$ m，断面平均流速 $v=1.2$ m/s，水温为 12 ℃，试判别渠道中的流态。

4-6　有一圆形输水管道，$d=150$ mm，管道流量 $Q=6.0$ L/s，水温为 16 ℃，试判别管道中液体的流态。

4-7　有一压力输水管，管壁的当量粗糙度 $\Delta=0.6$ mm，水温为 14 ℃，管长为 25 m，管径为 100 mm，管内流量为 60 L/s。试求管道沿程水头损失。

4-8　有一水平放置的新铸铁管，管径为 25 cm，管长为 200 m，水温为 20 ℃，通过流量为 500 m^3/h。试求管道沿程水头损失。

4-9　有一矩形断面浆砌块石渠道，底宽 4 m，当通过流量为 1.5 m^3/s 时，渠道中相应的水深为 3 m，求 2 km 长渠道中的沿程水头损失。

4-10　如图 4-15 所示，有一输水钢管管路，已知管长 $l=200$ m，管径 $d=100$ mm，管路进口为直角进口，有一个弯头和一个闸阀，弯头的局部损失系数为 0.8，当阀门半开时，管路出口流速为 1.5 m/s，求水箱内水面高度 H。

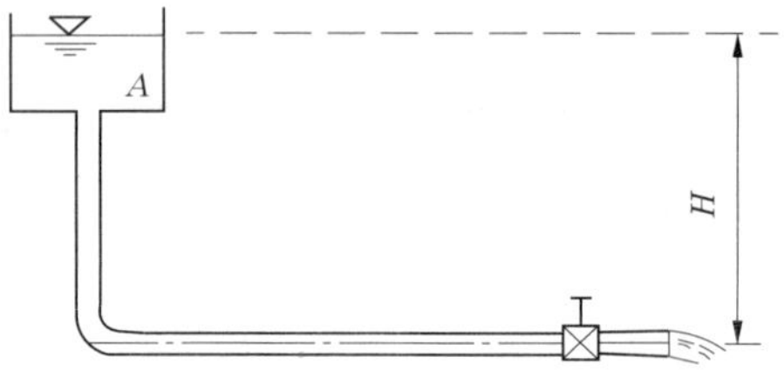

图 4-15

第五章　有压管道中的恒定流

【学习要求】 熟悉有压管道中恒定流的基本概念及其分类，熟练掌握有压输水管道（包括简单短管、简单长管、复杂管道）的水力计算方法。水力计算主要涉及恒定压力管道的作用水头、流量、管径、水头损失及它们之间的相互关系，就是在一定的已知条件下，利用基本公式计算所需的水头、流量或管径。无论在哪一类计算问题中，水头损失的计算都占很大的比重。因此，不但要掌握利用管流基本公式解决各类问题的方法，同时也要熟练地运用水流阻力及水头损失有关的基本知识。

第一节　概　述

一、有压管流及其分类

在水利工程和日常生活中，经常用管道来输送液体。如水利工程中的有压引水隧洞、有压泄洪隧洞，水电站的压力铜管，各种水泵装置、灌溉工程中的虹吸管和倒虹吸管，抽水机的吸水管和压水管，城市给排水工程中的自来水管，石油工程中的输油管，供热、供气和通风工程中输送流体的管道，人体中的血管等，都是常见的有压管道。有压管流一般采用圆形管道输送，其水流运动的特点是：整个过水管道的横断面均被液体所充满，管内没有自由液面，横断面的周界即是湿周，管道的边壁处处受到动水压强作用，而且一般不等于大气压强。有压管道中的水流属于有压流，一般叫管流。

有些管道，水流没有充满管道的整个横断面，有自由液面，如污水管、排水管、暗沟、涵管等就不能当作有压管道，其水流不能叫作管流，而是明渠水流。

根据管道出口水流特点，管流可分为自由出流和淹没出流两类。自由出流指管道出口水流流入大气中；淹没出流指管道出口水流流入下游水面以下。

根据水流运动要素随时间是否变化，可分为有压恒定流和有压非恒定流。当管中任一点的水流运动要素不随时间而改变时，即为有压恒定流；否则为有压非恒定流。本章主要研究有压恒定流的计算；至于有压非恒定流，主要讨论当压力管道中流量和流速发生突然变化时，压力管道内水流压强大幅度波动和相应的压强增值的问题。

根据管道的布置情况，实际管道可分为简单管路和复杂管路。简单管路是指等径、无分支、糙率均一、流量在全程上保持不变的管路，如图 5-1(a)、(b)所示。复杂管路是指由两根以上的管道所组合的管路，根据不同的组合情况，可分为串联管道、并联管道、枝状管道和环状管道，如图 5-2(a)、(b)、(c)、(d)所示。

根据管道中水流的沿程水头损失、局部水头损失及流速水头所占的比重不同，管流可分为长管和短管。长管管道中水流的沿程水头损失较大，而局部水头损失和流速水头较小，此两项之和只占沿程水头损失的 5%以下，水力计算时可以忽略不计。一般自来水管

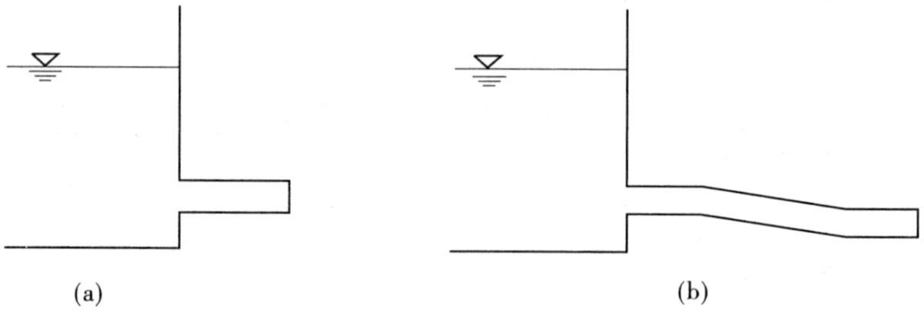

图 5-1 简单管路

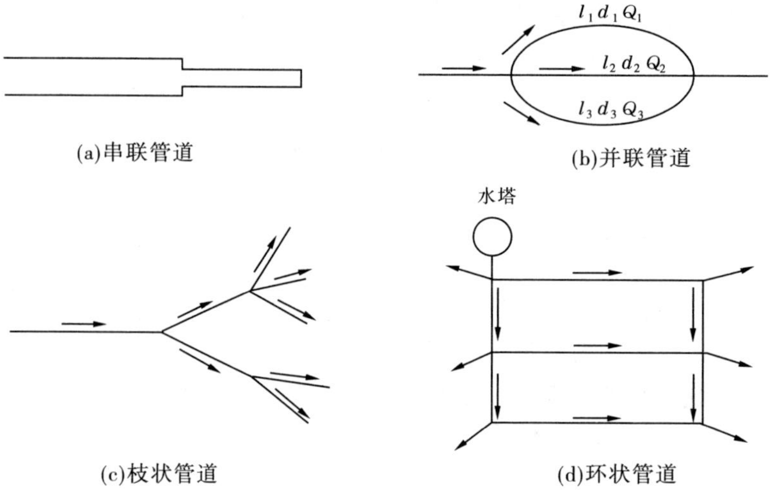

图 5-2 复杂管路

在水力计算时可视为长管。短管管道中局部水头损失与流速水头两项之和占沿程水头损失的5%以上，水力计算时不能忽略，必须考虑在内。虹吸管、倒虹吸管、坝内泄水管、抽水机的吸水管等，水力计算时均可按短管计算。特别需要注意的是，长管和短管并不是按管道的长度分类的，即使是很长的管道，当局部水头损失和流速水头两项之和占沿程水头损失的5%以上时，仍应按短管计算。

二、有压管道中的恒定流水力计算

有压管道中的恒定流，其水力计算主要有以下四种类型：

(1)管道输水能力的计算。在给定水头、管线布置和断面尺寸的情况下，确定输送的流量。

(2)当管线布置、管道尺寸和流量一定时，要求确定管路的水头损失，即输送一定流量所必需的水头。

(3)在管线布置、作用水头及输送的流量已知时，计算管道的断面尺寸(对于圆形断面的管道，则是计算所需的直径)。

(4)给定流量、作用水头和断面尺寸，要求确定沿管道各断面的压强。

第二节 简单短管的水力计算

一、自由出流

自由出流短管,管道出口水流流入大气中,如图 5-3 所示。

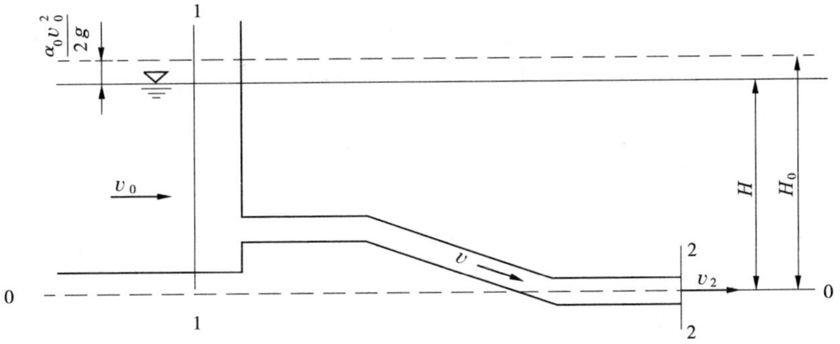

图 5-3 自由出流短管

以通过管道出口断面中心点的水平面作为基准面,对断面 1—1 和断面 2—2 列能量方程为

$$H + \frac{p_1}{\gamma} + \frac{\alpha_1 v_1^2}{2g} = 0 + \frac{p_2}{\gamma} + \frac{\alpha_2 v_2^2}{2g} + h_{w1-2}$$

因 $p_1 = p_2 = p_n = 0$,令 $\alpha_1 = \alpha_2 = \alpha_0 = 1, v_1 = v_0, v_2 = v$ 又

$$h_{w1-2} = h_f + \sum h_j = (\lambda \frac{l}{d} + \sum \zeta) \frac{v^2}{2g}$$

并令 $H_0 = H + \frac{v_0^2}{2g}$,则有

$$H_0 = \frac{v^2}{2g} + (\lambda \frac{l}{d} + \sum \zeta) \frac{v^2}{2g} \tag{5-1}$$

式中 v_0——上游水池中的流速,称为行近流速;

H——管路出口断面中心与上游水池水面的高差,称为水头;

H_0——包括行近流速水头在内的总水头。

将式(5-1)整理,可得管道中的断面平均流速为

$$v = \frac{1}{\sqrt{1 + \lambda \frac{l}{d} + \sum \zeta}} \sqrt{2gH_0} \tag{5-2}$$

设管道过水断面面积为 A,则通过管道的流量为

$$Q = Av = \frac{1}{\sqrt{1 + \lambda \frac{l}{d} + \sum \zeta}} A \sqrt{2gH_0}$$

令 $\mu_c = \dfrac{1}{\sqrt{1 + \lambda \dfrac{l}{d} + \sum \zeta}}$，上式又可写为

$$Q = \mu_c A \sqrt{2gH_0} \tag{5-3}$$

式中　μ_c——短管自由出流的流量系数。

式(5-3)就是短管自由出流的流量计算公式，它表达了短管的过水能力、作用水头和阻力的相互关系。

行近流速如很小，$\dfrac{v_0^2}{2g}$ 可忽略不计，$H \approx H_0$，则式(5-3)可写为

$$Q = \mu_c A \sqrt{2gH} \tag{5-4}$$

二、淹没出流

淹没出流短管，为管道出口淹没在下游水面以下，如图 5-4 所示。

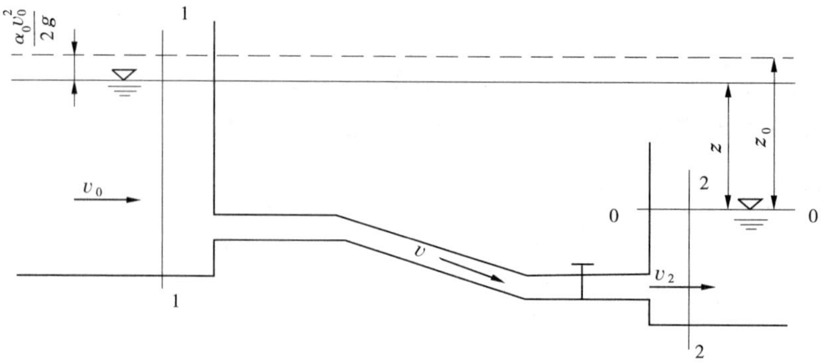

图 5-4　淹没出流短管

以下游水面为基准面，对断面 1—1 和断面 2—2 列能量方程，得

$$z + \frac{p_1}{\gamma} + \frac{\alpha_0 v_0^2}{2g} = 0 + \frac{p_2}{\gamma} + \frac{\alpha_2 v_2^2}{2g} + h_{w1-2}$$

同理，$p_1 = p_2 = p_a = 0$，令 $z_0 = z + \dfrac{\alpha_0 v_0^2}{2g}$。

因断面 2—2 面积很大，于是$\dfrac{\alpha_2 v_2^2}{2g}$可以忽略，且管中流速为 v。

$$h_{w1-2} = (\lambda \frac{l}{d} + \sum \zeta) \frac{v^2}{2g}$$

将上述各项代入能量方程，可得

$$z_0 = (\lambda \frac{l}{d} + \sum \zeta) \frac{v^2}{2g} \tag{5-5}$$

整理后可得

$$v = \frac{1}{\sqrt{\lambda \frac{l}{d} + \sum \zeta}} \sqrt{2gz_0} \tag{5-6}$$

令 $\mu_c = \frac{1}{\sqrt{\lambda \frac{l}{d} + \Sigma\zeta}}$，故淹没出流的公式为

$$Q = \mu_c A \sqrt{2gz_0} \tag{5-7}$$

式中　μ_c——短管淹没出流的流量系数。

当行近流速水头很小时，可忽略不计，则式(5-7)可写成

$$Q = \mu_c A \sqrt{2gz} \tag{5-8}$$

式(5-7)和式(5-8)就是短管淹没出流的流量计算公式。

比较式(5-3)和式(5-7)及公式的推导过程可以看出：

(1)自由出流和淹没出流两者的计算公式形式完全一样，只是作用水头的含义不同。自由出流时的水头 H 为管道出口断面至上游水面的高差，而淹没出流时的水头 z 则为上、下游水面高差。

(2)自由出流和淹没出流的流量系数 μ_c 的表达式，其形式有所差别。自由出流时的 $\sum\zeta$ 比淹没出流的 $\sum\zeta$ 中少了一个管道出口局部水头损失系数，而有动能修正系数 $\alpha = 1.0$；淹没出流时，没有动能修正系数 α，而有出口局部水头损失系数 $\xi_{出} = 1.0$。因此，对于同样布置的简单管道，自由出流和淹没出流的流量系数的值是相等的。

(3)上游水池的行近流速水头 $\frac{\alpha_0 v_0^2}{2g}$，应视其具体的大小，在计算时可以计入，也可忽略不计；式(5-7)仅适用于下游水池的流速水头 $\frac{\alpha_2 v_2^2}{2g}$ 可以忽略的情形。

【例 5-1】　图 5-5 为某水库的泄洪隧洞，已知洞长 $l = 300$ m，洞径 $d = 2$ m，隧洞的沿程阻力系数 $\lambda = 0.03$，转角 $\alpha = 30°$，水库水位为 42.50 m，隧洞出口中心高程为 25.00 m。隧洞的洞线布置见图 5-5。试确定下游水位分别为 22.00 m 和 30.00 m 时隧洞的泄洪流量。

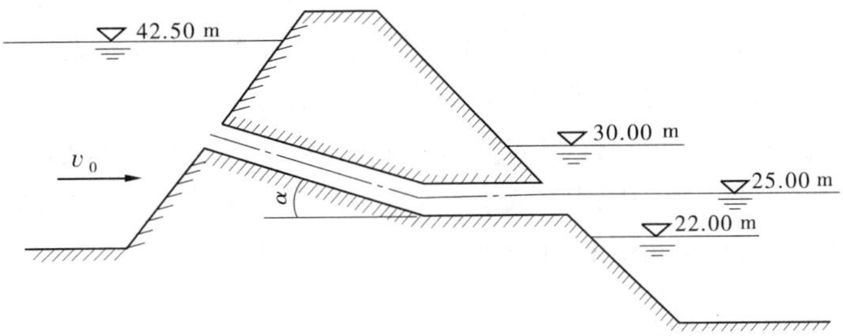

图 5-5　水库泄洪隧洞

解：(1)下游水位为 22.00 m 时为自由出流。由于水库中行近流速很小，按式(5-4)计算其流量，即

$$Q=\mu_c A\sqrt{2gH}$$

其中

$$\mu_c=\frac{1}{\sqrt{1+\lambda\frac{l}{d}+\sum\zeta}}=\frac{1}{\sqrt{1+0.03\times\frac{300}{2}+0.5+0.2}}=0.402$$

$$H=42.50-25.00=17.50(\mathrm{m})$$

$$Q=\mu_c A\sqrt{2gH}=0.402\times\frac{3.14\times2^2}{4}\times\sqrt{2\times9.8\times17.50}=23.4(\mathrm{m^3/s})$$

(2)下游水位为 30.00 m 时为淹没出流。

$$z=42.50-30.00=12.50(\mathrm{m})$$

$$\mu_c=0.402$$

则隧洞的泄流量为

$$Q=\mu_c A\sqrt{2gz}=0.402\times\frac{3.14\times2^2}{4}\times\sqrt{2\times9.8\times12.50}=19.76(\mathrm{m^3/s})$$

三、管径的确定

(1)当管线布置已定,流量 Q 和水头 H 已知时,其管径 d 可由公式算出。

对于圆管:$A=\pi d^2/4$,则

$$d=\sqrt{\frac{4Q}{\pi\mu_c\sqrt{2gH}}}$$

式中的流量系数 $\mu_c=\dfrac{1}{\sqrt{1+\lambda\frac{l}{d}+\sum\zeta}}$,与管径 d 有关,因此上式只能用试算法求管径 d。

(2)当管道的管线布置和输水量 Q 已知,要求同时确定所需管径 d 及相应的水头 H 时,一般应从技术和经济条件先选定管径 d,然后再求水头 H。

管径的确定是个影响因素较多的问题。从技术要求上讲,若采用的管径小,管内流速大,管道的单位长度造价低,安装容易,但水头损失较大,通过一定流量时要求的水头也较高,不但管长增加,其他工程费用(如水塔加高)及抽水机的功率也须增大,设备费和电能消耗相应增加;反之,若采用的管径较大,管内流速小,虽然单位长度管道的费用大,安装也较困难,但是管内流速小,水头损失减小,运行费用和水塔高度也随之减小。因此,在满足流量要求和水流中的泥沙沉积的前提下,应按投资和运行费用总和最小的原则。确定管道的经济流速 v,然后再根据 $d=\sqrt{\frac{4Q}{\pi v}}$ 确定其相应的管径 d。

由于管径的选择是一个比较复杂的经济技术比较问题,因此一般都用允许流速的经验值来确定管径,具体方法见例 5-3。各种管道的允许流速和不宜超过的最大流速见表 5-1。

表 5-1　各种管道的允许流速和不宜超过的最大流速

管道类型	允许流速(m/s)	最大流速(m/s)
水电站压力隧洞	2.5~3.5	
水电站压力管道	3.0~4.0	<5.0~6.0
一般给水管道	0.75~2.5	>0.2 或<3.0
抽水机吸水管道	1.2~2.0	<2.5
抽水机压力管道	1.5~2.5	<3.5
倒虹吸管道	1.5~2.5	

四、总水头线和测压管水头线的绘制

在有压管流中，动水压强一般大于零，但有时在局部管段上，因管轴线位置较高或管中流速过大，也会出现负压。一旦管中有较大的负压，就会使管壁因发生气蚀而破坏，所以在管道设计中必须计算各断面压强，绘制出管线的测压管水头线，以便了解动水压强沿程变化的情况，避免出现过大负压。

绘制水头线时，管道系统各个管段的长度 l_i、直径 d_i、糙率 n_i（或沿程阻力系数 λ_i）、通过的流量 Q_i，以及其各局部阻力系数 ζ_i 是已知的。

（一）绘制总水头线和测压管水头线的具体步骤

(1) 根据各管的流量 Q_i，计算相应的流速 v_i、沿程水头损失 h_{fi} 和局部水头损失 h_{ji}。

(2) 自管道进口到出口，算出每一管段两端的总水头值，并绘出总水头线。

(3) 由于测压管水头线比总水头线低一个流速水头，即

$$\left(z+\frac{p}{\gamma}\right)_i=\left(z+\frac{p}{\gamma}+\frac{\alpha v^2}{2g}\right)_i-\frac{\alpha_i v_i^2}{2g}$$

在绘出总水头线后，由各断面的总水头线减去相应断面的流速水头 $\frac{\alpha_i v_i^2}{2g}$，即可得测压管水头线。

（二）绘制总水头线和测压管水头线应注意的问题

(1) 在绘制测压管水头线和总水头线时，等直径管段的 h_f 沿管长均匀分布。h_j 实际上发生于局部管段上，在绘制时，假设 h_j 集中发生在该局部边界突变的概化断面上，故在该断面上有两个总水头值，一个是局部损失前的，一个是局部损失后的。

(2) 在等直径管段中，测压管水头线与总水头线平行。

(3) 在绘制水头线时，应注意管道进口的边界条件，如图 5-6 所示。

当上游行近流速水头 $\frac{\alpha_0 v_0^2}{2g}\approx 0$ 时，总水头线的起点在上游液面，如图 5-6(a) 所示；当 $\frac{\alpha_0 v_0^2}{2g}\neq 0$ 时，总水头线的起点较上游液面高出 $\frac{\alpha_0 v_0^2}{2g}$，如图 5-6(b) 所示。

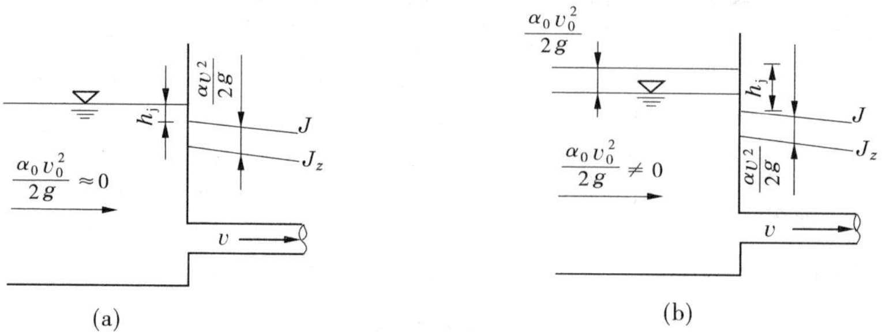

图 5-6　管道进口的边界条件

(4)此外,还应注意管道出口的边界条件,如图 5-7 所示。

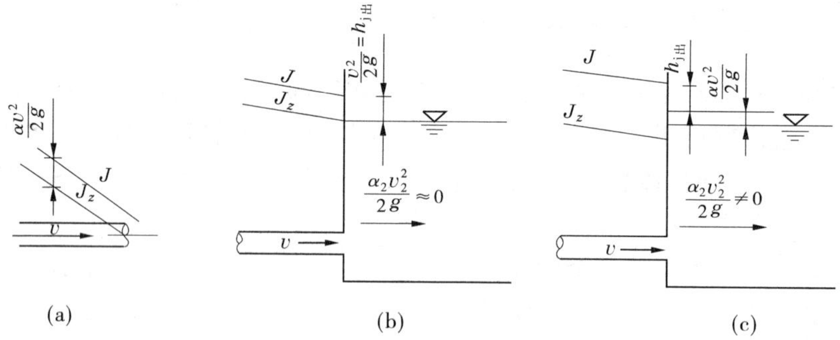

图 5-7　管道出口的边界条件

图 5-7(a)为自由出流,测压管水头线的终点应画在出口断面的形心上;图 5-7(b)为淹没出流,且下游流速水头$\frac{\alpha_2 v_2^2}{2g}\approx 0$,测压管水头线的终点应与下游液面平齐;图 5-7(c)亦为淹没出流,但下游流速水头$\frac{\alpha_2 v_2^2}{2g}\neq 0$,表示管道出口的动能没有全部损失掉,一部分转化为下游动能,尚有一部分转化为下游势能,使下游液面抬高,高于管道出口断面的测压管水头,故测压管水头线的终点应低于下游液面。

(5)测压管水头线沿程可以上升或下降,但总水头线沿程只能下降。

(三)负压段的判别

压强水头$\frac{p}{\gamma}=(z+\frac{p}{\gamma})-z$=测压管水头-位置水头。管道的位置水头 z 为管轴线到基准面 0—0 的距离,因此测压管水头高于管轴线的部分,其压强水头$\frac{p}{\gamma}$为正;如果测压管水头低于管轴线,则压强水头$\frac{p}{\gamma}$为负,如图 5-8 中阴影部分,其大小为测压管水头低于管轴线的高度。压力管道在输水过程中,一般情况下管内水流不应出现过大真空,以避免空蚀破坏危及管道安全。

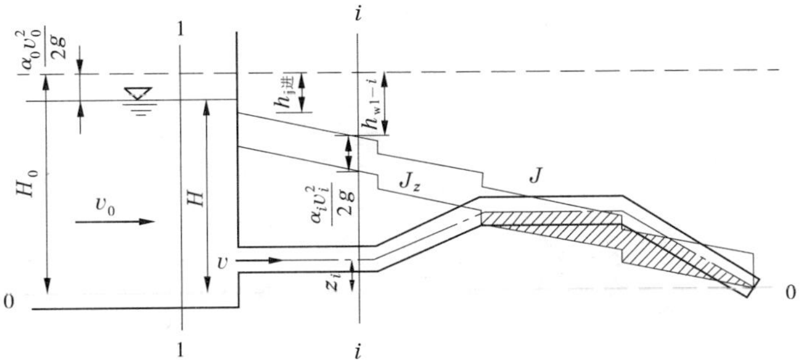

图 5-8　负压段的判别

（四）调整管道布置避免产生负压

由图 5-8 可知，管道系统任意断面的压强水头 $\frac{p_i}{\gamma}=H_0-h_{w1-i}-\frac{\alpha_i v_i^2}{2g}-z_i$。在管道系统工作水头 H_0 一定的条件下，影响压强水头的因素为上式中的后三项。可以通过改变这三项或其中一项来控制管中的压强。较为有效的方法是降低管线的高度，以提高管道中压强的大小，避免管道中出现负压。

第三节　短管应用范例

一、虹吸管的水力计算

虹吸原理广泛应用于水利工程中，如灌溉引水工程中的虹吸管、虹吸式溢洪道等。虹吸管通常采用等直径的简单管路，一般按短管计算。

虹吸管的工作原理是：先对管内进行抽气，使管内形成一定的真空值。由于虹吸管进口处水面的压强为大气压强，因此管内、管外形成压强差，迫使水流由压强大的地方流向压强小的地方。只要虹吸管内的真空不被破坏，而且保持上下游有一定的水位差，水就会不断地由上游通过虹吸管流向下游。为了保证虹吸管能正常工作，管内的真空度应有一定限制，根据液体汽化压强的概念，管内真空度一般限制在 6~8 mH_2O 以内，以保证虹吸管内水流不致汽化。

虹吸管的水力计算包括以下几种情况：

（1）在已定上下游水位差的条件下，已知管径，确定输水流量。

（2）由虹吸管水流的允许真空度，确定管顶允许最大安装高度。

（3）已知安装高度，校核管中最大真空度是否超过允许值。

【例 5-2】　用一直径 $d=0.4$ m 的铸铁虹吸管，将上游明渠中的水输送到下游明渠，如图 5-9 所示。已知上下游渠道的水位差为 2.5 m，虹吸管各段长分别为 $l_1=10.0$ m，$l_2=6$ m，$l_3=12$ m。虹吸管进口为无底阀滤水网，其局部阻力系数取 $\zeta_1=2.5$，其他局部阻力系数：两个折角弯头 $\zeta_2=\zeta_3=0.55$，阀门 $\zeta_4=0.2$，出口 $\zeta_5=1.0$。虹吸管顶端中心线距上游水面的安装高度 $h_s=4.0$ m，允许真空度采用 $h_v=7.0$ m。试确定虹吸管输水流量，校核虹吸管中最大真空值是否超过允许值。

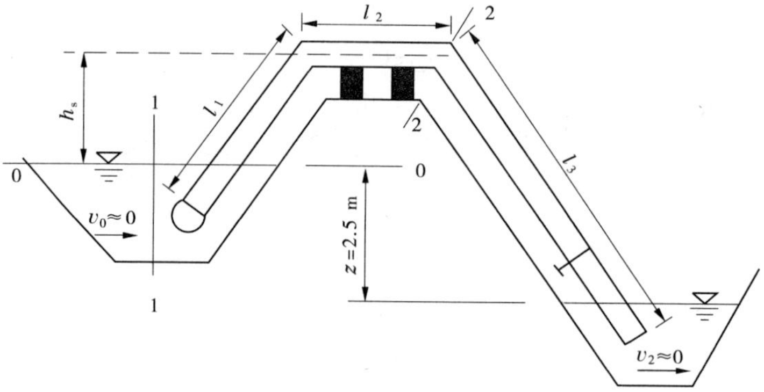

图 5-9 虹吸管

解:(1)确定输水流量。先确定管路阻力系数 λ,取铸铁管糙率为 $n=0.013$。水力半径 $R=\dfrac{d}{4}=0.10(\text{m})$。

$$C=\frac{1}{n}R^{1/6}=\frac{1}{0.013}\times0.10^{1/6}=52.41(\text{m}^{1/2}/\text{s})$$

$$\lambda=\frac{8g}{C^2}=\frac{8\times9.8}{52.41^2}=0.0285$$

$$\mu_c=\frac{1}{\sqrt{\lambda\dfrac{l}{d}+\sum\zeta}}=\frac{1}{\sqrt{0.0285\times\dfrac{10+6+12}{0.4}+2.5+2\times0.55+0.2+1.0}}=0.384$$

则通过虹吸管的流量为

$$Q=\mu_c A\sqrt{2gz}=0.384\times\frac{3.14\times0.4^2}{4}\times\sqrt{2\times9.8\times2.5}=0.338(\text{m}^3/\text{s})$$

(2)校核虹吸管中最大真空度。最大真空发生在管顶最高段(第二管段)内。由于管中流速水头沿程不变,最低压强应在该管段末端的弯头断面,即断面 2—2。同时认为弯头局部损失发生在弯头断面上,故在该断面的弯头损失以后的压强为最小。而在下游第三管段,由于管路坡降一般大于水力坡降,即断面中心高程的下降大于沿程水头损失,所以部分位能转化为压能,使第三管段内压强沿程增加。

$$v=\frac{Q}{A}=\frac{0.338}{\dfrac{3.14}{4}\times0.4^2}=2.69(\text{m/s})$$

以上游水面为基准面,取 $\alpha=1.0$,建立断面 1—1 和断面 2—2 的能量方程:

$$0+\frac{p_a}{\lambda}+0=h_s+\frac{p_2}{\gamma}+\frac{v^2}{2g}+h_{w1-2}$$

$$\frac{p_a - p_2}{\gamma} = h_s + \left(1 + \lambda \frac{l_1 + l_2}{d} + \zeta_1 + \zeta_2\right) \frac{v^2}{2g}$$

$$= 4 + (1 + 0.0285 \times \frac{10 + 6}{0.4} + 2.5 + 0.55) \times \frac{2.69^2}{2 \times 9.8} = 5.92(\text{m})$$

所以，断面 2—2 的真空度为 5.92 m，小于允许真空度 7 m，符合要求。

二、水泵装置的水力计算

水泵工作时，吸水管内形成真空，水源的水在大气压强的作用下，从吸水管进入泵壳，再经压水管流入水塔。从能量观点来看，电动机及水泵对水做功，将外面输入的电能转化为水的机械能，使水提升一定的高度。

水泵管路水力计算分为吸水管和压水管两部分，都属简单短管管路。水泵水力计算的主要任务如下：

(1)确定吸水管及压水管的直径；

(2)计算水泵的安装高度；

(3)确定水泵的扬程及水泵电动机的功率。

【例 5-3】　有一水泵如图 5-10 所示，水泵的抽水量为 $Q=28\ \text{m}^3/\text{s}$，吸水管的管长 $l_{吸}=5$ m，压水管的长度 $l_{压}=18$ m，沿程阻力系数 $\lambda_{吸}=\lambda_{压}=0.046$。局部阻力系数：进口滤水网 $\zeta_{网}=8.5$，弯头 $\zeta_{弯}=0.17$，出口 $\zeta_{出}=1.0$，水泵的抽水高度 $Z=18$ m，水泵进口断面的最大允许真空度 $h_v=6$ m，试确定：

(1)管道的管径；

(2)水泵的安装高度 h_s；

(3)水泵的扬程 H；

(4)水泵电动机的功率(水泵的效率 $\eta_{泵}=0.80$，电动机效率 $\eta_{动}=0.90$)。

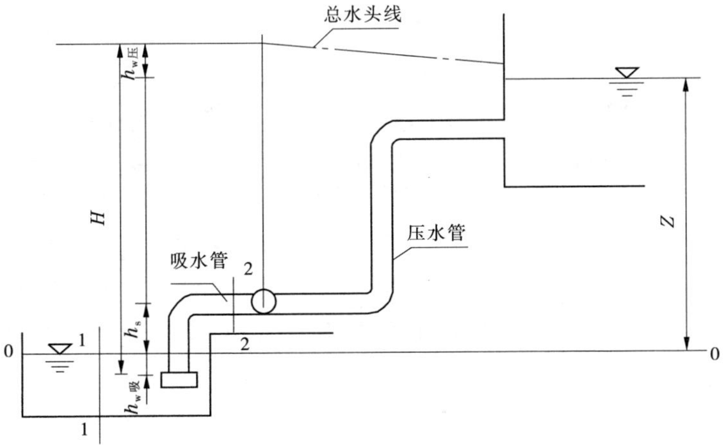

图 5-10　水泵装置

解：(1)水泵管道直径的选定。水泵吸水管和压水管的直径，一般是根据管道的允许流速来确定的。查表 5-1 可知，吸水管允许流速为 $v_{允}=1.2\sim2.0$ m/s，压水管允许流速为 $v_{允}=1.5\sim2.5$ m/s。

依据上述允许流速的经验值，选取 $v_{吸}=2$ m/s，$v_{压}=2.5$ m/s，则相应的管径为

$$d_{吸}=\sqrt{\frac{4Q}{\pi v_{吸}}}=\sqrt{\frac{4\times28}{3.14\times2\times3\ 600}}=0.070(\mathrm{m})$$

$$d_{压}=\sqrt{\frac{4Q}{\pi v_{压}}}=\sqrt{\frac{4\times28}{3.14\times2.5\times3\ 600}}=0.063(\mathrm{m})$$

根据计算结果，选用与它相近并大于它的标准管径，$d_{吸}=75$ mm，$d_{压}=75$ mm，则吸水管和压水管中的流速为

$$v_{吸}=v_{压}=\frac{Q}{A}=\frac{4\times28}{3.14\times0.075^2\times3\ 600}=1.76(\mathrm{m/s})$$

(2)水泵的安装高度 h_s。以水源水面为基准面，在水源中的渐变流段内取过水断面 1—1，在水泵的进口，吸水管的末端取过水断面 2—2，对断面 1—1 和断面 2—2 列能量方程得

$$0+\frac{p_a}{\gamma}+\frac{\alpha v_1^2}{2g}=h_s+\frac{p_2}{\gamma}+\frac{\alpha v_{吸}^2}{2g}+h_{w吸}$$

因为断面 1—1 的流速比吸水管中的流速 $v_{吸}$ 小得多，故在计算中可近似认为 $\frac{\alpha v_1^2}{2g}\approx0$，并取 $\alpha=1$，将水头损失表达式代入上式，整理后得

$$h_s=\frac{p_a-p_2}{\gamma}-\left(1+\lambda\frac{l_{吸}}{d_{吸}}+\sum\zeta\right)\frac{v_{吸}^2}{2g}$$

式中，$\frac{p_a-p_2}{\gamma}$ 为真空度，用 h_v 表示，则可得水泵安装高度 h_s 的计算式

$$\begin{aligned}h_s&=h_v-\left(1+\lambda\frac{l_{吸}}{d_{吸}}+\sum\zeta\right)\frac{v_{吸}^2}{2g}\\&=6-\left(1+0.046\times\frac{5}{0.075}+8.5+0.17\right)\times\frac{1.76^2}{19.6}=3.99(\mathrm{m})\end{aligned}$$

h_s 值表明，安装高度最大不得超过 3.99 m；否则将因水泵真空受到破坏，而产生抽不上水或出水量很小的现象。

(3)水泵的扬程。水从水源被提升到水塔上，提水高度为 Z，这增加了水流的势能。同时，水流在流经吸水管和压水管到达水塔时，还要克服沿流程的各种阻力，消耗了自身的部分能量。这两部分能量都必须由水泵提供。通常把这两部分能量的总和，称为水泵的扬程，即

$$H=Z+h_{w吸}+h_{w压}$$

$$\begin{aligned}h_{w吸}&=\left(\lambda_{吸}\frac{l_{吸}}{d_{吸}}+\zeta_{网}+\zeta_{弯}\right)\frac{v_{吸}^2}{2g}\\&=\left(0.046\times\frac{5}{0.075}+8.5+0.17\right)\times\frac{1.76^2}{19.6}=1.85(\mathrm{m})\end{aligned}$$

$$h_{w压}=(\lambda_{压}\frac{l_{压}}{d_{压}}+\sum\zeta)\frac{v_{压}^2}{2g}$$

$$=(0.046\times\frac{18}{0.075}+2\times0.17+1.0)\times\frac{1.76^2}{19.6}=1.96(m)$$

所以，水泵的总扬程 $H=Z+h_{w吸}+h_{w压}=18+1.85+1.96=21.81(m)$。

(4)水泵电动机的功率 N。电动机的功率为单位时间内将重量为 γQ 的水体，提升 H 高度时所做的功，再分别除以水泵和电动机的实际效率。其计算公式为

$$N=\frac{\gamma QH}{\eta_{泵}\ \eta_{动}}=\frac{9.8\times\frac{28}{3\ 600}\times21.81}{0.8\times0.9}=2.31(kW)$$

三、倒虹吸管的水力计算

当某一条渠道与其他渠道或公路、河道相交叉时，常常在公路或河道的下面设置一段管道，这段管道叫作倒虹吸管。倒虹吸管水力计算的主要任务是：

(1)已知管道直径 d、管长 l 及管道布置、上下游水位差 z，求过流量 Q。

$$Q=\mu_c A\sqrt{2gz}$$

(2)已知管道直径 d、管长 l 及管道布置、过流量 Q，求上下游水位差 z。

$$z=\frac{Q^2}{\mu_c^2A^22g}$$

以上两类计算是常规的短管计算。

(3)已知管道布置、过流量 Q 和上下游水位差 z，求管径 d。

【例 5-4】　图 5-11 为一横穿河道的钢筋混凝土倒虹吸管，管中通过的流量 $Q=4\ m^3/s$，管长 $l=50$ m，有两个 30°的折角转弯，其局部水头损失系数 $\zeta_{弯}=0.2$，沿程阻力系数 $\lambda=0.025$，上下游水位差 $z=2.0$ m，当上下游的流速水头可忽略不计时，求管道的管径 d_0。

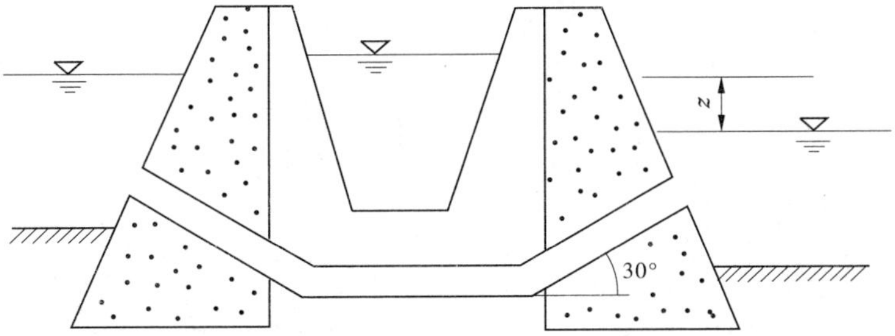

图 5-11　倒虹吸管

解：倒虹吸管中的水流为简单短管的淹没出流：

$$Q=\mu_c A\sqrt{2gz} \tag{a}$$

$$Q=\mu_c\frac{\pi d^2}{4}\sqrt{2gz} \tag{b}$$

将式(b)中包括管径 d 的 $\mu_c d^2$ 移至等式一侧，得

$$\mu_c d^2 = \frac{4Q}{\pi\sqrt{2gz}} = \frac{4\times4}{3.14\times\sqrt{2\times9.8\times2}} = 0.81$$

流量系数的计算式为

$$\mu_c = \frac{1}{\sqrt{\lambda\frac{l}{d}+\zeta_{进}+2\zeta_{弯}+\zeta_{出}}} = \frac{1}{\sqrt{0.025\times\frac{50}{d}+0.5+2\times0.2+1}} = \frac{1}{\sqrt{\frac{1.25}{d}+1.9}} \tag{c}$$

根据上述计算得

$$\frac{d^2}{\sqrt{\frac{1.25}{d}+1.9}} = 0.81 \tag{d}$$

(1)试算法。假设一个 d 值算出对应的 $\mu_c d^2$，看是否等于已知的 0.81，若 $\mu_c d^2 \neq 0.81$，则重新假设 d 值再计算，直到假定的某一 d 值算出的 $\mu_c d^2$ 满足条件 $\mu_c d^2=0.81$ 为止，则此 d 值即为所求的管径。计算结果列于表 5-2 中。

表 5-2　试算结果

d(m)	d^2	μ_c	$\mu_c d^2$
1.04	1.08	0.568	0.613
1.08	1.166 4	0.571 9	0.667
1.12	1.254 4	0.575 8	0.722
1.16	1.345 6	0.579 5	0.780
1.18	1.392 4	0.581 3	0.809 4

从表 5-2 计算结果可以看出，当 $d=1.18$ m 时，计算的 $\mu_c d^2=0.809\ 4$ 与 0.81 相差在 1%以下，故可认为 $d=1.18$ m 就是所求的管径。取标准管径 $d=1.2$ m。

(2)迭代法。将式(d)改写成下面的迭代算式，即

$$d = \sqrt{0.81\times\sqrt{\frac{1.25}{d}+1.9}} \tag{e}$$

其迭代过程为：设 $d_1=0.5$ m，代入式(e)右边的 d 中，算出 $d_2=1.303$ m；又用 d_2 代入式(e)右边的 d 中，算出 $d_3=1.170\ 3$ m；再将 d_3 代入式(e)右边的 d 中，算出 $d_4=1.181$ m；再重复算出 $d_5=1.180\ 3$ m，取 $d=1.180$ m 为所求直径。取标准管径 $d=1.2$ m。

由上述迭代过程可以看出，迭代次数的多少取决于计算的精度要求，例 5-4 仅迭代 5 次，其相对误差已小于 0.1% 。工程上，一般只要迭代 3~4 次即可得到较为准确的结果。

水力学中常遇到试算问题，利用计算机进行计算就简单得多了，请参阅罗全胜、张耀先所著的《水力计算》。

第四节　简单长管的水力计算

一、简单长管的水力计算

根据长管的定义,长管水力计算时局部水头损失和流速水头可忽略不计。能量方程式可简化为

$$H = h_f \tag{5-9}$$

水利工程中的有压输水管道中的水流一般位于紊流阻力平方区,可采用谢才公式计算沿程水头损失。由谢才公式可得

$$Q = Av = AC\sqrt{RJ} = AC\sqrt{R\frac{h_f}{L}}$$

令 $K=AC\sqrt{R}$,则

$$Q = K\sqrt{J} = K\sqrt{\frac{h_f}{L}}$$

可得

$$h_f=\frac{Q^2}{K^2}L$$

代入式(5-9)得

$$H = h_f = \frac{Q^2}{K^2}L \tag{5-10}$$

这就是长管水力计算的基本公式。当 Q、H、L 已知,求管径 d 时,可以先用式(5-10)求得 K。当粗糙系数一定时,$K=AC\sqrt{R}$是有关管径 d 的函数。

其中,K 称为流量模数,它综合反映了管道断面形式、尺寸及管壁粗糙程度对过水能力的影响,其单位和流量的单位相同,其数值等于水力坡度 $J=1$ 时所具有的流量。当管流位于阻力平方区时,可由曼宁公式 $C=\frac{1}{n}\times R^{1/6}$ 计算出不同管径、不同糙率的流量模数 K。表 5-3 给出了标准管径和流量模数 K 的对应关系。

对于一般给水管道,当平均流速 $v<1.2$ m/s 时,一般位于紊流过渡区,严格来讲不能用曼宁公式求流量模数,所以不能直接用式(5-10)计算水头损失。工程实际中计算水头损失时,可在式(5-10)中乘以修正系数 k ,即

$$H = h_f = k\frac{Q^2}{K^2}L \tag{5-11}$$

式中,$k=1/v^{0.2}$。

对钢管和铸铁管,修正系数 k 值可由表 5-4 查得。

表 5-3 给水管道的流量模数 K 值(按 $C=\frac{1}{n}\times R^{1/6}$ 计算)

管道直径 d (mm)	K(L/s)		
	清洁管 $\frac{1}{n}=90$ ($n=0.011$)	正常管 $\frac{1}{n}=80$ ($n=0.0125$)	污秽管 $\frac{1}{n}=70$ ($n=0.0143$)
50	9.624	8.460	7.403
75	28.37	24.94	21.83
100	61.11	53.72	47.01
125	110.80	97.40	85.23
150	180.20	158.40	138.60
175	271.80	238.90	209.00
200	388.00	341.10	298.50
225	531.20	467.00	408.60
250	703.50	618.50	541.20
300	1.144×10^3	1.006×10^3	880.00
350	1.726×10^3	1.517×10^3	1.327×10^3
400	2.464×10^3	2.166×10^3	1.895×10^3
450	3.373×10^3	2.965×10^3	2.594×10^3
500	4.467×10^3	3.927×10^3	3.436×10^3
600	7.264×10^3	6.386×10^3	5.587×10^3
700	10.96×10^3	9.632×10^3	8.428×10^3
750	13.17×10^3	11.58×10^3	10.13×10^3
800	15.64×10^3	13.57×10^3	12.03×10^3
900	21.42×10^3	18.83×10^3	16.47×10^3
1 000	28.36×10^3	24.93×10^3	21.82×10^3
1 200	46.12×10^3	40.55×10^3	35.48×10^3
1 400	69.57×10^3	61.16×10^3	53.52×10^3
1 600	99.33×10^3	87.32×10^3	76.41×10^3
1 800	136.00×10^3	119.50×10^3	104.60×10^3
2 000	180.10×10^3	158.30×10^3	138.50×10^3

表 5-4　钢管及铸铁管修正系数 k 值

v(m/s)	k	v(m/s)	k
0.20	1.41	0.65	1.10
0.25	1.33	0.70	1.085
0.30	1.28	0.75	1.07
0.35	1.24	0.80	1.06
0.40	1.20	0.85	1.05
0.45	1.175	0.90	1.04
0.50	1.15	1.00	1.03
0.55	1.13	1.10	1.015
0.60	1.115	1.20	1.00

二、简单长管水力计算的类型

(1)已知作用水头、管道尺寸、管道材料及管线布置,计算输水能力。

(2)已知管道尺寸、管道材料、管线布置和输水能力,计算作用水头(确定水塔高度)。

(3)管线布置、作用水头、管道材料已定,当要求输送一定流量时,确定所需的管径。

【例 5-5】　由水塔供水的简单管道 AB 长 $l=1\ 600$ m,直径 $d=200$ mm,材料为铸铁管,水塔水面及管道末端 B 点的高程如图 5-12 所示。

试求:(1)管道的供水流量 Q。

(2)当管径不变,供水流量提高为 $Q=50$ L/s 时,水塔的水面高程。

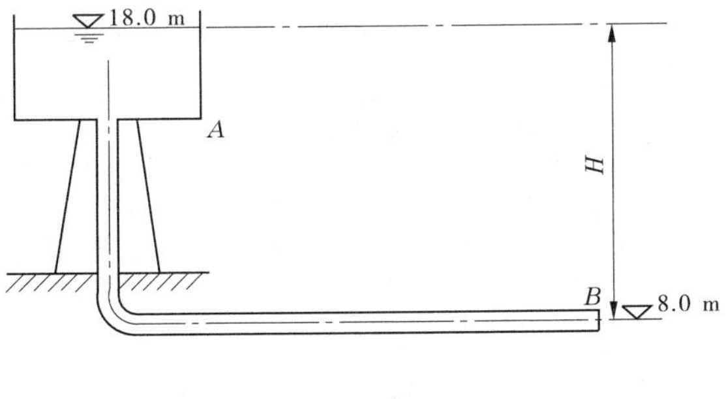

图 5-12

解:(1)已知水头求流量。水塔供水的水头 $H=18.0-8.0=10.0$(m)。

假设管内的水流为阻力平方区的紊流,由表 5-3 查得管径 $d=200$ mm 的流量模数 $K=341.1$ L/s,则管中通过的流量为

$$Q=K\sqrt{\frac{H}{l}}=341.1\times\sqrt{\frac{10.0}{1\ 600}}=26.97(\text{L/s})=0.026\ 97\ \text{m}^3/\text{s}$$

验算流速是否符合假设条件

$$v=\frac{Q}{A}=\frac{4Q}{\pi d^2}=\frac{4\times 0.026\ 97}{3.14\times 0.2^2}=0.859(\mathrm{m/s})$$

因为 $v<1.2$ m/s，属紊流过渡区，与假设不符，需要修正。由表 5-4 内插得 $v=0.859$ m/s 时的修正系数 $k=1.042$，则

$$Q=K\sqrt{\frac{H}{kl}}=341.1\times\sqrt{\frac{10.0}{1.042\times 1\ 600}}=26.42(\mathrm{L/s})=0.026\ 42\ \mathrm{m^3/s}$$

(2)已知 $Q=50$ L/s，求水塔中应有的水面高程。

先计算流速

$$v=\frac{Q}{A}=\frac{4Q}{\pi d^2}=\frac{4\times 0.050}{3.14\times 0.2^2}=1.59(\mathrm{m/s})$$

因为 $v>1.2$ m/s，所以水流处于紊流粗糙区，得

$$H=\frac{Q^2}{K^2}l=(\frac{50}{341.1})^2\times 1\ 600=34.38(\mathrm{m})$$

水塔水面高程为水管末端 B 点高程加上作用水头，即水塔水面高程 $=8+34.38=42.38$(m)。

【例 5-6】 由一条长为 3 300 m 的新铸铁管向某水文站供水，作用水头 $H=20$ m，需要通过的流量为 $Q=32$ L/s，试确定管道的管径 d。

解：一般自来水管按长管计算。考虑到管道在使用中，水里所含的杂质会逐渐沉积，致使新管子变得有些污垢，故应按正常管考虑，取 $n=0.012\ 5$。先求流量模数 K 值，因为 $H=Q^2l/K^2$，则

$$K=Q\sqrt{\frac{l}{H}}=32\times\sqrt{\frac{3\ 300}{20}}=411.0(\mathrm{L/s})$$

查表 5-3，当 $K=411.0$ L/s 时，所对应的管径在以下两个数之间：

$d=200$ mm，$K=341.10$ L/s；$d=225$ mm，$K=467.00$ L/s。

为了保证对水文站的供水，应采用标准管径 $d=225$ mm 的管子。此时管中的流速

$$v=\frac{Q}{A}=\frac{4Q}{\pi d^2}=\frac{4\times 0.032}{3.14\times 0.225^2}=0.805(\mathrm{m/s})$$

由于 $v<1.2$ m/s，管中水流处于紊流过渡区，需要修正。查表 5-4，取 $k=1.059$。

按公式 $H=k\dfrac{Q^2l}{K^2}$ 得修正后的流量模数 K 为

$$K=Q\sqrt{\frac{kl}{H}}=32\times\sqrt{\frac{1.059\times 3\ 300}{20}}=423.00(\mathrm{L/s})$$

此流量模数仍在管径 200 mm 与 225 mm 的流量模数之间，故采用管径 $d=225$ mm 的管子，足可保证供水。

第五节　复杂管道的水力计算

工程中常根据需要建造由几条不同直径、不同长度的管段按不同形式组合而成的复

杂管道。复杂管道最基本的类型为串联管道和并联管道。此外,还有分叉管道、连续均匀泄流管道和管网。复杂管道多按长管计算,下面分别对各种类型的复杂管道的水力计算进行讨论。

一、串联管道

由不同直径的管段顺次连接而成的管道称为串联管道。串联管道各段通过的流量可能相同,也可能因流量的分出而不相同,如图 5-13 所示。

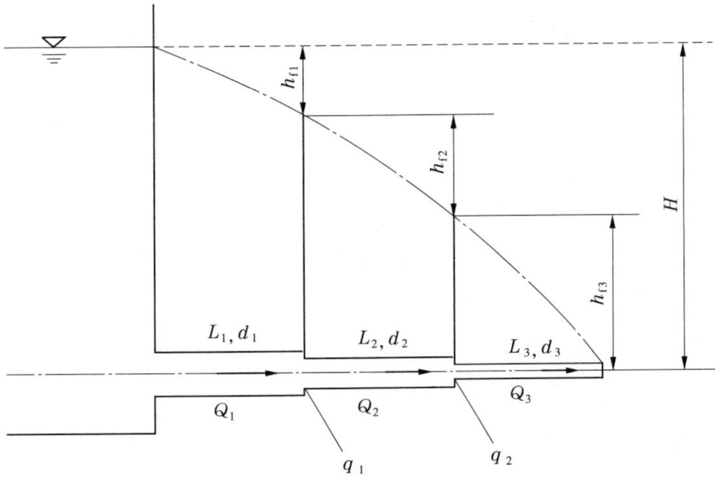

图 5-13　串联管道

由于管段的直径不同,一般各段的流速也不同,因此应分别计算各段的水头损失,整个管道的水头损失应等于各段的水头损失之和。

串联管道中任一管段都可看成一简单长管,根据长管的水力计算公式(5-11),任一管段的水头损失可以写为

$$h_{fi} = k_i \frac{Q_i^2}{K_i^2} L_i$$

式中　i——管段的序号。

全管段的水头损失应等于全管的作用水头,图 5-13 中 H 为管道出口断面的作用水头,则

$$H = \sum_{i=1}^{n} h_{fi} = \sum_{i=1}^{n} \left(k_i \frac{Q_i^2 L_i}{K_i^2} \right) \tag{5-12}$$

式中　n——管段的总数目。

各管段的流量由连续原理可得

$$Q_{i+1} = Q_i - q_i \tag{5-13}$$

式中　q_i——第 i 段管道末端分出的流量。

由式(5-12)、式(5-13)可求解流量 Q、管径 d、作用水头 H 等各类问题。由于串联管道各段的流速不同,因此各段的水力坡度也不同,全管的测压管水头线呈折线形,

如图 5-13 所示。

【例 5-7】 如图 5-14 所示，一条串联管道连接 A、B 两水池，假设水头损失以长管看待，试绘制该管道的测压管水头线和总水头线，并指出：

(1)哪些地方存在负压？

(2)最大真空值在何处？

(3)相对压强为零的断面在何处？

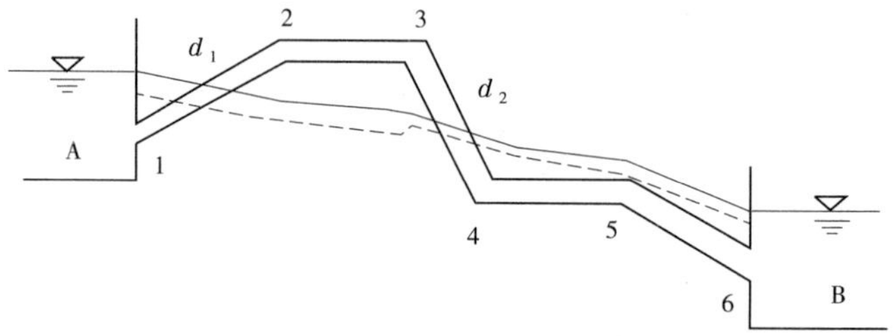

图 5-14

解：总水头线(实线)和测压管水头线(虚线)如图 5-14 所示。

管段 123 直径为 d_1，管长 $l_{12}>l_{23}$，水头损失 $h_{f12}>h_{f23}$。设该段流速为 v_1，则测压管水头线低于总水头线的高差就是速度水头 $v_1^2/(2g)$。

管段 3456 直径为 d_2，管长 $l_{34}>l_{45}$，水头损失 $h_{f34}>h_{f45}$。管长 $l_{45}<l_{56}$，水头损失 $h_{f45}<h_{f56}$。设管段 3456 的流速为 $v_2(v_2<v_1)$，将总水头线下移一段距离 $v_2^2/(2g)$ 就得到该段的测压管水头线。

(1)虚线(测压管水头线)上方的管段出现负压。

(2)最大真空值出现在管段最高处的截面 3。

(3)虚线(测压管水头线)与管道轴线相交处的相对压强为零。

【例 5-8】 有一条用水泥砂浆涂衬内壁的铸铁输水管，已知 $n=0.0125$，作用水头 $H=20$ m，管长 $L=2\ 000$ m，通过流量 $Q=200$ L/s，试选择铸铁管直径 d。

解：按长管计算，由长管的水力计算公式(5-10) $H=\dfrac{Q^2}{K^2}L$ 得

$$K=\frac{Q}{\sqrt{\dfrac{H}{L}}}=\frac{0.2}{\sqrt{\dfrac{20}{2\ 000}}}=2(\mathrm{m^3/s})=2\times 10^3\ \mathrm{L/s}$$

根据 $n=0.0125$，查表 5-3 得 $d=350$ mm，$K=1.517\times10^3$ L/s；$d=400$ mm，$K=2.166\times10^3$ L/s。

考虑既充分利用水头又要节约的原则，采用两段直径不同的管道串联，把 $d=350$ mm 和 $d=400$ mm 段管道串联起来，设 $d_1=400$ mm 的管长为 L_1，$K=2.166\times10^3$ L/s；$d_2=350$ mm 的管长为 L_2，$K=1.517\times10^3$ L/s。

$$v_1=\frac{4Q_1}{\pi d_1^2}=\frac{4\times 0.2}{3.14\times 0.4^2}=1.59(\mathrm{m/s})>1.2\ \mathrm{m/s}\quad k_1=1.0$$

$$v_2 = \frac{4Q_2}{\pi d_2^2} = \frac{4 \times 0.2}{3.14 \times 0.35^2} = 2.08(\mathrm{m/s}) > 1.2 \mathrm{~m/s} \quad k_2 = 1.0$$

由式(5-12)得

$$H = h_{f1} + h_{f2} = \frac{Q_1^2}{K_1^2}L_1 + \frac{Q_2^2}{K_2^2}L_2$$

因 $Q_1 = Q_2 = 0.2 \mathrm{~m^3/s}$,则

$$20 = \left(\frac{L_1}{2.166^2} + \frac{L_2}{1.517^2}\right) \times 0.2^2$$

又因 $L_1 + L_2 = 2\ 000$

联解以上两式得 $L_1 = 1\ 474 \mathrm{~m}; L_2 = 526 \mathrm{~m}$

水利工程中的有压输水管道或隧洞,设计中当选用不同断面尺寸的管道串联时,一般管道长度较小,局部水头损失较大而不能略去,应按短管计算。

二、并联管道

两条以上的管道在同一处分出,又在另一处汇合,这样组成的管道称为并联管道。在图5-15中,B、C两点间的三条管道构成了一组并联管道,其中任一条支管,在分叉与汇合处两断面间单位重量液体的水头损失都相等。

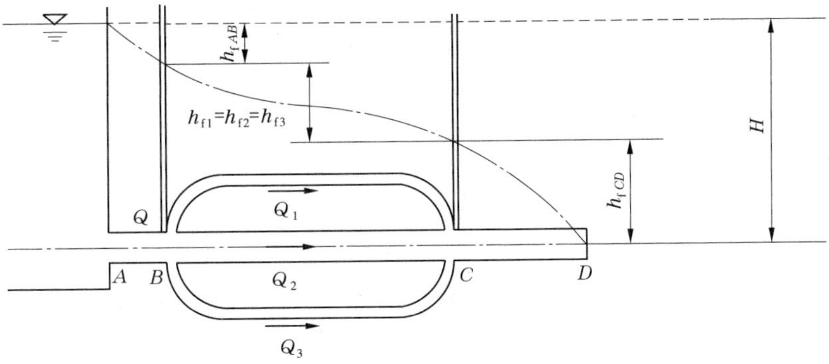

图 5-15 并联管道

即

$$h_{f1} = h_{f2} = h_{f3} = h_f \tag{5-14}$$

脚标为并联管道的编号。

式(5-14)表示了并联管道中的水流应满足两端共同的边界条件,即并联管道是在相等的作用水头下流动。由于并联各支管的长度、直径、糙率一般不同,故各支管通过的流量也不会相同。

根据长管计算公式(5-10)可求通过各支管的流量,即

$$Q_i = K_i\sqrt{\frac{h_{fi}}{L_i}} = \frac{K_i}{\sqrt{L_i}}\sqrt{h_f} \tag{5-15}$$

各支管的流量应满足连续条件，则

$$\sum_{i=1}^{n} Q_i = Q \tag{5-16}$$

式中 n——支管的总数目；

Q——总流量。

把式(5-15)代入式(5-16)得

$$\sum_{i=1}^{n}\left(\frac{K_i}{\sqrt{L_i}}\sqrt{h_f}\right) = Q \tag{5-17}$$

已知总流量 Q 及各并联管道的直径、长度和糙率，即可由式(5-17)计算各支管的流量和水头损失 h_f。

【例 5-9】 有一输水管道，在 A 处用四条并联管道供水到 B 处。各管糙率均为 $n=0.012\,5$，直径 $d_1=300$ mm，$d_2=d_3=350$ mm，$d_4=250$ mm，管长 $L_1=200$ m，$L_2=400$ m，$L_3=350$ m，$L_4=300$ m；总流量 $Q=400$ L/s，求 AB 间水头损失及各管流量 Q_1、Q_2、Q_3、Q_4。

解：由四条管道管径，查表 5-3 可得

$$K_1 = 1.006 \times 10^3 \text{ L/s}$$

$$K_2 = K_3 = 1.517 \times 10^3 \text{ L/s}$$

$$K_4 = 618.5 \text{ L/s}$$

将已知数据代入式(5-17)，得

$$\sum_{i=1}^{n}\frac{K_i}{\sqrt{L_i}}\sqrt{h_f} = \left(\frac{1.006\times10^3}{\sqrt{200}} + \frac{1.517\times10^3}{\sqrt{400}} + \frac{1.517\times10^3}{\sqrt{350}} + \frac{618.5}{\sqrt{300}}\right)\sqrt{h_f} = 400$$

解得

$$h_f = 2.299(\text{m})$$

将 h_f 代入式(5-15)得

$$Q_1 = K_1\sqrt{\frac{h_f}{L_1}} = 1.006\times10^3 \times \sqrt{\frac{2.299}{200}} = 107.86(\text{L/s})$$

$$Q_2 = K_2\sqrt{\frac{h_f}{L_2}} = 1.517\times10^3 \times \sqrt{\frac{2.299}{400}} = 115.01(\text{L/s})$$

$$Q_3 = K_3\sqrt{\frac{h_f}{L_3}} = 1.517\times10^3 \times \sqrt{\frac{2.299}{350}} = 122.95(\text{L/s})$$

$$Q_4 = K_4\sqrt{\frac{h_f}{L_4}} = 618.5\times10^3 \times \sqrt{\frac{2.299}{300}} = 54.14(\text{L/s})$$

三、分叉管道

总管道在一处分为两条以上的支管，并不再汇合，这样的管道叫作分叉管道。分叉前的总管道与分叉后的每一支管，均可作为一个串联管道计算。对每一个串联管道应有

$$H_i = h_f + h_{fi} = \frac{Q^2}{K^2}L + \frac{Q_i^2}{K_i^2}L_i \tag{5-18}$$

式中 H_i——第 i 条分叉支管出口断面的作用水头；

h_f、h_{fi}——总管道和支管所对应的沿程水头损失。

根据连续性方程得

$$\sum_{i=1}^{n} Q_i = Q \tag{5-19}$$

式中　n——分叉支管数目。

若已知总管和各支管的管径、管长及糙率,根据式(5-18)、式(5-19),由作用水头 H_i 可计算各支管流量,或者已知各支管的流量计算作用水头 H_i 。

【例 5-10】 如图 5-16 所示,一分叉管道有两个支管,管道材料相同,$n=0.0125$,已知主管道管径 $d=1$ m,管长 $L=3\,000$ m;1 支管管径 $d_1=0.45$ m,管长 $L_1=600$ m,出口断面作用水头 $H_1=13$ m;2 支管管径 $d_2=0.6$ m,管长 $L_2=1\,000$ m,出口断面作用水头 $H_2=22$ m。求通过主管道和支管的流量。

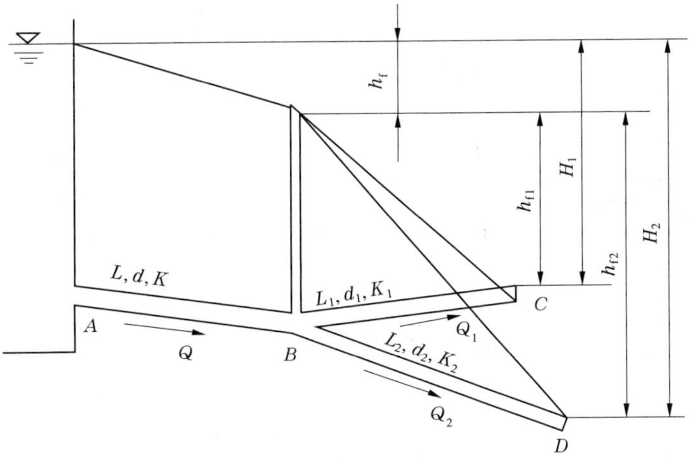

图 5-16　分叉管道

解:由三根管道的管径及糙率,查表 5-3 得

$$K=24.93\times10^3\ \text{L/s};K_1=2.965\times10^3\ \text{L/s};K_2=6.386\times10^3\ \text{L/s};$$

将已知数据代入式(5-18)得

$$13=\frac{Q^2}{(24.93\times10^3)^2}\times3\,000+\frac{Q_1^2}{(2.965\times10^3)^2}\times600$$

$$22=\frac{Q^2}{(24.93\times10^3)^2}\times3\,000+\frac{Q_2^2}{(6.386\times10^3)^2}\times1\,000$$

又
$$Q=Q_1+Q_2$$

将以上三式联立求解,可得

$$Q=1\,123\ \text{L/s};Q_1=318\ \text{L/s};Q_2=805\ \text{L/s}$$

【例 5-11】 有一用水塔向生活区供水的管网是分叉管网,如图 5-17 所示。已知各管段长度及节点所需分出流量。管路为正常铸铁管,糙率 $n=0.0125$,管路端点自由水头 $h_e=5.0$ m,各端点地面高程如图 5-17 所示。试求管网中各管段的管径及水塔水面高程。

解:由图 5-17 可看出,计算的分叉管路有两条,即 $A123$ 和 $A1456$。根据连续性条件,

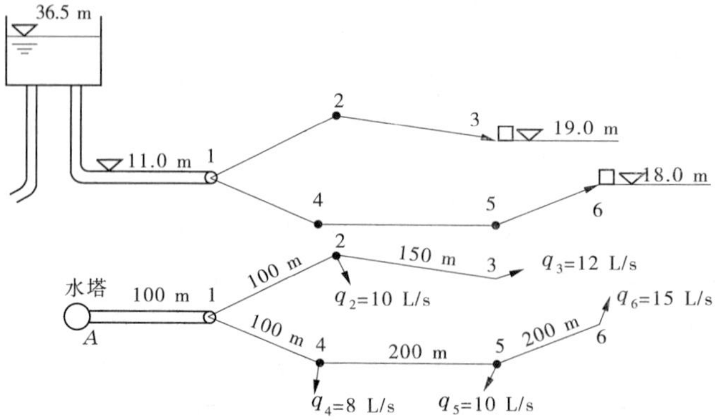

图 5-17

确定所有管段的流量,如表 5-5 所示,下面举例说明列表中的计算过程。

表 5-5 所有管段的流量

管段	管长 l (m)	流量 Q (L/s)	管径 d (mm)	流速 v (m/s)	流量模数 K (L/s)	水头损失 h_f (m)
5—6	200	15	125	1.22	97.4	4.74
4—5	200	25	150	1.42	158.4	4.98
1—4	100	33	175	1.37	238.9	1.91
A—1	100	55	225	1.38	467.0	1.39
2—3	150	12	100	1.53	53.7	7.50
1—2	100	22	150	1.25	158.4	1.93

(1)确定各管段直径。选用给水管路经济流速 $v_e = 1.5$ m/s。以 5—6 管段为例,流量 $Q = q_6 = 15$ L/s,则管径

$$d = \sqrt{\frac{4Q}{\pi v_e}} = \sqrt{\frac{4 \times 0.015}{3.14 \times 1.5}} \approx 0.1129(\mathrm{m}) = 112.9\ \mathrm{mm}$$

选用标准管径 $d = 125$ mm,管中实际流速为

$$v = \frac{Q}{A} = \frac{4 \times 0.015}{3.14 \times 0.125^2} \approx 1.22(\mathrm{m/s})$$

因为 $v > 1.2$ m/s,所以水流处于紊流粗糙区。

(2)计算各管段水头损失。根据直径及糙率查表 5-3,以 5—6 管为例:$K = 97.40$ L/s,则该管段的水头损失为

$$h_{f5-6} = \frac{Q^2}{K^2} l = \left(\frac{0.015}{0.0974}\right)^2 \times 200 = 4.74(\mathrm{m})$$

其他各管段水头损失如表 5-5 所示。

(3)确定水塔水面高程。水塔的高程应为计算管路端点在基准面上的高度、计算管路的水头损失、计算管路端点自由水头(剩余水头)三者之和。下面分别计算分叉管路

A123 和 A1456 所需的水塔水头值,即

$$H_{A123} = \sum h_{fi} + h_e + z_e = 1.39 + 7.50 + 1.93 + 5.0 + 19.0 = 34.82(\mathrm{m})$$

$$H_{A1456} = 4.74 + 4.98 + 1.91 + 1.39 + 5.0 + 18.0 = 36.02(\mathrm{m})$$

由以上计算可看出,最不利的管路为 A1456 分叉管路,根据以上计算值略加安全系数,选用水塔水面高程为 36.5 m,于是水塔水面距地面高差为

$$\Delta z = 36.5 - 11 = 25.5(\mathrm{m})$$

四、沿程均匀泄流管道

在灌溉、卫生和其他工程方面,常遇到沿程连续均匀泄流或沿程多孔口等间距等流量出流的管道,如灌溉工程中的配水管、滤池冲洗管、人工降雨管道和给水工程中冷却塔的配水管等。这种沿程连续不断泄出流量的管道,称为沿程均匀泄流管道。计算这种管道水头损失时,常把实际上多孔口等流量出流简化为沿程连续均匀泄流。

设每单位长度上泄出流量为 q,全管长 L 的均匀泄流量 $qL=Q_u$,在末端泄出流量为 Q_t。Q_t 流经全管,称为贯通流量或通过流量。因为流量沿程泄出,管道中的流量不断减小,若管道断面不变,流速将沿程减小,故沿管道水力坡度 J 是变量,总水头线和测压管水头线都是曲线,如图 5-18 所示。

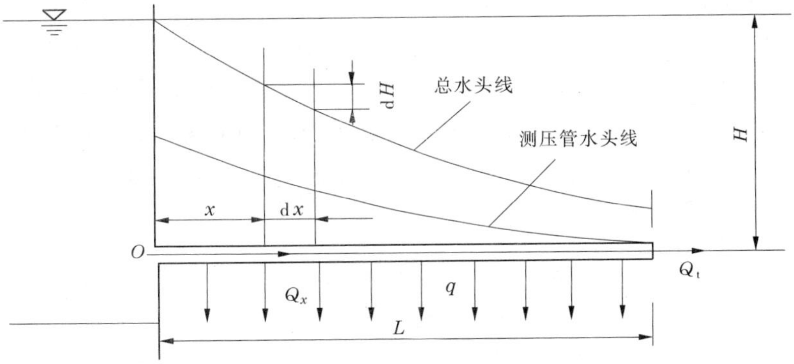

图 5-18　沿程均匀泄流管道

下面推求水头损失的表达式。设距管道进口端 x 处管中流量为 Q_x,在长度为 dx 的微段上水头损失为

$$\mathrm{d}H = J\mathrm{d}x = \frac{Q_x^2}{K^2}\mathrm{d}x$$

又 $Q_x = Q_t + Q_u - qx = Q_t + Q_u - \frac{Q_u}{L}x$,代入上式得

$$\mathrm{d}H = \frac{\left(Q_t + Q_u - \frac{Q_u}{L}x\right)^2}{K^2}\mathrm{d}x$$

从 0 到 L 积分,得全管沿程水头损失为

$$h_f=\int_0^L dH=\int_0^L \frac{\left(Q_t+Q_u-\frac{Q_u}{L}x\right)^2}{K^2}dx$$

$$=\frac{1}{K^2}\left[(Q_t+Q_u)^2x-\frac{Q_u(Q_t+Q_u)}{L}+\frac{Q_u^2}{3L^2}x^3\right]_0^L$$

$$H=\frac{L}{K^2}(Q_t^2+Q_tQ_u+\frac{1}{3}Q_u^2) \tag{5-20}$$

式(5-20)可近似写为

$$H=\frac{L}{K^2}(Q_t+0.55Q_u)^2=\frac{Q_r^2}{K^2}L \tag{5-21}$$

$$Q_r=Q_t+0.55Q_u \tag{5-22}$$

式中 Q_r——折算流量。

若只有沿程分泄流量而没有贯通流量,即 $Q_t=0$,则

$$H=\frac{1}{3}\frac{Q_u^2}{K^2}L \tag{5-23}$$

式(5-23)表明,当流量全部沿程均匀泄出时,其水头损失只等于全部流量集中在末端泄出时水头损失的1/3。

【例 5-12】 有一水塔供水的输水管道,如图 5-19 所示,全管道包括三段 AB、BC 及 CD。中间 BC 段为沿程均匀泄流管道,每米长度上连续分泄的流量为 0.1 L/s,在管道接头 B 点要求分泄流量 $q_1=15$ L/s,CD 段末端的流量 $Q_3=10$ L/s。各段的长度及直径分别为:$L_1=300$ m,$d_1=200$ m;$L_2=200$ m,$d_2=150$ mm;$L_3=100$ m,$d_3=100$ mm。管道都是铸铁管,$n=0.012\,5$,求需要的水头 H。

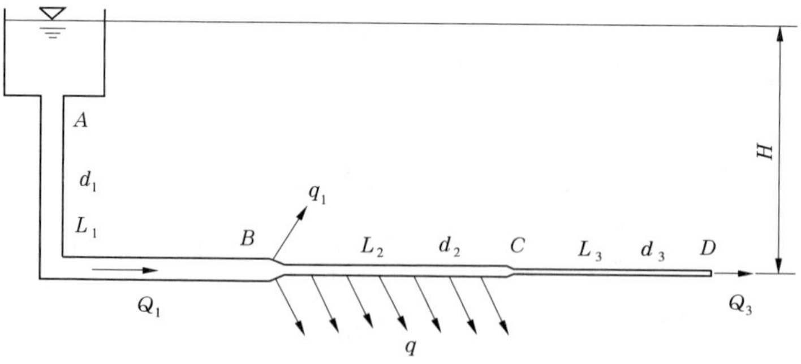

图 5-19

解:本题中 AB、BC 及 CD 三段管道为串联管道,整个管道的水头可按式(5-12)进行计算

$$H=k_1\frac{Q_1^2}{K_1^2}L_1+k_2\frac{Q_2^2}{K_2^2}L_2+k_3\frac{Q_3^2}{K_3^2}L_3$$

其中 $Q_1=Q_3+qL_2+q_1=10+0.1\times200+15=45$(L/s)

因为 BC 管段为沿程均匀泄流管道，管中流量可按折算流量计算为

$$Q_2 = Q_r = Q_t + 0.55Q_u = 10 + 0.55 \times 0.1 \times 200 = 21(\text{L/s})$$

$$Q_3 = Q_t = 10\ \text{L/s}$$

由各段的流量和管径，可求得各段流速分别为 $v_1 = 1.43$ m/s、$v_2 = 1.20$ m/s、$v_3 = 1.27$ m/s，流速均大于 1.2 m/s，修正系数 $k_1 = k_2 = k_3 = 1.0$。

由 $n=0.012\,5$、$d_1 = 200$ mm、$d_2 = 150$ mm、$d_3 = 100$ mm，查表 5-3 可得 $K_1 = 0.341\,1\ \text{m}^3/\text{s}$、$K_2 = 0.158\,4\ \text{m}^3/\text{s}$、$K_3 = 0.053\,72\ \text{m}^3/\text{s}$，则管道所需水头为

$$H = \frac{0.045^2}{0.341\,1^2} \times 300 + \frac{0.021^2}{0.158\,4^2} \times 200 + \frac{0.01^2}{0.053\,72^2} \times 100 = 12.20(\text{m})$$

小　结

1. 概念

(1) 管流、短管与长管、简单管道与复杂管道。

(2) 自由出流与淹没出流。

2. 简单短管的水力计算

(1) 自由出流计算公式：$Q=\mu_c A = \sqrt{2gH_0}$。

(2) 淹没出流计算公式：$Q=\mu_c A = \sqrt{2gz_0}$。

(3) 虹吸管及水泵装置的水力计算。

3. 简单长管的水力计算

(1) 计算公式：$H=h_f=k\dfrac{Q^2}{K^2}L$。

(2) 简单长管水力计算类型：①已知作用水头、管道尺寸、管道材料及管线布置，计算输水能力；②已知管道尺寸、管道材料、管线布置和输水能力，计算作用水头（确定水塔高度）；③管线布置、作用水头、管道材料已定，当要求输送一定流量时，确定所需的管径。

习　题

5-1　利用虹吸管引水灌溉，如图 5-20 所示。已知上下游水位差 $z=3$ m，铸铁管直径 $d=350$ mm，管道总长 $l=27$ m（$l_1=10$ m，$l_2=5$ m，$l_3=12$ m），折角 $\theta=45°$，进口安装有带底阀的莲蓬头，管道的沿程阻力系数 $\lambda=0.028$，堤顶平管段末端断面 2—2 的允许真空高度 $h_v=6$ m。

试求：(1) 通过虹吸管的流量 Q。

(2) 计算管顶的安装高度 h_s。

5-2　有一输水管通过河底，即倒虹吸管，如图 5-21 所示。两端连接引水渠，输水流量 $Q=380$ L/s，管径 $d=500$ mm，管路总长 $l=160$ m（$l_1=50$ m，$l_2=60$ m，$l_3=50$ m），沿程阻力系数 $\lambda=0.02$，渠道中流速忽略不计。

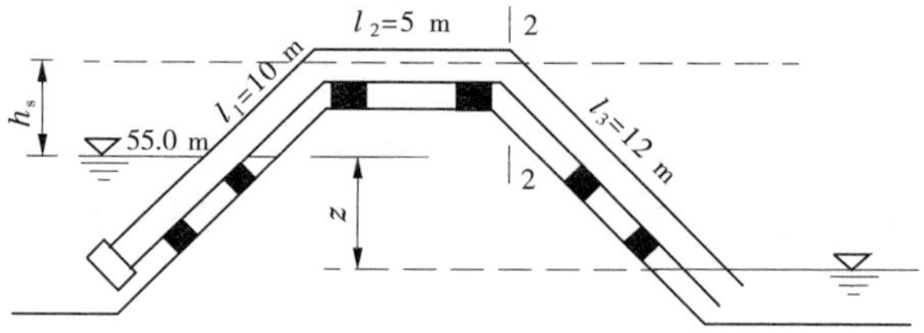

图 5-20

试求:(1)上游渠道水位 z。

(2)断面 $A—A$ 的压强水头。

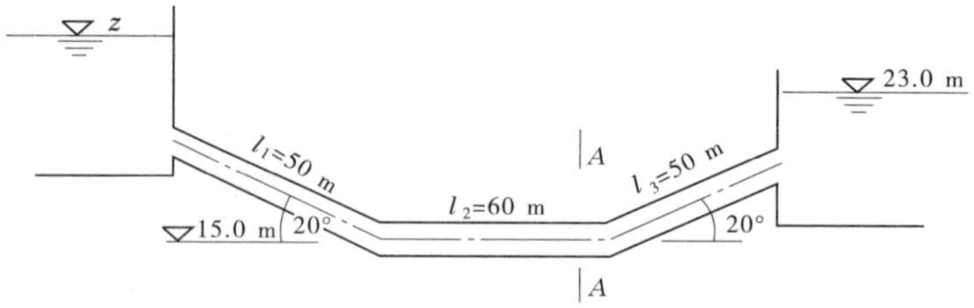

图 5-21

5-3　有一水泵由水池向水塔供水,如图 5-22 所示。管路采用铸铁管,$\lambda=0.03$,吸水管进口为无底阀滤水网。水泵安装高程为 0.00 m。当水泵进口真空度为 $h_v=5.5$ m 时。

试求:(1)水泵的最大抽水流量。

(2)当水泵及电动机总效率 $\eta=0.75$ 时,电动机所需的功率(在最大抽水流量和水塔水面高程为 96.0 m 的条件下)。

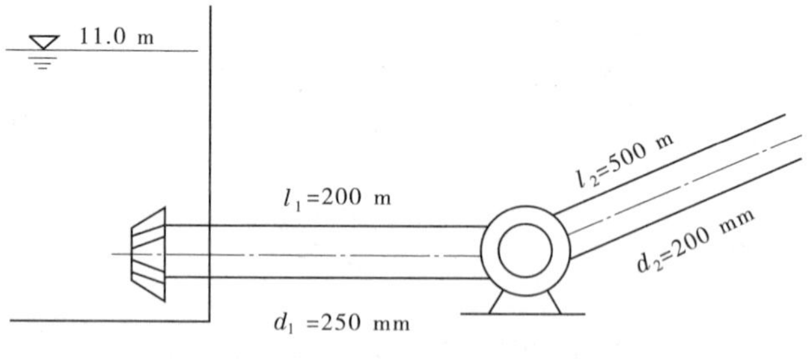

图 5-22

5-4　有一输水管路,自山上水源引水向用户供水,采用铸铁管($n=0.012\ 5$),已知管长 $l=150$ m,作用水头 $H=12$ m,供水流量 $Q=120\ \mathrm{m^3/h}$,为了充分利用水头,试确定水管的直径。

5-5　已知供水点距水塔水面的高差 $H=8$ m,其间铺设长 $l=900$ m、直径 $d=400$ mm 的铸铁管供水。求供水点得到的供水量 Q。

5-6　如图 5-23 所示,一条串联管道自水池引水至大气中。第一段管道,管长 $l_1=24$

m，直径 $d_1=75$ mm。第二段管道，管长 $l_2=15$ m，直径 $d_2=50$ mm。管道流量 $Q=2.8\times10^{-3}$ m^3/s。管道进口为锐缘形，两段管道的连接处为突然缩小管件。两管的沿程损失系数分别是 $\lambda_1=0.0232$，$\lambda_2=0.0192$。求所需水头 H，并绘制测压管水头线和总水头线。

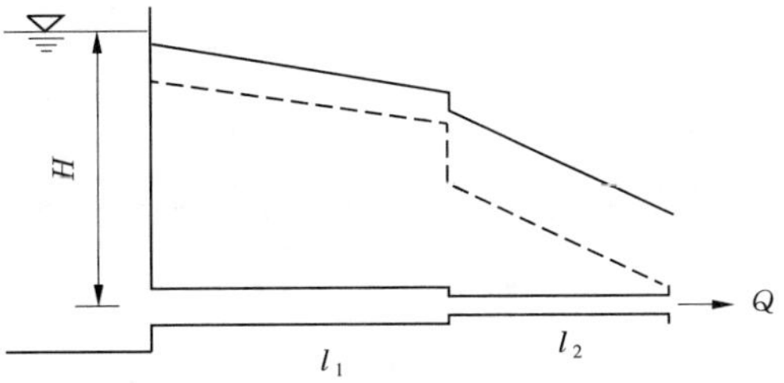

图 5-23

5-7　两水池用三条长度相等的并联管道连接，直径分别是 d、$2d$、$3d$。假定各管的沿程损失系数 λ 相同，当直径为 d 的管道通过的流量 Q_1 为 0.03 m^3/s 时，直径为 $2d$ 及 $3d$ 的管道各通过的流量为多少？

5-8　一条分叉管路连接水池 A、B、C，如图 5-24 所示。设 1、2、3 段管道的直径及长度分别为 $d_1=60$ cm，$l_1=900$ m，$d_2=45$ cm，$l_2=300$ m，$d_3=40$ cm，$l_3=1200$ m。管道为新铜管，水池 A、B、C 的水面高程分别为 $z_1=30$ m，$z_2=18$ m，$z_3=0$ m。求通过各管的流量 Q_1、Q_2、Q_3。

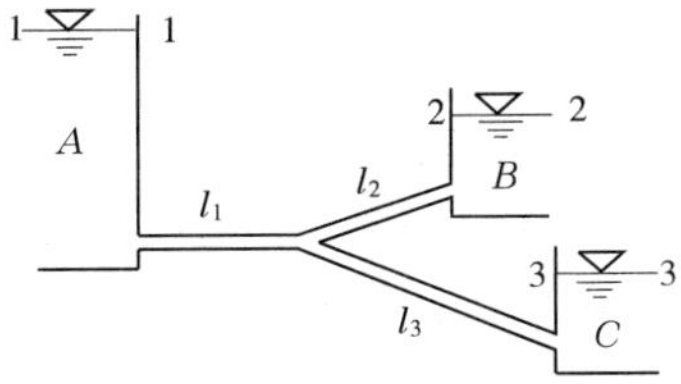

图 5-24

第六章 明渠恒定均匀流

【学习要求】 理解明渠均匀流的特征及产生条件;熟悉底坡、湿周、水力半径、允许流速等概念;掌握明渠均匀流的基本公式及水力计算;了解梯形断面水力要素、正常水深、流量、水力最佳断面的计算及断面设计。

第一节 概 述

一、明渠水流

明渠是一种人工修建或天然形成的渠槽,又称明槽。液体在渠槽中流动时具有与大气相接触的自由表面,表面上各点的压强均为大气压强,相对压强为零。通常把这种具有自由水面的水流称为明渠水流或无压流。

明渠包括人工渠道和天然河道。水利工程中的灌溉输水渠道、水电站引水渠道、无压隧洞、渡槽及城镇排污的下水道等,都属于人工渠道;而自然界中的河流、溪沟等都属于天然河道。

根据水流的运动要素是否随时间改变,明渠水流分为明渠恒定流与明渠非恒定流;根据水流的运动要素是否沿程改变,明渠水流分为明渠均匀流与明渠非均匀流。明渠非均匀流又分为明渠渐变流与明渠急变流。本章主要研究的是明渠恒定均匀流,明渠恒定非均匀流将在第七章介绍。

二、渠道的形式

渠道是约束明渠水流运动的外部条件,渠道边壁的几何特征和水力特性对明渠中的水流运动有着重要的影响,因此需要对明渠槽身的形式有所了解。

渠道的横向几何特征是指横向断面的形状和尺寸,纵向几何特征是指渠道底坡及其变化情况。

(一)按横断面的形状分类

渠槽的过水断面形式有很多种。对于人工修建的明渠,为了便于施工和符合水流运动特点,一般都做成对称的规则断面。工程中常见的有梯形断面、矩形断面、圆形断面、U形断面和复式断面等,如图6-1(a)、(b)、(c)、(d)、(e)所示。天然河道由于长度一般比较大,受地形条件的限制,断面通常是不规则的,也是不对称的,往往可分为主槽与滩地,如图6-1(f)所示。

当明渠修建在土质地基上时,为避免崩塌和便于施工,多做成梯形断面;矩形断面多用于岩石中开凿或混凝土衬砌的渠道;圆形断面则常用于无压输水隧洞或下水道;而复式断面多用于大型的或地基比较特殊的渠道。

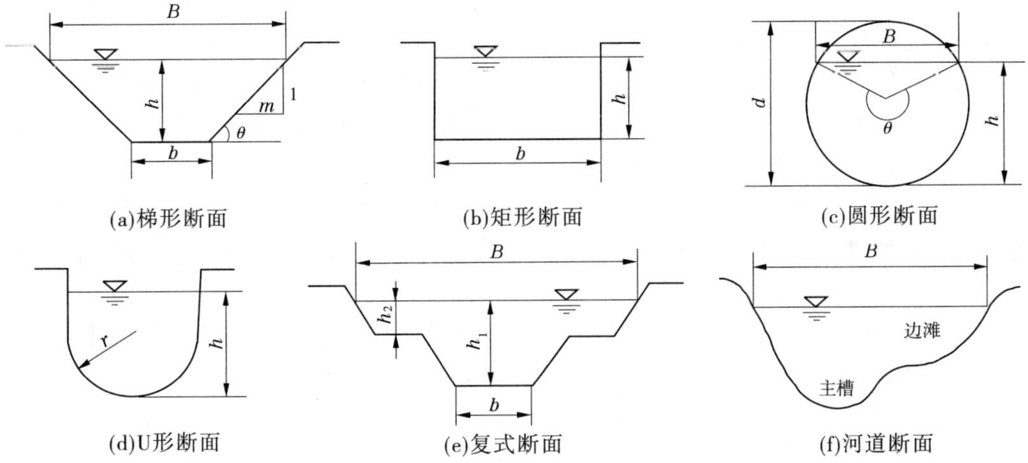

图 6-1　渠道横断面形状

下面主要讨论的是工程中应用最广的梯形断面渠道的水力要素。如图 6-1(a)所示，b 表示底宽，m 表示边坡系数，边坡系数代表边坡的倾斜程度。若边坡与渠底间的夹角为 θ，即 $m=\cot\theta$，它表示边坡每上升 1 m 时水平方向伸出的长度，则其水力要素为

水面宽度
$$B = b + 2mh \tag{6-1}$$

过水断面面积
$$A = (b + mh)h \tag{6-2}$$

湿周
$$\chi = b + 2h\sqrt{1 + m^2} \tag{6-3}$$

水力半径
$$R = \frac{A}{\chi} = \frac{(b + mh)h}{b + 2h\sqrt{1 + m^2}} \tag{6-4}$$

如果梯形断面不对称，即两边的边坡系数 $m_1 \neq m_2$，则过水断面的水力要素计算式变为如下形式：

水面宽度
$$B = b + m_1 h + m_2 h \tag{6-5}$$

过水断面面积
$$A = \left(b + \frac{m_1 + m_2}{2}h\right)h \tag{6-6}$$

湿周
$$\chi = b + \left(\sqrt{1 + m_1^2} + \sqrt{1 + m_2^2}\right)h \tag{6-7}$$

水力半径
$$R = \frac{A}{\chi} = \frac{\left(b + \frac{m_1 + m_2}{2}h\right)h}{b + \left(\sqrt{1 + m_1^2} + \sqrt{1 + m_2^2}\right)h} \tag{6-8}$$

另外，还有一种底宽远远大于水深（$b \gg h$）的宽浅式断面，这种断面在计算过水断面的水力半径时，通常这样进行：

$$R = \frac{A}{\chi} = \frac{bh}{b + 2h} = \frac{h}{1 + 2\frac{h}{b}} \approx h \tag{6-9}$$

即宽浅式断面的水力半径 R 近似等于水深，计算时可直接用过水断面的水深代替水力半

径，从而大大简化了计算。但是，这样的断面因占地多、不经济，在人工渠道中很少看到，而在天然河道中则比较多见。

对于矩形过水断面，可以认为是边坡系数 $m=0$ 的梯形；对于三角形过水断面，则认为是底宽 $b=0$ 的梯形。在进行水力计算时，可套用梯形的计算公式。

（二）按断面形状、尺寸沿流程是否变化分类

断面形状、尺寸沿流程不变的长直渠道，称为棱柱体渠道，如槽身长直、形状不变的人工渠道和渡槽等。在棱柱体渠道中，水流的过水断面面积 A 仅随水深而变化，即 $A=f(h)$。

断面形状、尺寸沿流程渐变的长直渠道，或断面形状、尺寸沿流程不变的轴线弯曲的渠道，称为非棱柱体渠道。一般人工渠道的渐变段连接段、人工渠道的弯曲段都是非棱柱体渠道，非棱柱体渠道的过水断面面积既随水深变化，又沿流程变化，即 $A=f(h,\ l)$。

天然河道的断面一般是不规则的复式断面，如图 6-1(f) 所示。由于过水断面的水力要素随水深的变化是不连续的，所以通常不能用解析式来表达，大多数情况下属于非棱柱体河槽。

三、渠道的底坡

渠段首末两端底部高程差与渠道长度的比值，称为渠道的底坡，用 i 表示。通常把渠道的底面与纵剖面的交线称为渠底线，这时渠底线与水平线夹角 α 的正弦（渠底线沿流程方向每单位长度的下降量）就是渠道的底坡 i，渠道的底坡一般沿流程是微向下游倾斜的。图 6-2 中，若以长度 l' 表示断面 1—1 到断面 2—2 间的倾斜距离，以高度 z_1、z_2 分别表示断面 1—1 和断面 2—2 的渠底至基准面 0—0 的高度，根据上述定义，渠道的底坡应为

$$i=\sin\alpha=\frac{z_1-z_2}{l'} \tag{6-10}$$

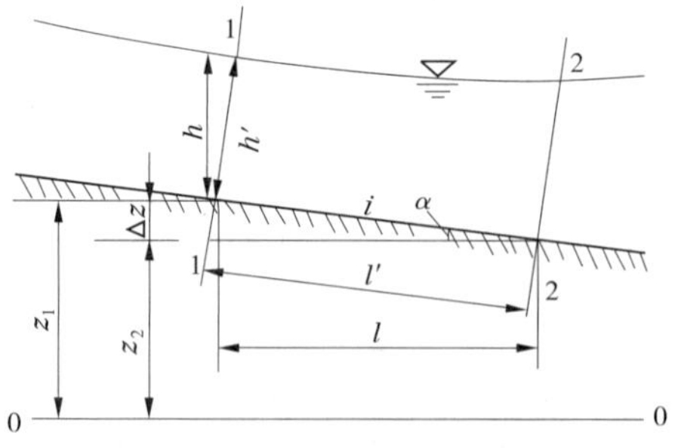

图 6-2　渠道底坡计算示意图

在水利工程中，渠道由于受允许流速的限制，α 角一般都较小，当 $\alpha\leqslant 6°$ 时，叫小底坡，此时 $\sin\alpha$ 与 $\tan\alpha$ 的值近似相等。也就是说，两断面间的距离 l' 可用水平距离 l 来代替，而且过水断面可以用铅垂平面代替，水深 h' 也可用沿垂线方向量取的水深 h 代替，则底坡 i 计算式为

$$i = \tan\alpha = \frac{z_1 - z_2}{l} \tag{6-11}$$

这就给水利工程量测和水文测验及计算带来很大方便。但是要注意，在 α 角较大，即 $\alpha>6°$时，叫大底坡，因此 $\sin\alpha$ 与 $\tan\alpha$ 的值相差比较大，式(6-11)就不再适用了。

渠道的底坡可能出现三种情况：第一种是当渠底高程沿流程下降时，底坡 $i>0$，称为顺坡(或正坡)，这种底坡在工程中是最常见的；第二种是当渠底高程沿流程不变时，底坡 $i=0$，称为平坡；第三种是当渠底高程沿流程上升时，底坡 $i<0$，称为逆坡(或负坡)，如图 6-3 所示。

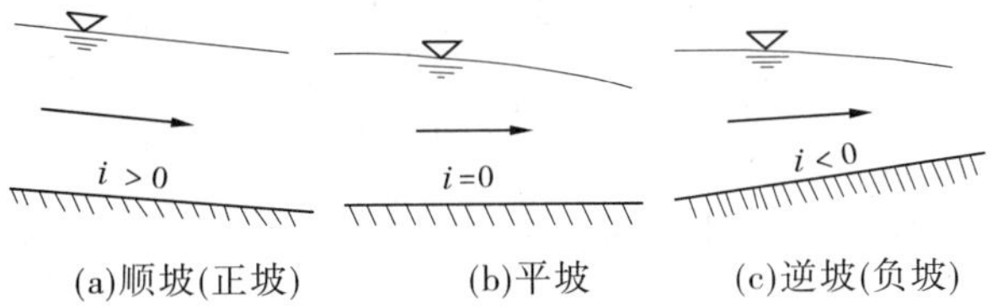

图 6-3　渠道底坡

天然河道的河底起伏不平，底坡沿程变化，在进行河道水力计算时，常用一个平均底坡来代替河道的天然底坡。

第二节　明渠均匀流的特性及计算公式

明渠均匀流是指渠道中的水流流速及流速分布沿程不变。由这个定义我们可以知道，明渠均匀流就是等速流动，也就是物理学上所学过的匀速直线运动。下面说明它的特性及产生条件。

一、明渠均匀流的特性

明渠均匀流运动的实质，就是物理学中的匀速直线运动。从力学观点分析，作用在水流运动方向上的各种力应该保持平衡。如图 6-4 所示，取断面 1—1 和断面 2—2 之间的水体 $ABCD$ 作为研究对象，分析作用在这块水体上的力：分别有铅直向下的重力 G，平行于流向的摩阻力 F_f，以及作用在两过水断面上的大小相等、方向相反的动水总压力 P_1 和 P_2。则沿流向写动力平衡方程为

$$P_1+G\sin\alpha-F_f-P_2=0。$$

因为 $P_1=P_2$，所以上式可写为 $G\sin\alpha=F_f$，即水体重力沿流向的分力与水流所受到的边壁阻力平衡。也就是说，当 $G\sin\alpha=F_f$ 时，水流呈现为均匀流，此时渠道的水深、断面平均流速、流速分布沿程都不改变；当 $G\sin\alpha>F_f$ 时，水流做加速运动；当 $G\sin\alpha<F_f$ 时，水流做减速运动。

根据以上分析，明渠均匀流的主要特征如下：

(1)过水断面的形状和尺寸、过水断面的面积、水深沿流程都不变。

(2)过水断面的流速和流速分布沿程不变。

(3)总水头线(坡度以 J 表示)、测压管水头线(在明渠水流中就是水面线,坡度以 J_Z 表示)、渠底线 i 三者平行,因而它们的坡度相等,即 $J=J_Z=i$。

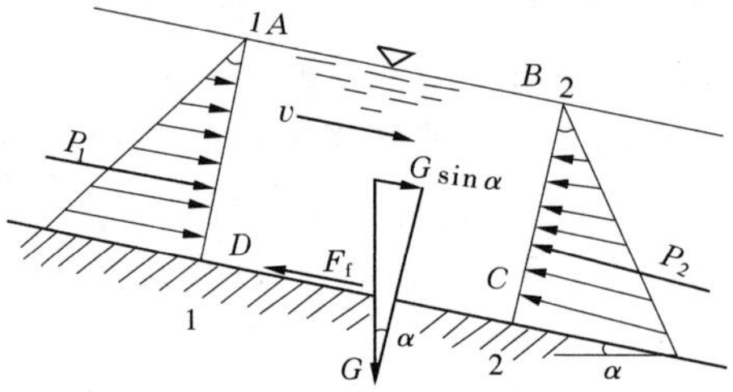

图 6-4　明渠均匀流受力分析

二、明渠均匀流的产生条件

由于明渠均匀流具有上述特性,因此形成这种流动必须具备一定的条件:

(1)明渠中的水流必须是恒定流,且流量沿程不变,无支流的汇入和分出。

(2)渠道必须是顺坡($i>0$)。因为只有在顺坡渠道上,才能满足重力沿流向的分力与摩阻力平衡。

(3)渠道的糙率必须保持沿程不变,且沿程不能有建筑物对水流形成干扰。

(4)渠道必须是长而直、底坡沿程不变的棱柱体渠道。

上述 4 个条件中任一个不能满足时,都将产生明渠非均匀流。在实际工程中,严格地讲,没有绝对的明渠均匀流,只要与上述这 4 个条件相差不大,即可近似地看成是明渠均匀流。一般情况下,只要是正坡棱柱体渠道,且采用同一种材料建成,流量沿程不变,渠段上没有建筑物的影响或离建筑物很远,基本能满足均匀流条件时,即可按均匀流计算,产生的误差很小。在人工渠道中,渠轴线总是尽可能地顺直,底坡沿程尽量保持不变,人工渠道通常是沿程不变的棱柱体渠道,基本上满足均匀流的条件。至于天然河道,一般为非均匀流;个别为顺直整齐的、糙率基本一致的、单式断面、河床稳定的河段,可视为均匀流段。在这样的河段上保持着水位和流量的单值关系,水文测验中称该河段为河槽控制段。

三、明渠均匀流的计算公式

由于明渠水流一般情况下都处于紊流粗糙区(紊流阻力平方区),所以可采用谢才公式 $v=C\sqrt{RJ}$ 进行计算,其中 C 为谢才系数。

对于明渠均匀流,因为 $J=i$,代入谢才公式,可以得到

$$v = C\sqrt{Ri} \tag{6-12}$$

则流量为

$$Q = AC\sqrt{Ri} \tag{6-13}$$

或

$$Q = K\sqrt{i} \tag{6-14}$$

式中,$K=AC\sqrt{R}$,单位是 m^3/s。由于和流量的单位一致,称为流量模数,又称特征模量。

将曼宁公式 $C=\frac{1}{n}R^{\frac{1}{6}}$ 代入公式(6-13),明渠均匀流公式可以写成

$$Q=\frac{A}{n}R^{\frac{2}{3}}i^{\frac{1}{2}} \tag{6-15}$$

或

$$Q=\frac{\sqrt{i}}{n}\frac{A^{\frac{5}{3}}}{\chi^{\frac{2}{3}}} \tag{6-16}$$

水力学中常把均匀流的水深叫作正常水深,用 h_0 表示;相应于正常水深的过水断面面积、湿周、水力半径、谢才系数、流量模数也同样以 A_0、χ_0、R_0、C_0、K_0 表示。

第三节　明渠均匀流的水力计算

明渠均匀流的水力计算问题可分为两大类:一类是对已建好的渠道进行计算,如校核流速、流量或求糙率;另一类是按要求设计新渠道,如确定底宽、水深、底坡、边坡系数或超高等。

在水利工程中,梯形断面渠道应用最为广泛,下面主要讨论它的水力计算。将梯形的面积 $A=(b+mh_0)h_0$、湿周 $\chi=b+2h_0\sqrt{1+m^2}$ 和 $R=\frac{A}{\chi}$ 代入明渠均匀流计算式(6-16),整理后得

$$Q=\frac{\sqrt{i}}{n}\frac{[(b+mh_0)h_0]^{5/3}}{(b+2h_0\sqrt{1+m^2})^{2/3}} \tag{6-17}$$

所以,梯形渠道的过流流量 Q 是底宽 b、边坡系数 m、水深 h_0、糙率 n,以及底坡 i 的函数,即 $Q=f(b,h_0,m,n,i)$。根据此表达式,我们可以对梯形渠道进行水力计算。

一、已成渠道的水力计算

已成渠道水力计算的任务是校核渠道的过水能力及流速,或由实测过水断面的流量反推糙率和底坡。

(一)已成渠道的过水能力和流速校核

工程中为保证渠道的正常运行,往往需要对已经修建好的渠道进行计算,校核其流量或流速是否满足设计要求。这类问题已知的是渠道的断面尺寸 b、m、h_0,底坡 i 及糙率 n,要求计算通过渠道的实际流速或流量。

【例 6-1】 某梯形排水渠道,长 $l=1.0$ km,底宽 $b=3$ m,边坡系数 $m=2.5$,渠道底部落差为 0.5 m,设计流量 $Q=9.0\ m^3/s$。实验算当正常水深 $h_0=1.5$ m 时,渠道能否满足设计流量的要求(糙率 n 取 0.025)。

解: 根据已知条件,用明渠均匀流公式 $Q=AC\sqrt{Ri}$ 求解。

过水断面面积　$A=(b+mh_0)h_0=(3+2.5\times1.5)\times1.5=10.125(m^2)$

湿周　$\chi=b+2h_0\sqrt{1+m^2}=3+2\times1.5\times\sqrt{1+2.5^2}=11.078(m)$

水力半径 $$R=\frac{A}{\chi}=\frac{10.125}{11.078}=0.914(\mathrm{m})$$

谢才系数 $$C=\frac{1}{n}R^{\frac{1}{6}}=\frac{1}{0.025}\times 0.914^{\frac{1}{6}}=39.405(\mathrm{m}^{1/2}/\mathrm{s})$$

底坡 $$i=\frac{z_1-z_2}{l}=\frac{0.5}{1\ 000}=0.000\ 5$$

流量 $$Q=AC\sqrt{Ri}=10.125\times 39.405\times\sqrt{0.914\times 0.000\ 5}=8.53(\mathrm{m}^3/\mathrm{s})$$

而设计流量为9.0 m^3/s，大于渠道实际通过的流量，所以该渠道不能满足设计要求。

（二）确定糙率 n 值

对于已建成的渠道，为了检验采用的糙率是否符合实际，或者当渠道运行一段时间后检验糙率是否发生变化，可以选择一段长度适中的明渠均匀流段，实测其断面面积 A、流量 Q 和底坡 i，反推其糙率 n 值。

【例6-2】 某矩形有机玻璃水槽，底宽 $b=15$ cm，水深 $h_0=6.5$ cm，底坡 $i=0.02$，槽内水流为均匀流，实测通过该水槽的流量 $Q=17.3$ L/s，求水槽的糙率值 n。

解：根据明渠均匀流公式 $Q=AC\sqrt{Ri}$、曼宁公式 $C=\frac{1}{n}R^{\frac{1}{6}}$，可以导出 $n=\frac{A}{Q}R^{\frac{2}{3}}i^{\frac{1}{2}}$。

$$A=bh_0=0.15\times 0.065=9.75\times 10^{-3}(\mathrm{m}^2)$$

$$\chi=b+2h_0=0.15+2\times 0.065=0.28\ (\mathrm{m})$$

$$R=\frac{A}{\chi}=\frac{9.75\times 10^{-3}}{0.28}=0.034\ 8(\mathrm{m})$$

$$n=\frac{A}{Q}R^{\frac{2}{3}}i^{\frac{1}{2}}=\frac{9.75\times 10^{-3}}{17.3\times 10^{-3}}\times 0.034\ 8^{\frac{2}{3}}\times 0.02^{\frac{1}{2}}=0.008\ 5$$

故，该有机玻璃水槽的糙率为0.008 5。

（三）确定底坡 i 值

【例6-3】 某渡槽中部水流为明渠均匀流，糙率 $n=0.017$，长度 $l=200$ m，矩形断面，底宽 $b=2$ m，水深 $h_0=1$ m，实测通过该渡槽的流量 $Q=3.3$ m^3/s。求该渡槽的底坡 i，以及两断面的水面落差 Δz。

解：根据明渠均匀流公式 $Q=AC\sqrt{Ri}$，可以导出 $i=\frac{Q^2}{A^2C^2R}$。

$$A=bh_0=2\times 1=2(\mathrm{m}^2)$$

$$\chi=b+2h_0=2+2\times 1=4(\mathrm{m})$$

$$R=\frac{A}{\chi}=\frac{2}{4}=0.5(\mathrm{m})$$

$$C=\frac{1}{n}R^{\frac{1}{6}}=\frac{1}{0.017}\times 0.5^{\frac{1}{6}}=52.4(\mathrm{m}^{1/2}/\mathrm{s})$$

$$i=\frac{Q^2}{A^2C^2R}=\frac{3.3^2}{2^2\times 52.4^2\times 0.5}=0.002$$

两断面的高程差 $$\Delta z=il=0.002\times 200=0.4(\mathrm{m})$$

所以，该渡槽的底坡为0.002，两断面的水面落差为0.4 m。

二、新设计渠道的水力计算

新设计渠道水力计算的主要任务是根据具体土质、地形、渠道设计流量和使用要求等选择断面形式、设计过水断面尺寸或确定渠道的底坡 i。

（一）渠道断面尺寸的确定

根据所求未知量的不同，此类问题又可分为以下三种情形：

（1）已知渠道的设计流量 Q、底坡 i、糙率 n、边坡系数 m 及底宽 b，求明渠均匀流时的正常水深 h_0。此类问题在渠道的水力计算中是比较多见的。因为对于已经修建好的渠道，底宽、边坡、糙率、底坡等一般没有特殊情况是不会产生变化的，只有水深随着流量的变化而变化。

根据式（6-17），当 Q、i、n、m、b 已知时，该式变成一个关于水深 h_0 的一元高次方程，非常复杂，难以直接求解答案。只有通过试算求解，或根据流量与水深之间的关系，绘出关系曲线来查图求解。

【例6-4】 某土渠拟设计为梯形断面，采用浆砌块石衬砌。已知设计流量 $Q=17\ \text{m}^3/\text{s}$，底宽 $b=4$ m。根据地形地质情况，底坡 i 取1/2 500，边坡系数 m 取2.0，糙率 $n=0.025$，试按均匀流设计渠道的正常水深 h_0。

解：①试算法。假设一系列的正常水深 h_0 值，代入明渠均匀流公式 $Q=AC\sqrt{Ri}$，计算出相应的流量 Q 值。根据水深和流量值绘出 h_0—Q 关系曲线，然后根据已知流量 Q，在曲线上查出需求解的均匀流水深 h_0。

设 $h_0=1.8$ m、2.0 m、2.2 m、2.4 m，分别计算出相应的面积 A、湿周 χ、水力半径 R、谢才系数 C 及流量 Q 值，见表6-1。

表6-1 水深试算

h_0(m)	A(m²)	χ(m)	R(m)	C(m^{1/2}/s)	$Q=AC\sqrt{Ri}$ (m³/s)
1.80	13.68	12.05	1.14	40.88	11.94
2.00	16.00	12.94	1.24	41.46	14.77
2.20	18.48	13.84	1.34	42.00	17.97
2.40	21.12	14.73	1.43	42.46	21.45

由表6-1数据绘出 h_0—Q 关系曲线，如图6-5所示。根据设计流量 $Q=17\ \text{m}^3/\text{s}$，在曲线上查得渠道的正常水深 $h_0=2.16$ m。

②图解法。上述计算方法比较烦琐，为简化计算，令 $\frac{Q}{\sqrt{i}}=K_0$，代入式（6-17），化简后得

$$\frac{b^{2.67}}{nK_0}=\frac{\left(\frac{b}{n}+2\sqrt{1+m^2}\right)^{\frac{2}{3}}}{\left(\frac{b}{h}+m\right)^{\frac{5}{3}}\left(\frac{h}{b}\right)^{\frac{8}{3}}}$$

以边坡系数 m 为参数，绘出 $\frac{b^{2.67}}{nK_0}$ 和 $f\left(\frac{h_0}{b}\right)$ 的关系曲线图（见附录Ⅰ梯形和矩形断面明渠正常水深求解图）。根据已知的 Q、i、n、m、b 值，就可求解正常水深。

本题流量模数 $K_0=\frac{Q}{\sqrt{i}}=\frac{17}{\sqrt{1/2\ 500}}=850(m^3/s)$。

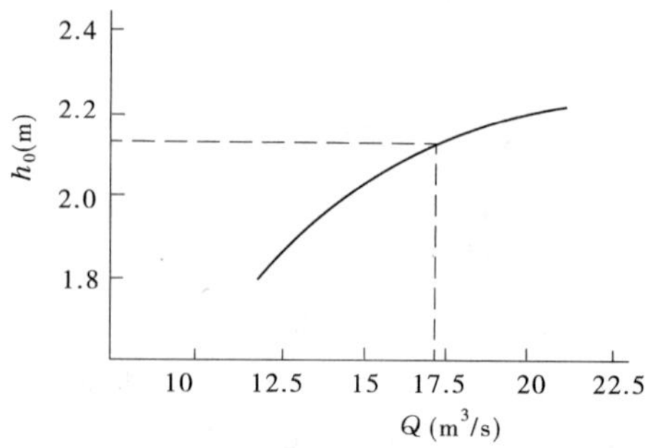

图 6-5　渠道 h_0—Q 关系曲线

$$\frac{b^{2.67}}{nK_0}=\frac{4^{2.67}}{0.025\times 850}=1.91$$

查附录Ⅰ，根据 $\frac{b^{2.67}}{nK_0}=1.91$ 及 $m=2.0$，查得 $h_0/b=0.54$。

故
$$h_0=0.54\times 4=2.16(m)$$

上述结果与试算结果完全相同。

除试算法外，还可以通过迭代法来推求正常水深 h_0。

将 $Q=\frac{\sqrt{i}[(b+mh_0)h_0]^{\frac{5}{3}}}{n(b+2h_0\sqrt{1+m^2})^{\frac{2}{3}}}$ 整理可得迭代公式

$$h_{j+1}=\left(\frac{nQ}{\sqrt{i}}\right)^{\frac{3}{5}}\frac{(b+2h_j\sqrt{1+m^2})^{\frac{2}{5}}}{b+mh_j} \tag{6-18}$$

迭代水深时可取初始值 $h_0=\left(\frac{nQ}{\sqrt{i}}\right)^{\frac{3}{5}}$。

将式(6-18)中的边坡系数 m 取值为零，即可得到矩形断面正常水深 h_0 的迭代计算公式

$$h_{j+1}=\left(\frac{nQ}{\sqrt{i}}\right)^{\frac{3}{5}}\frac{(b+2h_j)^{\frac{2}{5}}}{b} \tag{6-19}$$

上述公式中的 j 代表迭代次数。

迭代的具体过程为：先计算出公式中的常数项，然后设一初始值 h_0，代入迭代公式的右边，解出 h_1；将 h_1 代回到公式右边的未知项中解出 h_2，即完成了一个迭代过程。如此重复直到代入的 h 值与计算的值十分接近，差值小于 0.01 即可，则最后计算得到的水深即为正常水深 h_0。

(2)已知渠道的设计流量 Q、底坡 i、糙率 n、边坡系数 m 及正常水深 h_0，求底宽 b。

此类问题为避免解高次方程，求解方法与第一类相似，也要用试算法或查图求解，这里不再举例说明，只不过在查图求解时，是查附录Ⅱ梯形和矩形断面明渠底宽求解图。

底宽 b 也可以通过迭代法确定，其迭代公式为

$$b_{j+1}=\left(\frac{nQ}{\sqrt{i}}\right)^{3/5}\frac{\left(b_j+2h_0\sqrt{1+m^2}\right)^{2/5}}{h_0}-mh_0 \tag{6-20}$$

(3)已知渠道的设计流量 Q、底坡 i、糙率 n、边坡系数 m、给定宽深比 β,求设计渠道的断面尺寸(即确定底宽 b 和水深 h_0)。此类问题要求求解两个未知量 b 和 h_0,用一个方程是无法求解的,所以需先将 b 用 βh_0 替代,再代入明渠均匀流公式(6-17),就可以得到一个关于 h_0 的一元高次方程。用此方程可直接解出水深 h_0,然后才能求出底宽 b。

【例 6-5】 在黏土地区计划建一灌溉渠道,采用喷浆混凝土护面。渠道需要通过的流量 $Q=4.0\ \text{m}^3/\text{s}$,底坡为 1/5 000,糙率 $n=0.018$。拟选用梯形断面,宽深比 $\beta=2.0$,边坡系数 $m=1.5$,试设计渠道的底宽和水深。

解: 因宽深比 $\beta=\dfrac{b}{h_0}=2.0$,则 $b=2.0h_0$,分别代入梯形断面的水力要素计算式,则

过水断面面积　$A=(b+mh_0)h_0=(2.0h_0+1.5h_0)\times h_0=3.5h_0^2$

湿周　$\chi=b+2h_0\sqrt{1+m^2}=2.0h_0+2h_0\sqrt{1+1.5^2}=5.606h_0$

水力半径　$R=\dfrac{A}{\chi}=\dfrac{3.5h_0^2}{5.606h_0}=0.624h_0$

谢才系数　$C=\dfrac{1}{n}R^{1/6}=\dfrac{1}{0.018}\times(0.624h_0)^{1/6}=51.356h_0^{1/6}$

将上述结果代入 $Q=AC\sqrt{Ri}$ 得到

$$4.0=3.5h_0^2\times51.356h_0^{1/6}\times\sqrt{0.624h_0\times1/5\ 000}=2.008h_0^{8/3}$$

求解上述方程可得到:$h_0=1.3\ \text{m}$,$b=2.0h_0=2.0\times1.3=2.6(\text{m})$。

渠道的水深 1.3 m,底宽 2.6 m。

(二)渠道的底坡、边坡系数和超高的确定

1. 渠道底坡的确定

此类问题已知的是渠道的断面尺寸 b、m、h,糙率 n,以及流量 Q,求设计渠道的底坡。根据公式 $Q=AC\sqrt{Ri}$,可得

$$i=\frac{Q^2}{A^2C^2R}$$

2. 渠道边坡系数的确定

梯形渠道的边坡系数 m 的取值,影响因素比较多,通常可以根据边坡的岩土性质、侧壁的衬砌情况,以及渠道设计的有关规定,查专门的水力计算手册选取。表 6-2 所给出的 m 值可供参考。

3. 渠道超高的确定

渠道的超高是指为了保证行水安全,渠道的顶部需超出水面的高度。渠道的设计高度应等于过水断面的水深 h 再加上渠道的超高。超高的取值比较复杂,可参考表 6-3 或查有关的水力计算手册。

表 6-2　无衬砌渠道的边坡系数 m

岩土种类	边坡系数 m	岩土种类	边坡系数 m
未风化的岩石	0~0.25	黏土、黄土	1.0~1.5
风化的岩石	0.25~0.5	黏壤土、砂壤土	1.25~2.0
半岩性耐水土壤	0.5~1.0	细砂	1.5~2.5
卵石和砂砾	1.25~1.5	粉砂	3.0~3.5

表 6-3　渠道的超高值

渠道的类别，流量(m^3/s)	干支渠，10~2	干支渠，<2	斗渠	农渠
堤顶超高(m)	0.6~0.4	0.35	0.25	0.15

【例 6-6】 某灌溉渠道上拟修建一钢筋混凝土 U 形渡槽(糙率 $n=0.014$)，如图 6-6 所示，已知底部半圆直径 $d=3.0$ m，上部垂直侧墙高 1.0 m(包括超高 0.4 m)，设计流量$Q=6.0\ m^3/s$，试计算渡槽的底坡。

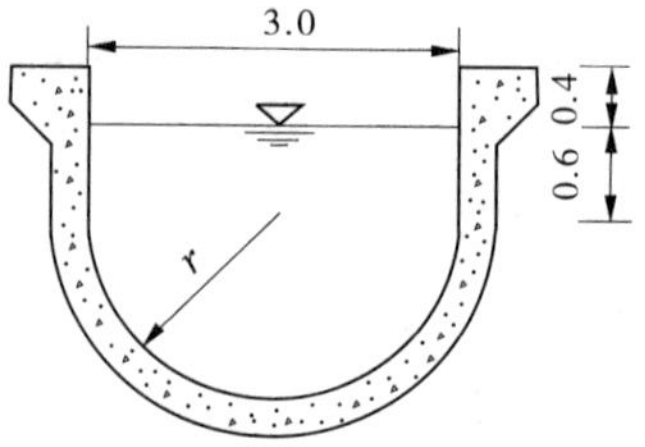

图 6-6　例 6-6 图(单位:m)

解:水深　$h=\dfrac{d}{2}+0.6=\dfrac{3.0}{2}+0.6=2.1\ (\mathrm{m})$

面积　$A=d\times 0.6+\dfrac{1}{2}\pi\left(\dfrac{d}{2}\right)^2=3.0\times 0.6+\dfrac{1}{2}\times 3.14\times 1.5^2=5.33(\mathrm{m}^2)$

湿周　$\chi=2\times 0.6+\pi\left(\dfrac{d}{2}\right)=2\times 0.6+3.14\times 1.5=5.91(\mathrm{m})$

水力半径　$R=\dfrac{A}{\chi}=\dfrac{5.33}{5.91}=0.90(\mathrm{m})$

谢才系数　$C=\dfrac{1}{n}R^{\frac{1}{6}}=\dfrac{1}{0.014}\times 0.90^{\frac{1}{6}}=70.19(\mathrm{m}^{\frac{1}{2}}/\mathrm{s})$

底坡　$i=\dfrac{Q^2}{A^2C^2R}=\dfrac{6.0^2}{5.33^2\times 70.19^2\times 0.90}=0.000\ 29\approx\dfrac{1}{3\ 500}$

所以，渡槽的底坡 $i=\dfrac{1}{3\ 500}$。

第四节　明渠均匀流计算中的几个问题

一、水力最佳断面

所谓水力最佳断面，就是在渠道的过水断面面积、底坡、糙率一定时，通过流量最大的断面；或者在渠道的流量、底坡、糙率一定时，过水断面面积最小的断面。研究水力最佳断面在渠道设计中有很重要的意义。

由明渠均匀流公式 $Q=\frac{A}{n}R^{\frac{2}{3}}i^{\frac{1}{2}}=\frac{\sqrt{i}}{n}\frac{A^{\frac{5}{3}}}{\chi^{\frac{2}{3}}}$ 可知，在渠道的面积、底坡和糙率一定时，使渠道通过的流量是最大值，必须使过水断面的湿周为最小值。在图 6-1 所示的各种不同形状的明渠横断面中，由几何学知道，在面积相同的情况下，湿周最小的断面应该是圆形或半圆形。但是，由于施工、经济和管理等方面的原因，工程中并不经常采用圆形或半圆形断面的渠道，只有在钢筋混凝土或钢丝网水泥做成的渡槽等建筑物中才采用类似半圆形的断面，如 U 形断面。在一般渠道中，应用最多的是梯形断面。下面只给出梯形水力最佳断面的条件。

梯形断面的边坡系数 m 可以参照表 6-2 决定。在 m 一定的情况下，同样的过水断面面积 A、湿周 χ 的大小因宽深比 $\beta=\frac{b}{h}$ 而异。根据水力最佳断面的条件有：A、i、n 一定，最小湿周 χ 应满足 $\frac{d\chi}{dh}=0$，$\frac{d^2\chi}{dh^2}>0$，由 $A=(b+mh)h$ 得 $b=\frac{A}{h}-mh$，代入 $\chi=b+2h\sqrt{1+m^2}$，求 $\frac{d\chi}{dh}=0$ 可求得梯形水力最佳断面的宽深比公式

$$\beta_m=\frac{b}{h}=2(\sqrt{1+m^2}-m) \tag{6-21}$$

说明梯形水力最佳断面的宽深比 β 仅与边坡系数 m 有关。对于不同边坡系数 m 时的梯形渠道，其水力最佳断面的宽深比 β_m 值见表 6-4。

表 6-4　梯形渠道水力最佳断面的宽深比 β_m 值

m	0.00	0.25	0.50	0.75	1.00	1.50	1.75
β_m	2.00	1.56	1.24	1.00	0.83	0.61	0.53
m	2.00	2.50	3.00	3.50	4.00	4.50	5.00
β_m	0.47	0.39	0.33	0.28	0.25	0.22	0.20

由 $\beta_m=\frac{b}{h}$，得 $b=\beta_m h=2(\sqrt{1+m^2}-m)h$，分别代入过水断面面积 A 和湿周 χ 的表达式，可以得到对应于水力最佳断面的水力半径为

$$R_m=\frac{A}{\chi}=\frac{(b+mh)h}{b+2h\sqrt{1+m^2}}$$
$$=\frac{\left[2\left(\sqrt{1+m^2}-m\right)h+mh\right]h}{2\left(\sqrt{1+m^2}-m\right)h+2h\sqrt{1+m^2}}=\frac{h}{2} \tag{6-22}$$

式(6-22)表明,梯形渠道水力最佳断面的水力半径 R 只与水深有关且等于水深的一半,而与渠道的底宽及边坡系数等无关。

将 $\beta_m=\frac{b}{h}=2(\sqrt{1+m^2}-m)$ 代入迭代式(6-18)整理得到

$$h_0=1.189\left[\frac{nQ}{\sqrt{i}\left(2\sqrt{1+m^2}-m\right)}\right]^{\frac{3}{8}} \tag{6-23}$$

对于矩形断面,因为矩形可看作 $m=0$ 的梯形,由式(6-21)得 $\beta_m=\frac{b}{h}=2$ 或者 $b=2h$。

也就是说,矩形渠道水力最佳断面的特征是:底宽为水深的 2 倍。

由表 6-4 可以看出,当 $m\geqslant1$ 时,$\beta_m<1$,这是一种水深大、底宽小的窄深式断面。这种断面虽有工程省、占地少、过流量大的优点,但是施工中由于开挖深、土方单价高,易受地质条件影响,运用和管理不便,所以并不一定是经济实用断面。在渠道设计中,对于渠道造价基本上取决于土方量的小型渠道,水力最佳断面就是经济实用断面;对于大型或较大型的渠道,由于渠线很长,因此在渠道设计中要综合考虑各种条件,进行经济技术比较。一般不能把水力最佳断面看作设计渠道的唯一条件。

【例 6-7】 已知某渠道流量 $Q=3.2\ \text{m}^3/\text{s}$,边坡系数 $m=1.5$,底坡 $i=0.000\ 5$,糙率 $n=0.025$,试按水力最佳断面计算过水断面的大小。

解:根据 $m=1.5$ 查表 6-4 得到 $\beta_m=0.61$。

$$h_0=1.189\left[\frac{nQ}{\sqrt{i}\left(2\sqrt{1+m^2}-m\right)}\right]^{\frac{3}{8}}=1.189\times\left[\frac{0.025\times3.2}{\sqrt{0.000\ 5}\times\left(2\sqrt{1+1.5^2}-1.5\right)}\right]^{\frac{3}{8}}$$
$$=1.45(\text{m})$$

$$b_0=\beta_m h_0=0.61\times1.45=0.88(\text{m})$$

根据以上计算可以取底宽为 0.9 m。

所以,水力最佳断面的尺寸为:正常水深 1.45 m,底宽 0.9 m。

二、渠道中的允许流速

渠道在通过各种流量时,流速是不同的。为保证渠道的正常运行,使其在使用过程中不会因为流速过小引起淤积,或因流速过大引起冲刷,必须对渠道断面平均流速的上限值和下限值加以限制。这种限制流速就是允许流速。

一般灌溉渠道允许流速的上限是不冲允许流速(v'),主要与渠道的建筑材料和流量有关,可参照表 6-5~表 6-8 选取。若水流的挟泥沙量较大,须依据有关水力学手册确定。

表 6-5　黏性土渠道的不冲允许流速 v'

土质	不冲允许流速 v'(m/s)	土质	不冲允许流速 v'(m/s)
轻壤土	0.060~0.08	重壤土	0.70~0.95
中壤土	0.065~0.85	黏土	0.75~1.0

表 6-6　非黏性土渠道的不冲允许流速 v'

土质	粒径(mm)	不同水深(m)下的不冲允许流速 v'(m/s)			
		0.4	1.0	2.0	≥3.0
淤泥	0.005~0.050	0.12~0.17	0.15~0.21	0.17~0.24	0.19~0.26
细砂	0.050~0.250	0.17~0.27	0.21~0.32	0.24~0.37	0.26~0.40
中砂	0.250~1.000	0.27~0.47	0.32~0.57	0.37~0.65	0.40~0.70
粗砂	1.000~2.500	0.47~0.53	0.57~0.65	0.65~0.75	0.70~0.80
细砾石	2.500~5.000	0.53~0.65	0.65~0.80	0.75~0.90	0.80~0.95
中砾石	5.000~10.000	0.65~0.80	0.80~1.00	0.90~1.10	0.95~1.20
大砾石	10.000~15.000	0.80~0.95	1.00~1.20	1.10~1.30	1.20~1.40
小卵石	15.000~20.000	0.95~1.20	1.20~1.40	1.30~1.60	1.40~1.80
中卵石	20.000~40.000	1.20~1.50	1.40~1.80	1.60~2.10	1.80~2.20
大卵石	40.000~70.000	1.50~2.00	1.80~2.40	2.10~2.80	2.20~3.00
小漂石	70.000~100.000	2.00~2.30	2.40~2.80	2.80~3.20	3.00~3.40
中漂石	100.000~150.000	2.30~2.80	2.80~3.40	3.20~3.90	3.40~4.20
大漂石	150.000~200.000	2.80~3.20	3.40~3.90	3.90~4.50	4.20~4.90
顽石	>200.000	>3.20	>3.90	>4.50	>4.90

注：表 6-5、表 6-6 中所列的不冲允许流速 v' 值为水力半径 $R=1.0$ m 时的情况；当 $R\neq1.0$ m 时，表中所列数值应乘以 R^{α} 才能得到相应的不冲允许流速 v' 值。对于砂、砾石、卵石、疏松的壤土、黏土，$\alpha=1/3\sim1/4$；对于密实的壤土、黏土，$\alpha=1/4\sim1/5$；非黏性土 $\alpha=1/3\sim1/5$。

允许流速 v 的下限是不淤允许流速(v'')，主要与渠道的挟沙能力有关，可参照有关水力学手册确定。

渠道的平均流速 l 应小于不冲允许流速 v'，大于不淤允许流速 v''，即

$$v'' < v < v'$$

对于航运渠道，流速的大小直接影响航运条件的优劣；对于水电站的引水渠道，流速的大小还与水电站的动能经济条件有关。所以，在设计渠道时，应结合渠道担负的生产任务、建材的类型、含沙量大小、运用管理上的要求选定断面平均流速。

不淤流速的大小与水流条件及挟沙情况等多方面的因素有关，可查阅有关手册。在清水土渠中，为防止滋生杂草，渠中的流速一般应不小于 0.5 m/s。

表 6-7　防渗衬砌渠道的不冲允许流速 v'

<table>
<tr><th colspan="3">防渗衬砌结构类别</th><th>不冲允许流速 v' (m/s)</th><th colspan="2">防渗衬砌结构类别</th><th>不冲允许流速 v (m/s)</th></tr>
<tr><td rowspan="2">土料</td><td colspan="2">黏土、黏砂混合土</td><td>0.75~1.00</td><td rowspan="5">膜料
（土料保护层）</td><td>砂壤土、轻壤土</td><td><0.45</td></tr>
<tr><td colspan="2">灰土、三合土、四合土</td><td><1.00</td><td>中壤土</td><td><0.60</td></tr>
<tr><td rowspan="2">水泥土</td><td colspan="2">现场填筑</td><td><2.50</td><td>重壤土</td><td><0.65</td></tr>
<tr><td colspan="2">预制铺砌</td><td><2.00</td><td>黏土</td><td><0.70</td></tr>
<tr><td rowspan="6">砌石</td><td colspan="2">干砌卵石（挂淤）</td><td>2.50~4.00</td><td>沙砾料</td><td><0.90</td></tr>
<tr><td rowspan="2">浆砌块石</td><td>单层</td><td>2.50~4.00</td><td rowspan="2">沥青混凝土</td><td>现场浇筑</td><td><3.00</td></tr>
<tr><td>双层</td><td>3.50~5.00</td><td>预制铺砌</td><td><2.00</td></tr>
<tr><td colspan="2">浆砌料石</td><td>4.0~6.0</td><td rowspan="3">混凝土</td><td>现场浇筑</td><td><8.00</td></tr>
<tr><td colspan="2" rowspan="2">浆砌石板</td><td rowspan="2"><2.50</td><td>预制铺砌</td><td><5.00</td></tr>
<tr><td>喷射法施工</td><td><10.00</td></tr>
</table>

注：表 6-7 中土料类和膜料类（土料保护层）防渗衬砌结构的不冲允许流速 v' 值为水力半径 $R=1.0$ m 时的情况；当 $R\neq1.0$ m 时，表中所列数值应乘以 R^{α} 才能得到相应的不冲允许流速 v' 值。对疏松的土料或土料保护层，$\alpha=1/3\sim1/4$；对中等密实或密实的土料或土料保护层，$\alpha=1/4\sim1/5$。

表 6-8　石渠的不冲允许流速 v'

岩性	不同水深(m)下的不冲允许流速 v'(m/s)			
	0.4	1.0	2.0	≥3.0
砾岩、泥灰岩、页岩	2.0	2.5	3.0	3.5
石灰岩、致密的砾岩、砂岩、白云石灰岩	3.0	3.5	4.0	4.5
白云砂岩、致密的石灰岩、硅质石灰岩、大理岩	4.0	5.0	5.5	6.0
花岗岩、辉绿岩、玄武岩、安山岩、石英岩、斑岩	15.0	18.0	20.0	22.0

土渠的设计平均流速宜控制在 0.6~1.0 m/s，但不宜小于 0.3 m/s。寒冷地区冬、春季灌溉的渠道，设计平均流速不宜小于 1.5 m/s。

【例 6-8】 某梯形断面的黏土渠，边坡系数 $m=1.25$，渠道糙率 $n=0.025$，底坡 $i=0.0004$，流量 $Q=2.2\ \mathrm{m^3/s}$，渠道为黏土，不淤允许流速 $v''=0.5$ m/s。试设计渠道的水力最佳断面，并校核渠中流速。

解：(1) 先设计渠道的水力最佳断面。由于边坡系数 m 值已知，可求出水力最佳断面的宽深比 β_m。根据式(6-21)得

$$\beta_m=\frac{b}{h}=2\left(\sqrt{1+m^2}-m\right)=2\times\left(\sqrt{1+1.25^2}-1.25\right)=0.702$$

过水断面面积　　$A_m=(\beta_m+m)h_m^2=1.952h_m^2$

水力半径　　$R_m=\dfrac{h_m}{2}$

谢才系数　　$C=\frac{1}{n}R_m^{\frac{1}{6}}=\frac{1}{0.025}\times\left(\frac{h_m}{2}\right)^{\frac{1}{6}}=35.636h_m^{\frac{1}{6}}$

将上述结果代入明渠均匀流公式 $Q=AC\sqrt{Ri}$，可得

$$2.2=1.952h_m^2\times 35.636h_m^{\frac{1}{6}}\times\sqrt{\frac{h_m}{2}\times 0.0004}$$

整理后得　　$h_m=1.35\ \mathrm{m}$

底宽为　　$b_m=\beta_m h_m=0.702\times 1.35=0.95(\mathrm{m})$

(2)校核渠道的流速。查表 6-5 得黏土在 $R=1$ m 时，不冲允许流速 $v'=0.75\sim 1.0$ m/s，而 $R_m=\frac{h_m}{2}=\frac{1.35}{2}=0.675(\mathrm{m})$，取 $\alpha=1/4$，则不冲允许流速为

$$v'=(0.75\sim 1.0)\times 0.675^{1/4}=0.68\sim 0.91(\mathrm{m/s})$$

根据已知条件，不淤允许流速 $v''=0.5$ m/s。

渠道的断面平均流速为

$$v=\frac{Q_m}{(b_m+mh_m)}=\frac{2.2}{(0.95+1.25\times 1.35)\times 1.35}=0.62(\mathrm{m/s})$$

$v''<v<v'$，所设计断面满足允许流速的要求。

三、渠道的糙率问题

(一)渠道糙率分析

渠道的糙率值主要反映边壁粗糙程度对水流的影响。n 值大，说明边壁的表面比较粗糙；n 值小，说明边壁的表面比较光滑。由曼宁公式和巴甫洛夫斯基公式可知，谢才系数 C 是 n 和 R 的函数，且 C 值直接影响渠道的流速和流量。理论分析表明，谢才系数 C 与糙率 n 成反比，与水力半径 R 的 1/6 次方成比例，所以糙率 n 对谢才系数 C 的影响比水力半径 R 对 C 的影响大得多。因此，根据实际情况正确地选定糙率，对渠道的设计将有重要的意义。

1. 人工渠道的糙率

在设计渠道时，若糙率值选用偏小，计算所得的断面也偏小，过水能力达不到设计要求，在通过设计流量时将造成水流漫溢，挟带泥沙的水流还会引起淤积；若 n 值选用偏大，不仅会因断面尺寸偏大增加开挖量从而造成浪费，还会引起冲刷，而且由于渠道水位偏低造成次级渠道的进水困难。人工渠道的断面形状一般是规则的，其糙率可根据渠道的流量、材料、施工质量、养护情况及使用时间的长短，参考表 6-9～表 6-11 选用。对一些特殊的大型水利工程，其糙率值也可通过现场观测与模型实验确定。

2. 天然河道的糙率

大量的实际观测资料表明，影响天然河道糙率有河床本身的因素，包括河床泥沙颗粒的大小，是淤泥、沙粒，还是卵石、石块；河道的形态包括断面的不规则性及其沿流程变化、河道的弯曲程度，床面凸凹情况及有无深潭、石梁、人工建筑物；河床两侧的植被种类、高低、茂密状况等。还有河道中的水流因素，包括水位高低、流量大小、洪水涨落等。在多泥

沙的河道中,糙率还与含沙量的大小有关。水利水电部门常用的天然河道的糙率 n 值见表 6-12。

表 6-9　土渠的糙率

渠道流量(m^3/s)	渠槽特征	灌溉渠道	泄(退)水渠道
>20	平整顺直,养护良好	0.020 0	0.022 5
	平整顺直,养护一般	0.022 5	0.025 0
	渠床多石,杂草丛生,养护较差	0.025 0	0.022 5
20~1	平整顺直,养护良好	0.022 5	0.025 0
	平整顺直,养护一般	0.025 0	0.027 5
	渠床多石,杂草丛生,养护较差	0.027 5	0.033 0
<1	渠床弯曲,养护一般	0.025 0	0.027 5
	支渠以下的固定渠道	0.027 5	0.030 0
	渠床多石,杂草丛生,养护较差	0.030 0	0.035 0

表 6-10　石渠糙率

渠槽表面特征	糙率	渠槽表面特征	糙率
经过良好修整	0.025 0	经过中等修整、有凸出部分	0.033 0
经过中等修整、无凸出部分	0.030 0	未经修整、有凸出部分	0.035 0~0.045 0

表 6-11　防渗衬砌渠道的糙率

防渗衬砌结构类别及特征		糙率
黏土、黏砂混合土、膨润混合土	平整顺直,养护良好	0.022 5
	平整顺直,养护一般	0.025 0
	平整顺直,养护较差	0.027 5
灰土、三合土、四合土	平整,表面光滑	0.015 0~0.017 0
	平整,表面较粗糙	0.018 0~0.020 0
水泥土	平整,表面光滑	0.014 0~0.016 0
	平整,表面较粗糙	0.016 0~0.018 0
砌石	浆砌料石、石板	0.015 0~0.023 0
	浆砌块石	0.020 0~0.025 0
	干砌块石	0.025 0~0.033 0
	浆砌卵石	0.023 0~0.027 5
	干砌卵石、砌工良好	0.025 0~0.032 5
	干砌卵石、砌工一般	0.027 5~0.037 5
	干砌卵石、砌工粗糙	0.032 5~0.042 5

防渗衬砌结构类别及特征		糙率
沥青混凝土	机械现场浇筑,表面光滑	0.012 0~0.014 0
	机械现场浇筑,表面粗糙	0.015 0~0.017 0
	预制板砌筑	0.016 0~0.018 0
混凝土	抹光的水泥砂浆面	0.012 0~0.013 0
	金属板浇筑,平整顺直,表面光滑	0.012 0~0.014 0
	刨光木板浇筑,表面一般	0.015 0
	表面粗糙,缝口不齐	0.017 0
	修整及养护较差	0.018 0
	预制板砌筑	0.016 0~0.018 0
	预制渠槽	0.012 0~0.016 0
	平整的喷浆面	0.015 0~0.016 0
	不平整的喷浆面	0.017 0~0.018 0
	波状断面的喷浆面	0.018 0~0.025 0

表 6-12　河道的糙率

河道类型及状况	糙率 n 值		
	最小值	正常值	最大值
第一类　小河(洪水期水面宽小于 30 m)			
1. 平原河流			
1)清洁,顺直,无沙滩,无深潭	0.025	0.030	0.033
2)清洁,顺直,无沙滩,无深潭,多石,多草	0.030	0.035	0.040
3)清洁,弯曲,有深潭和浅滩	0.033	0.040	0.045
4)清洁,弯曲,有深潭和浅滩,有些杂草及乱石	0.035	0.045	0.050
5)清洁,弯曲,有深潭和浅滩,有些杂草及乱石,水深较浅,底坡多变,回流较多	0.040	0.048	0.055
6)清洁,弯曲,有深潭和浅滩,有些杂草及乱石,但较多卵石	0.045	0.050	0.060
7)多滞流河段,多草,有深潭	0.050	0.070	0.080
8)多丛草河段,多深潭,或林木滩地上的过洪	0.075	0.100	0.150
2. 山区河流(河槽无草树,河段较陡。岸坡树丛过洪时淹没)			
1)河底:砾石、卵石及少许孤石	0.030	0.040	0.050
2)河底:卵石和大孤石	0.040	0.050	0.070
第二类　大河(汛期水面宽度大于 30 m)			
1. 断面比较规整,无孤石或丛木	0.025		0.060
2. 断面不规整,床面粗糙	0.035		0.100
第三类　洪水时期滩地漫流			
1. 草地,无丛木			
1)短草	0.025	0.030	0.035
2)长草	0.030	0.035	0.050
2. 耕地			
1)未熟禾稼	0.020	0.030	0.040
2)已熟成行禾稼	0.025	0.035	0.045
3)已熟密植禾稼	0.030	0.040	0.050
3. 矮丛木			
1)稀疏,多杂草	0.035	0.050	0.070
2)不密,夏季情况	0.040	0.060	0.080
3)茂密,夏季情况	0.070	0.100	0.160
4. 丛木			
1)平整田地	0.030	0.040	0.050
2)平整田地,干树多新枝	0.050	0.060	0.080
3)密林,树下多植物,洪水位在枝下	0.080	0.100	0.120
4)密林,树下多植物,洪水位淹没树枝	0.100	0.120	0.160

3. 渠道的综合糙率

在水利工程中，有时为了满足特殊地形条件和地质条件的要求，渠底和边壁要采用不同的材料。因此，断面湿周各部分的糙率是不同的。如图 6-7 所示，依山开挖某渠道，边坡一边是混凝土衬砌，一边是浆砌石衬砌，底部则为原天然土壤，且断面是不对称的。对这些渠道进行水力计算时，要先求出各部分的综合糙率 n_e，再进行其他水力计算。

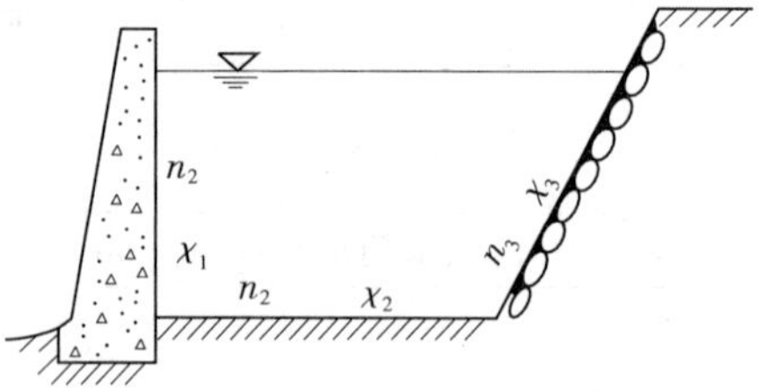

图 6-7　复合型渠道断面

综合糙率 n_e 与各部分的糙率 $n_1, n_2, \cdots$，以及其相应的湿周 $\chi_1, \chi_2, \cdots$ 有关。

当渠道底部的糙率小于侧壁的糙率时，可按式(6-24)计算。

$$n_e = \sqrt{\frac{n_1^2\chi_1 + n_2^2\chi_2 + n_3^2\chi_3}{\chi_1 + \chi_2 + \chi_3}} \tag{6-24}$$

一般情况下，n_e 也可以用加权平均法估算，即

$$n_e = \frac{n_1\chi_1 + n_2\chi_2 + n_3\chi_3}{\chi_1 + \chi_2 + \chi_3} \tag{6-25}$$

四、复式断面渠道的水力计算

复式断面多用于流量变化比较大的渠道中。如图 6-8 所示，这种渠道在小流量时，水流由主槽部分通过，只有在流量较大时，两边滩地才过水。因此，主槽和滩地的糙率常是不同的，天然河道也属于这种情况。

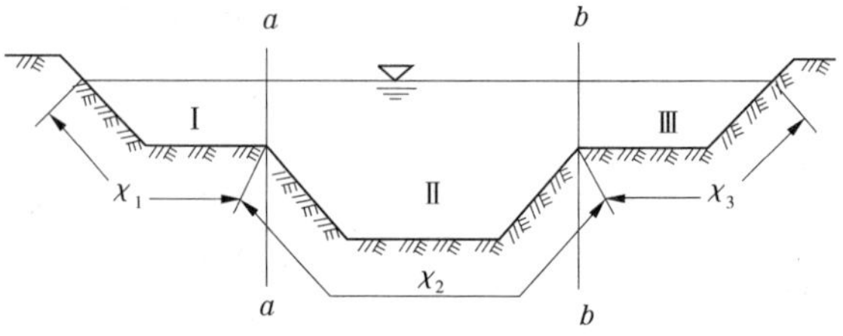

图 6-8　复式断面

复式断面一般不规则，断面周界上糙率也不同，计算时若将整个断面作为一个整体考虑，得出的结果与实际水流是有误差的。通常采用的是近似计算，用垂线将断面分为几个部分，分别计算每部分的流速或流量，最后相加得到总流的流量。

如图 6-8 所示的复式断面，利用垂线 $a—a$ 和 $b—b$ 将断面分为Ⅰ、Ⅱ、Ⅲ 等 3 部分，每一部分的流量为

$$\left.\begin{aligned} Q_1 &= A_1C_1\sqrt{R_1 i} = K_1\sqrt{i} \\ Q_2 &= A_2C_2\sqrt{R_2 i} = K_2\sqrt{i} \\ Q_3 &= A_3C_3\sqrt{R_3 i} = K_3\sqrt{i} \end{aligned}\right\} \tag{6-26}$$

总流量为

$$Q = Q_1 + Q_2 + Q_3 = (K_1 + K_2 + K_3)\sqrt{i} \tag{6-27}$$

【例 6-9】 一复式断面渠道,各部分尺寸如图 6-9 所示。渠道底坡 $i=0.000\ 25$,主槽部分糙率 $n_1=0.02$,边滩部分糙率 $n_2=0.025$,各部分边坡系数都为 1.0,试求渠道所通过的流量。

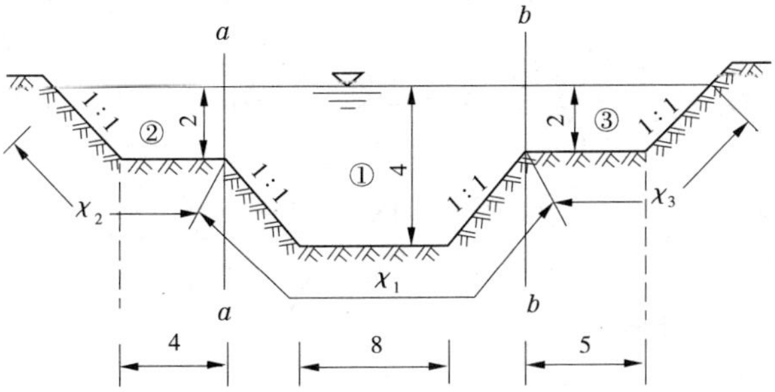

图 6-9　例 6-9 图(单位:m)

解:用垂线将断面分成:①主槽、②左边滩和③右边滩 3 部分,分别计算每部分的水力要素和泄流量。

(1)第①部分(主槽):

面积　$A_1 = (8 + 1 \times 2 \times 2) \times 2 + (8 + 1 \times 2) \times 2 = 44(\mathrm{m}^2)$

湿周　$\chi_1 = 8 + 2 \times 2\sqrt{1 + 1^2} = 13.66(\mathrm{m})$

水力半径　$R_1 = \dfrac{A_1}{\chi_1} = \dfrac{44}{13.66} = 3.22(\mathrm{m})$

谢才系数　$C_1 = \dfrac{1}{n} R_1^{\frac{1}{6}} = \dfrac{1}{0.02} \times 3.22^{\frac{1}{6}} = 60.76(\mathrm{m}^{\frac{1}{2}}/\mathrm{s})$

流量　$Q_1 = A_1 C_1 \sqrt{R_1 i} = 44 \times 60.76 \times \sqrt{3.22 \times 0.000\ 25} = 75.9(\mathrm{m}^3/\mathrm{s})$

(2)第②部分(左边滩):

面积　$A_2 = (4+1\times2+4) \times \dfrac{2}{2} = 10(\mathrm{m}^2)$

湿周　$\chi_2 = 4+2\sqrt{1+1^2} = 6.83(\mathrm{m})$

水力半径　$R_2 = \dfrac{A_2}{\chi_2} = \dfrac{10}{6.83} = 1.46(\mathrm{m})$

谢才系数　$C_2 = \dfrac{1}{n} R_2^{\frac{1}{6}} = \dfrac{1}{0.025} \times 1.46^{\frac{1}{6}} = 42.60(\mathrm{m}^{\frac{1}{2}}/\mathrm{s})$

流量　$Q_2 = A_2 C_2 \sqrt{R_2 i} = 10 \times 42.60 \times \sqrt{1.46 \times 0.000\ 25} = 8.1(\mathrm{m}^3/\mathrm{s})$

(3)第③部分(右滩地):

面积　$A_3 = (5+1\times2+5) \times \dfrac{2}{2} = 12(\mathrm{m}^2)$

湿周　$\chi_3 = 5+2\sqrt{1+1^2} = 7.83(\mathrm{m})$

水力半径　$R_3=\frac{A_3}{\chi_3}=\frac{12}{7.83}=1.53(\mathrm{m})$

谢才系数　$C_3=\frac{1}{n}R_3^{\frac{1}{6}}=\frac{1}{0.025}\times 1.53^{\frac{1}{6}}=42.94(\mathrm{m}^{\frac{1}{2}}/\mathrm{s})$

流量　$Q_3=A_3C_3\sqrt{R_3 i}=12\times 42.94\times\sqrt{1.53\times 0.00025}=10.1(\mathrm{m}^3/\mathrm{s})$

(4)总流量为

$$Q=Q_1+Q_2+Q_3=75.9+8.1+10.1=94.1(\mathrm{m}^3/\mathrm{s})$$

小　结

1. 明渠断面水力要素计算。
2. 明渠均匀流的主要特征及产生条件。
3. 明渠均匀流的水力计算(包括流速、流量、底坡、断面尺寸、糙率等的确定)。

计算公式：$Q=AC\sqrt{Ri}$。

4. 明渠水力计算中的几个问题。

(1)水力最佳断面：梯形水力最佳断面的宽深比公式 $\beta_m=\frac{b}{h}=2\left(\sqrt{1+m^2}-m\right)$

(2)渠道的平均流速，应小于不冲允许流速 v'，大于不淤允许流速 v''，即

$$v''<v<v'$$

(3)渠道的综合糙率 $n_e=\sqrt{\frac{n_1^2\chi_1+n_2^2\chi_2+n_3^3\chi_3}{\chi_1+\chi_2+\chi_3}}$

(4)复式断面渠道的水力计算：通常采用的是近似计算，用垂线将断面分为几个部分，分别计算每部分的流速或流量，最后相加得到总流的流量。

习　题

6-1　明渠水流的特点是什么？有什么特性？

6-2　明渠均匀流的渠底坡度 i、水面坡度 J_z、水力坡度 J 有什么关系？

6-3　产生明渠均匀流，渠道必须满足哪些条件？平坡和逆坡渠道上能产生均匀流吗？

6-4　一正坡棱柱体渠道，根据生产的要求，需加大输水能力，可采取哪些措施？

6-5　选择渠道糙率时需要注意哪些方面？糙率选得大了，设计出来的渠道断面是大还是小？会产生什么后果？

6-6　水力最佳断面有什么优点？渠道的断面设计是否都应按水力最佳断面设计？

6-7　一梯形断面渠道，底坡 $i=0.008$，糙率 $n=0.030$，边坡系数 $m=1.0$，底宽 $b=2.0$ m，水深 $h=1.2$ m，求此渠道的流速和流量。

6-8　一半圆混凝土U形渠槽(见图6-10)，宽1.2 m，渠道底坡 $i=0.001$，糙率 $n=$

0.018。当槽内均匀流水深为 0.8 m 时，求此渠槽的过水能力。

6-9　某干渠为梯形土渠，通过流量 $Q=35\ m^3/s$，边坡系数 $m=1.5$，底坡 $i=0.000\ 2$，糙率 $n=0.018$。试按水力最佳断面原理设计渠道断面。

6-10　有一环山渠道如图 6-11 所示，底坡 $i=0.002\ 5$。靠山一边按 1:0.5 的边坡开挖，$n_1=0.030$；另一边为直立的混凝土边墙，$n_2=0.017$；渠底宽度 $b=2.0m$，$n_3=0.020$。试求水深 $h=1.5$ m 时输送的流量。

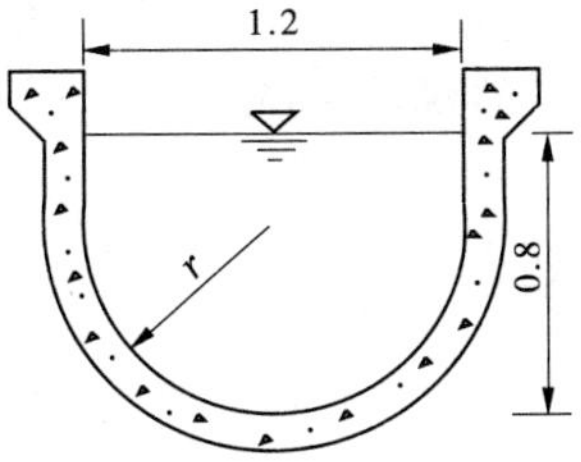

图 6-10　（单位：m）

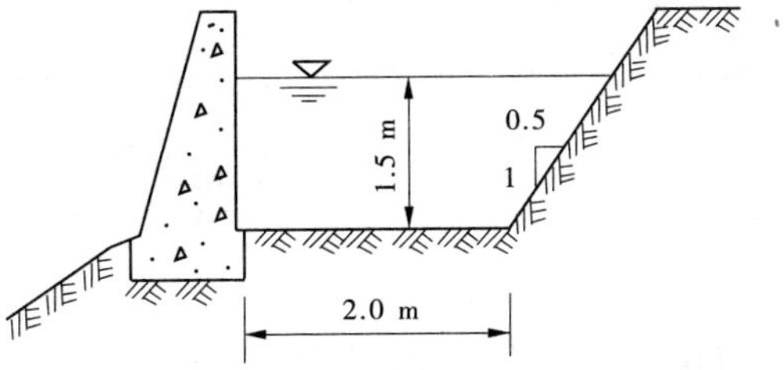

图 6-11

6-11　一复式断面河道，各部分尺寸及洪水水位如图 6-12 所示。河道底坡 $i=0.000\ 1$，主河槽糙率 $n_1=0.020$，滩地糙率 $n_2=0.017$。求洪水流量。

6-12　已知矩形渠道底宽 $b=8.0$ m，底坡 $i=1/2\ 000$，测得渠道为均匀流时的流量 $Q=20\ m^3/s$，水深 $h_0=1.6$ m，试计算渠道糙率 n。

6-13　一条黏土渠，需要输送的流量 $Q=3.0\ m^3/s$，初步确定渠道底坡 i 取 1/1 500，边坡系数 $m=1.5$，糙率 $n=0.025$，底宽 $b=2.0$ m，试用试算法和图解法求渠中的正常水深，并校核渠中流速。

6-14　某梯形灌溉土质渠道，按均匀流设计。选定底坡 $i=0.002$，边坡系数 $m=1.5$，糙率 $n=0.017$，渠道设计流量 $Q=6.0\ m^3/s$，并选定水深 $h_0=0.9$ m，试设计渠道的底宽 b。

6-15　渠道的流量 $Q=30.0\ m^3/s$，底坡 $i=0.01$，边坡系数 $m=1.5$，糙率 $n=0.025$。已知 $\beta_m=1.5$，求水深 h_0 和底宽 b。

6-16　有一混凝土圆形排水管道如图 6-13 所示，糙率 $n=0.013$，半径 $R=2.0$ m 管中均匀流水深为 2.5 m，要求通过设计流量 $Q=5\ m^3/s$，试求管道底坡。

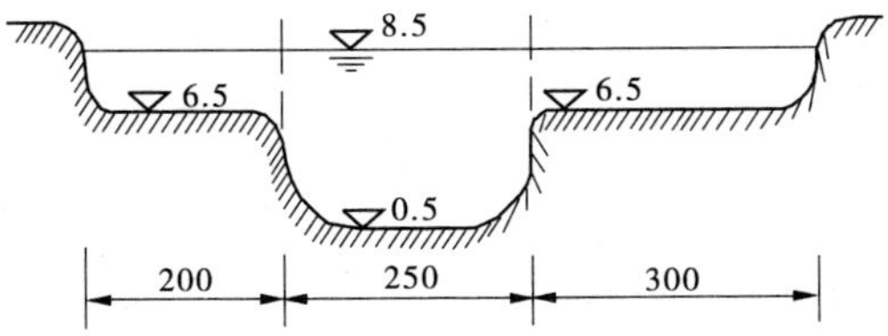

图 6-12　（单位：m）

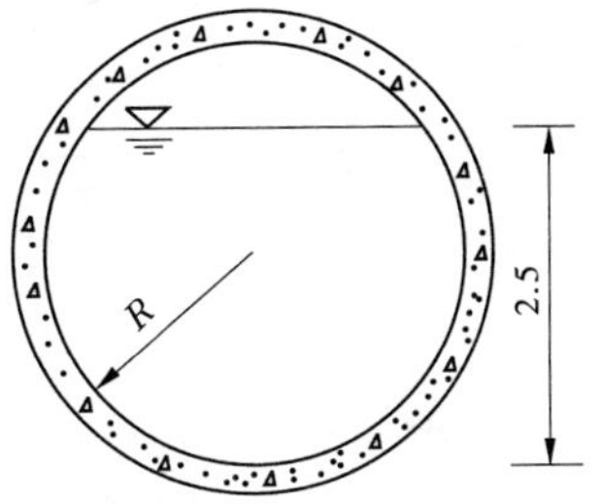

图 6-13　（单位：m）

第七章 明渠恒定非均匀流

【学习要求】 理解明渠恒定非均匀流的特征及产生条件;熟悉弗劳德数、临界底坡、水跌、水跃等概念;掌握明渠水流的三种流态及其判别方法、临界水深的水力计算、矩形断面棱柱体平底明渠中共轭水深的水力计算;了解断面单位能量与水深之间的关系、水跃消能率与跃前断面弗劳德数之间的关系,以及计算水跃长度常用的经验公式。

第一节 概 述

一、明渠非均匀流的产生

明渠均匀流既是等速流,亦是等深流,只能发生在断面形状、尺寸、底坡和粗糙率均沿程不变的长直渠道中,而且要求渠道上没有修建任何对水流干扰的水工建筑物。现实生活中,常常需要在河渠上架桥、设涵、筑坝、建闸和设立跌水建筑物等,如图 7-1 所示,这些水工建筑物的兴建,破坏了河渠均匀流发生的条件,造成了流速、水深的沿程变化,从而产生了非均匀流动。

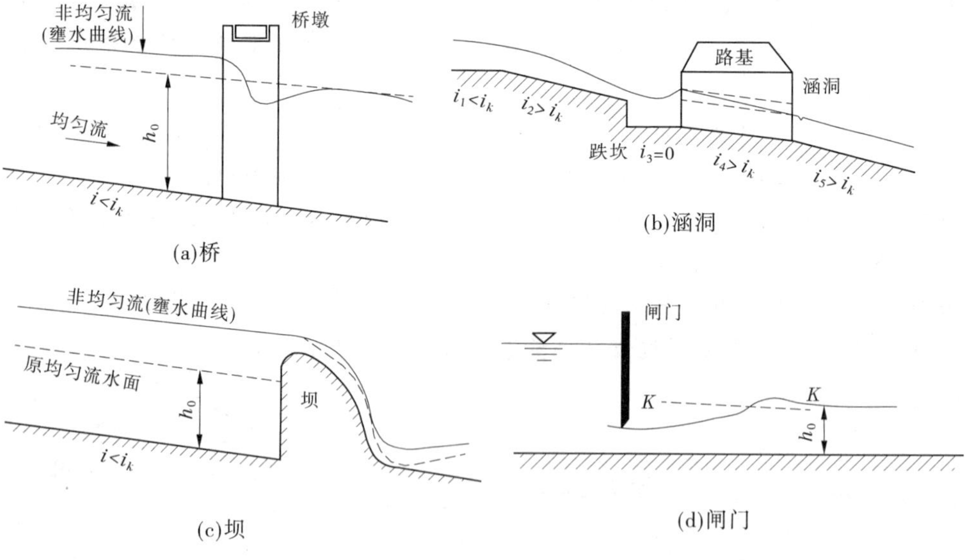

图 7-1 渠道上常见水工建筑物

除上述人类活动因素的影响外,还受自然地质条件因素的影响,河渠中过水断面的大小及河床底坡也经常变化,这也是明渠水流产生非均匀流动的原因之一。

二、明渠非均匀流的特征

由于明渠非均匀流的水流重力在流动方向上的分力(推力)与阻力不平衡,导致其水流特征与明渠均匀流有明显不同。

(一)明渠均匀流的水流特征

(1)流速、水深沿程不变。

(2)水面线为平行于底坡的直线。

(3)水力坡度 J、水面坡度 J_p 及渠道底坡 i 彼此相等。

(二)明渠非均匀流的水流特征

(1)流速和水深沿程都发生变化。

(2)水面线一般为曲线(称为水面曲线)。

(3)水力坡度 J、水面坡度 J_P 及渠道底坡 i 互不相等,如图 7-2 所示。

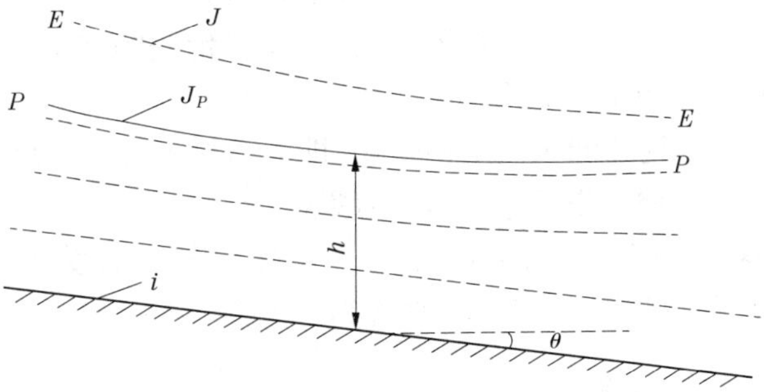

图 7-2　明渠恒定非均匀流水中 J、J_P、i 示意图

第二节　明渠水流的三种流态及其判别

一、明渠水流的三种流态

明渠水流流速一般处于紊流状态,随着水流速度的缓、急程度不同,明渠水流又分为缓流、急流和临界流三种流态。

在静止的湖面上铅垂向下投一石子,湖面将会产生一个干扰波,这个干扰波以石子的着水点为中心,以一定的速度向四周传播,使湖面上形成一连串同心圆的波形,如图 7-3(a)所示。干扰波在静水中传播的波速称为干扰波波速,用 c 表示。

在流动的水中铅垂向下投一石子,则干扰波在流速为 v 的水流作用下将会出现以下三种情况:

(1)当 $v<c$ 时,干扰波以 $c-v$ 的速度向上游传播,以 $c+v$ 的速度向下游传播,如图 7-3(b)所示。

(2)当 $v=c$ 时,干扰波向上游传播的速度为 0,向上游传播的波形始终停留在波源处,故不向上游传播,同时以 $2c$ 的速度向下游传播,如图 7-3(c)所示。

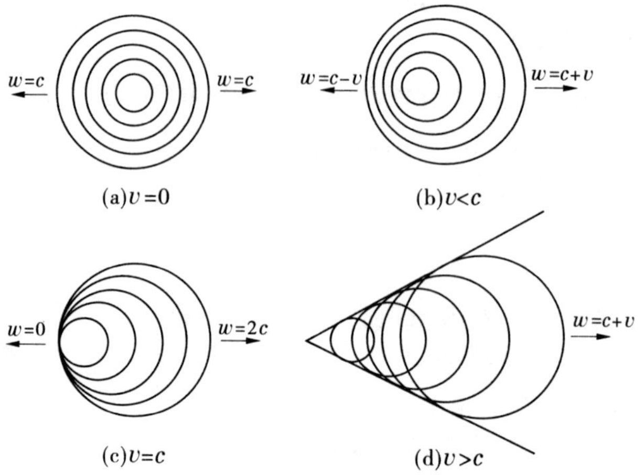

图 7-3　干扰波传播方向

(3)当 $v>c$ 时,干扰波不能向上游传播,因向上游传播的波形被冲向下游,而向下游传播的速度仍是 $c+v$, 如图 7-3(d)所示。

在水力学研究中,干扰波能否向上游传播,即为明渠水流三种流态的划分依据。

当 $v<c$ 时,干扰波能向上游传播,水流为缓流。

当 $v=c$ 时,干扰波不能向上游传播,且处于临界状态,水流为临界流。

当 $v>c$ 时,干扰波不能向上游传播,水流为急流。

二、明渠水流流态的判别

(一)干扰波的波速

要判别水流的流态,不仅需要知道水流的断面平均流速 v, 还必须求出干扰波的波速 c。

图 7-4(a)为一矩形平底棱柱体明渠,渠内水流处于静止状态,水深为 h。若用一竖直薄板 N—N 以一定的速度向左移动一下,则在薄板的左侧产生一个波高为 Δh 的微小波动,如图 7-4(b)所示。干扰波以速度 c 向左移动,若忽略摩擦阻力的影响,则干扰波将传播到无限远处。今观察者以波体为参照物,随波前进,则看到的不是干扰波自右向左运动,而是水流以波速 c 自左向右流动,就像人坐在火车车厢内看到窗外的树木、电线杆等物体向后运动一样。因此,静水中推动薄板引起水流波动的传播现象,在随波前进的观察者眼中,变成以波速 c 自左向右流动、水深由 h 增加到 $h+\Delta h$ 的明渠恒定非均匀流了。

今以渠底为基准面,取波前和波上两个过水断面 1—1 和 2—2,如图 7-4(c)所示。断面 1—1 的水深为 h,流速为 c,断面 2—2 的水深为 $h+\Delta h$,流速为 v_2。

由连续性方程

$$hc=(h+\Delta h)v_2$$

得

$$v_2=\frac{hc}{h+\Delta h}$$

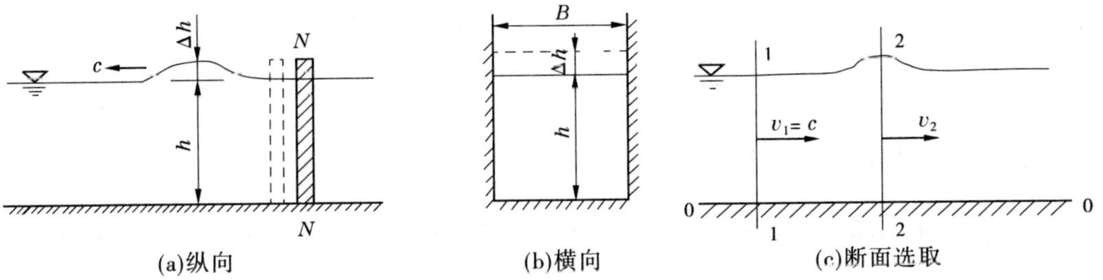

图 7-4　干扰波传播示意图

若不计摩擦阻力，则由能量方程得

$$h + \frac{\alpha_1 c^2}{2g} = h + \Delta h + \frac{\alpha_2 v_2^2}{2g}$$

将 $v_2 = \dfrac{hc}{h + \Delta h}$ 代入上式，并取 $\alpha_1 = \alpha_2 = 1.0$，得

$$c = \sqrt{\frac{2g(h + \Delta h)^2}{2h + \Delta h}}$$

对于波高很小的微波，由于 $\Delta h \ll h$，Δh 可不计，上式可简化为

$$c = \sqrt{gh} \tag{7-1}$$

式(7-1)即为矩形断面明渠中干扰波波速的计算公式。

对于图 7-4(c)，当明渠水流的过水断面为任意形状时，其过水断面面积为 A，水面宽度为 B，平均水深 $\overline{h} = \dfrac{A}{B}$ 时，则该明渠水流中干扰波的相对波速 c 为

$$c = \sqrt{g\overline{h}} \tag{7-2}$$

由式(7-1)和式(7-2)可以看出，干扰波的相对波速 c 随断面平均水深 $\overline{h}$ 的增加而变大，与平均水深的平方根成正比。

因此，明渠水流三种流态的判别式如下：

当 $v < \sqrt{g\overline{h}}$ 时，水流为缓流。

当 $v = \sqrt{g\overline{h}}$ 时，水流为临界流。

当 $v > \sqrt{g\overline{h}}$ 时，水流为急流。

(二)弗劳德数 Fr

在水力学研究中，通常以水流流速和干扰波波速的比值作为流态的判别数，称为弗劳德数，用符号 Fr 表示。

$$Fr = \frac{v}{c} = \frac{v}{\sqrt{g\overline{h}}} \tag{7-3}$$

弗劳德数是一个无量纲数，是水力学中一个极其重要的判别数。为了理解其物理意义，可以将弗劳德数 Fr 的表达式改写为

$$Fr = \frac{v}{\sqrt{g\bar{h}}} = \sqrt{\frac{2\frac{v^2}{2g}}{\bar{h}}} \tag{7-4}$$

由式(7-4)可看出,弗劳德数 Fr 反映了过水断面上单位重量液体所具有的平均动能 $\frac{v^2}{2g}$ 和平均势能 $\bar{h}$ 之比。当 $Fr=1$ 时,则 $2\frac{v^2}{2g}=\bar{h}$,即水流的平均势能正好等于平均动能的 2 倍,水流为临界流;当 $Fr>1$ 时,水流的平均势能小于 2 倍的平均动能,水流为急流;当 $Fr<1$ 时,水流的平均势能大于 2 倍的平均动能,水流为缓流。

弗劳德数的物理意义还可以通过量纲分析来认识:

惯性力的量纲可表示为 $[F]=[M]\cdot[a]=[\rho L^3]\cdot[LT^{-2}]=[\rho L^3 v^2]$

重力的量纲表示为 $[G]=[M]\cdot[g]=[\rho L^3]\cdot[g]=[\rho L^3 g]$

$$\left[\frac{F}{G}\right]^{1/2} = \left[\frac{\rho L^2 v^2}{\rho L^3 g}\right]^{1/2} = \left[\frac{v}{\sqrt{gL}}\right]$$

这个比值的量纲式与弗劳德数的量纲式相同,所以通过量纲分析可以看出,弗劳德数表示了水流的惯性力与重力作用的对比关系。当水流中惯性力的作用与流体的重力作用相比占优势时,则为急流;反之,重力作用占优势时,流动为缓流;当两者达到某种平衡状态时,流动为临界流。

因此,明渠水流三种流态的判别式如下:

当 $Fr<1$, $v<\sqrt{g\bar{h}}$ 时,水流为缓流。

当 $Fr=1$, $v=\sqrt{g\bar{h}}$ 时,水流为临界流。

当 $Fr>1$, $v>\sqrt{g\bar{h}}$ 时,水流为急流。

【例 7-1】 一条长直的矩形断面渠道,渠底宽 2 m,水深 1.5 m,渠道中通过的流量 $Q=3.0\ m^3/s$,试求干扰波波速 c、弗劳德数 Fr,并判别渠道中水流的流态。

解:矩形断面的平均流速 v:

$$v = \frac{Q}{A} = \frac{Q}{bh} = \frac{3.0}{2\times 1.5} = 1.00(m/s)$$

干扰波波速 c:

$$c = \sqrt{gh} = \sqrt{9.8\times 1.5} = 3.83(m/s)$$

弗劳德数 Fr:

$$Fr = \frac{v}{c} = \frac{1.00}{3.83} = 0.26$$

因为 $Fr<1$,故水流为缓流。

(三)断面单位能量(断面比能)

1. 定义

单位重量的液体所具有的位能、压能和动能之和称为总机械能,以 E 表示,位能的大小与基准面的位置有关,若将基准面选在断面最低点,单位液体所具有的机械能称为断面单位能量,或断面比能,以 e 表示。

在明渠渐变流中任取一过水断面,设最低点的水深为 h,断面平均流速为 v,如图 7-5 所示,以 0—0 为基准面,以水面为代表点,则过水断面上水流的单位重量液体所具有的总机械能 E 为

$$E = z_0 + h + \frac{\alpha v^2}{2g} \tag{7-5}$$

以过水断面最低点的 0′—0′平面为基准面,以水面为代表点,则水流的断面单位能量 e 为

$$e = h + \frac{\alpha v^2}{2g} \tag{7-6}$$

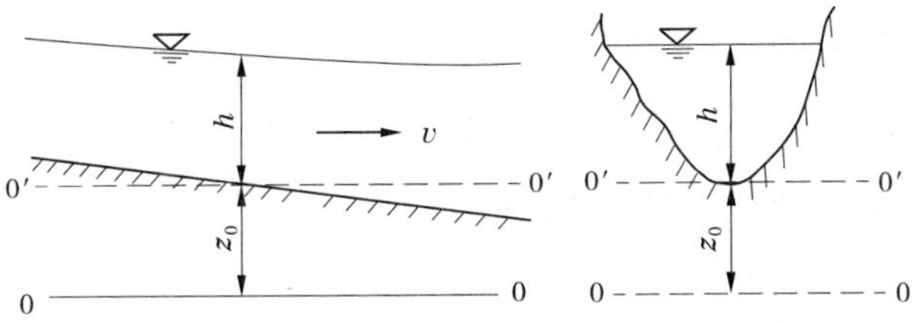

图 7-5 断面单位能量基准面位置示意图

2. 断面总机械能与断面单位能量的区别

计量水流断面的总机械能时,整个流程中不同断面均用同一基准面,如图 7-6(a)所示,总机械能 E 始终是沿流程减小的。

计量断面单位能量时,基准面的位置沿流程发生变化,如图 7-6(b)所示,不同断面采用的基准面不同,均以通过各自断面最低点的平面为基准面,因此断面单位能量 e 沿流程可能减小、增加或不变。

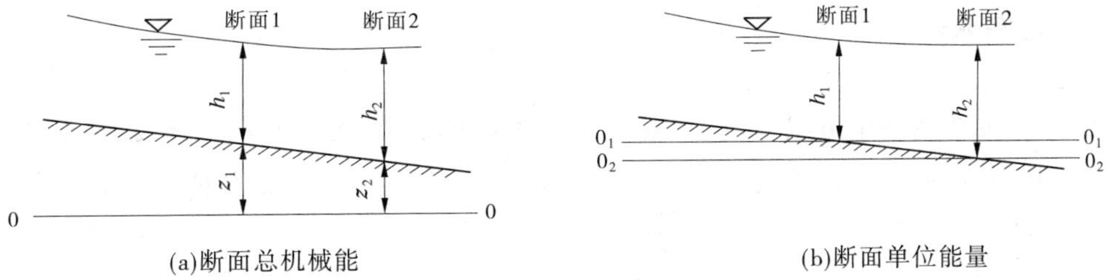

图 7-6 不同断面基准面位置对比图

3. h—e 关系曲线

利用 $v = \frac{Q}{A}$,可将式(7-6)改写为

$$e = h + \frac{\alpha Q^2}{2gA^2} \tag{7-7}$$

由式(7-7)可以看出,断面单位能量的大小与断面形状、尺寸、水深和流量有关。当流

量和渠道的过水断面的形状、尺寸一定时，断面单位能量 e 为水深 h 的函数，即 $e=f(h)$，以水深 h 为纵坐标，以断面单位能量 e 为横坐标，可以绘制 h—e 关系曲线，断面单位能量沿程随水深的变化规律可以通过 h—e 曲线来表示。

当水深 $h\to 0$ 时，断面面积 $A\to 0$，流速水头 $\frac{\alpha Q^2}{2gA^2}\to+\infty$，则断面单位能量 $e\to+\infty$，因此 h—e 曲线以横坐标为第一条渐近线；当水深 $h\to+\infty$ 时，断面面积 $A\to+\infty$，流速水头 $\frac{\alpha Q^2}{2gA^2}\to 0$，此时断面单位能量 $e\approx h\to+\infty$，因此 h—e 曲线以通过坐标原点与横坐标轴成45°夹角的直线为第二条渐近线。因为 $e=f(h)$ 为连续函数，并且水深 h 从 0 增加到 $+\infty$ 时，断面单位能量 e 从 $+\infty$ 先减小，而后再增大到 $+\infty$，故中间必有一拐点，拐点所对应的断面单位能量为最小值。

综上所述，绘制 h—e 关系曲线如图 7-7 所示。由图 7-7 可以看出，h—e 关系曲线有两条渐近线和一个拐点 k，拐点 k 将曲线分为上、下两支。通过求导计算可得出拐点 k 处 $Fr=1$，水流为临界流；曲线上支随水深 h 增加，断面单位能量增大，此时 $Fr<1$，水流为缓流状态；曲线下支随水深 h 增加，断面单位能量减小，此时 $Fr>1$，水流为急流状态。

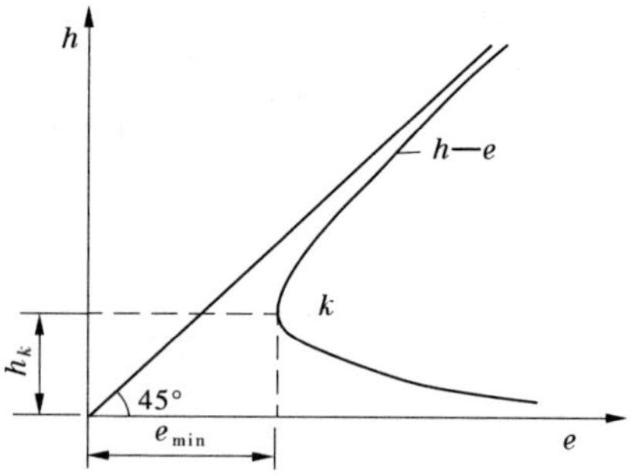

图 7-7　h—e 关系曲线

因此，明渠水流三种流态通过 h—e 关系曲线的判别方法如下：

当位于曲线上支时，$h>h_k, F_r<1$，水流为缓流。

当位于拐点处时，$h=h_k, F_r=1$，水流为临界流。

当位于曲线下支时，$h<h_k, F_r>1$，水流为急流。

(四) 临界水深

1. 定义

从 h—e 关系曲线中可以看出，相对于任一可能的 e 值，可以有两个水深 h_1 和 h_2，但当 $e=e_{min}$ 时，只有一个水深值与之对应，我们将断面单位能量取得最小值时的唯一水深称为临界水深，用 h_k 表示。

2. 计算公式

临界水深 h_k 处的断面单位能量最小，故求出 $e=f(h)$ 的极小值，所对应的水深便是临界水深 h_k。

将断面单位能量 e 的表达式(7-7)对水深求导，得

$$\frac{\mathrm{d}e}{\mathrm{d}h}=\frac{\mathrm{d}}{\mathrm{d}h}\left(h+\frac{\alpha Q^2}{2gA^2}\right)=1-\frac{\alpha Q^2}{gA^3}\frac{\mathrm{d}A}{\mathrm{d}h} \tag{7-8}$$

式中，$\mathrm{d}A/\mathrm{d}h$ 为过水断面 A 由于水深 h 的变化而引起的变化率，它恰等于水面宽度 B，即 $B=\frac{\mathrm{d}A}{\mathrm{d}h}$，如图 7-8 所示。代入式(7-8)得

$$\frac{\mathrm{d}e}{\mathrm{d}h}=1-\frac{\alpha Q^2}{g}\frac{B}{A^3} \tag{7-9}$$

为求 $e=e_{\min}$ 时的水深 h_k，令 $\frac{\mathrm{d}e}{\mathrm{d}h}=0$，得

$$\frac{\alpha Q^2}{g}=\frac{A_k^3}{B_k} \tag{7-10}$$

式中 B_k——过水断面水深为临界水深 h_k 时的水面宽度；

A_k——过水断面水深为临界水深 h_k 时的过水断面面积。

式(7-10)为临界水深的一般表达式，它是在任意形状断面条件下推导出来的。式(7-10)等号左边是已知量，右边 B_k 及 A_k 为相应临界水深 h_k 的水力要素，均是 h_k 的函数，故可以通过该式计算出临界水深 h_k 的值。

由式(7-10)可知，临界水深 h_k 的大小仅取决于流量 Q 和过水断面的形状、大小，而与明渠的底坡 i 、糙率 n 无关。

3. 不同断面形式下临界水深的计算方法

1）任意形状断面渠道临界水深的计算方法：试算法

对于任意形状的断面，式(7-10)是临界水深的隐函数形式，常采用试算法求解，具体步骤如下：

（1）根据流量 Q 计算 $\frac{\alpha Q^2}{g}$ 的值。

（2）对于给定的断面，假定一系列 h 值，并依次计算出相应的 A、B 和 $\frac{A^3}{B}$ 的值(要求已知值 $\frac{\alpha Q^2}{g}$ 在算出的几个 $\frac{A^3}{B}$ 值的范围之内)。

（3）以 $\frac{A^3}{B}$ 为横坐标，以 h 为纵坐标，绘制 $h—\frac{A^3}{B}$ 关系曲线，如图 7-9 所示。

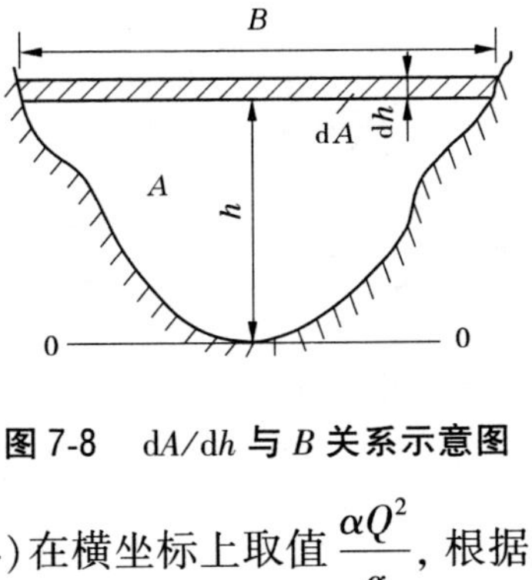

图 7-8 dA/dh 与 B 关系示意图

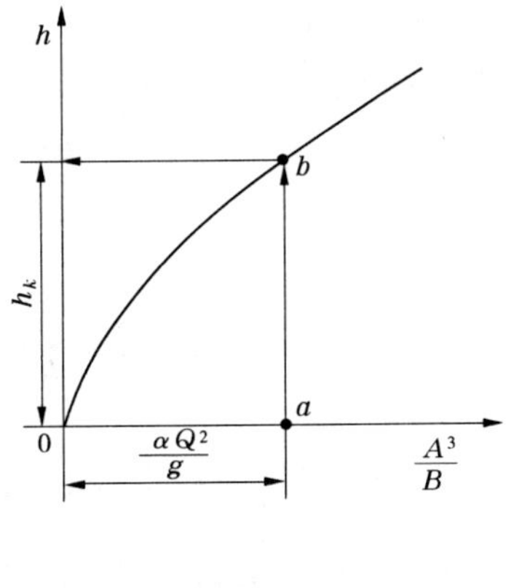

图 7-9 $h—\frac{A^3}{B}$ 关系曲线

（4）在横坐标上取值 $\frac{\alpha Q^2}{g}$，根据 $h—\frac{A^3}{B}$ 关系曲线找到对应的 h 值即为临界水深 h_k。

2）等腰梯形、圆形断面渠道临界水深的计算方法：图解法

两侧边坡相等的等腰梯形断面及圆形断面是水利工程中最常见的渠道断面，这两种断面的临界水深可以利用附录Ⅲ图解法求解，该图的横坐标为 $\frac{Q}{b^{5/2}}$（或$\frac{Q}{d^{5/2}}$），纵坐标为 $\frac{h_k}{b}$（或$\frac{h_k}{d}$），边坡系数 m 为参变量。图解法的具体步骤如下：

（1）根据流量 Q、梯形底宽 b（或圆直径 d），计算 $\frac{Q}{b^{5/2}}$（或 $\frac{Q}{d^{5/2}}$）的值。

（2）在附录Ⅲ中的横坐标上找到相应于 $\frac{Q}{b^{5/2}}$（或$\frac{Q}{d^{5/2}}$）的值的点 c。

（3）通过 c 点作垂线交已知 m 值（或圆形）的曲线一点 k，如图 7-10 所示。

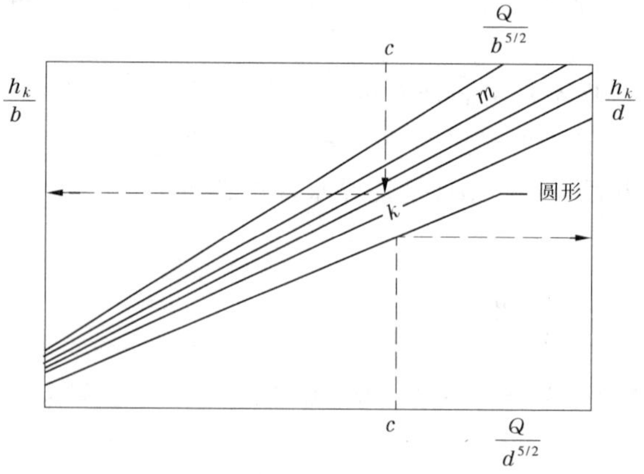

图 7-10　等腰梯形、圆形断面明渠临界水深求解示意图

（4）在图中找到 k 点的纵坐标，并与梯形底宽 b（或圆直径 d）相乘，两者之积即为临界水深 h_k。

3）矩形断面渠道临界水深的计算方法：公式法

对于矩形断面的明渠水流，水面宽度等于底宽，即 $B=b$，代入一般表达式（7-10）得

$$\frac{\alpha Q^2}{g}=\frac{A_k^3}{B_k}=\frac{b^3h_k^3}{b}=b^2h_k^3$$

则

$$h_k=\sqrt[3]{\frac{\alpha Q^2}{gb^2}}=\sqrt[3]{\frac{\alpha q^2}{g}} \tag{7-11}$$

式中　q——单宽流量，$q=\frac{Q}{b}$，$m^3/(s\cdot m)$；

α——动能修正系数，$\alpha=1.05\sim1.1$，一般可取 $\alpha=1.0$。

【例 7-2】　某梯形断面渠道，底宽 $b=2.0$ m，边坡系数 $m=1.5$，当通过流量 $Q=10$ m^3/s 时，渠道中的实际水深 $h=1.0$ m，计算临界水深 h_k。

解：（1）用试算法求 h_k。

计算公式为

$$\frac{\alpha Q^2}{g}=\frac{A_k^3}{B_k}\frac{A_k^3}{B_k}\qquad A=(b+mh)h\qquad B=b+2mh$$

首先计算出已知值

$$\frac{\alpha Q^2}{g}=\frac{1.0\times10^2}{9.8}=10.2$$

假设不同的水深 h，计算出相应的比值 A^3/B，计算结果列于表 7-1 中。

表 7-1　水深试算

水深 h(m)	A(m^2)	B(m)	A^3/B
0.5	1.375	3.50	0.743
0.8	2.56	4.40	3.81
1.0	3.50	5.00	8.56
1.1	4.02	5.30	12.26
1.2	4.56	5.60	16.93

根据表 7-1 中数据，绘制 $\frac{A^3}{B}$—h 关系曲线，如图 7-11 所示。

由已知量 $\frac{\alpha Q^2}{g}=10.2$ 在图 7-11 横坐标上找到一点 a，过 a 点作垂线交曲线于 b 点，则 b 点的纵坐标值即为所求值，得 $h_k=1.05$ m。

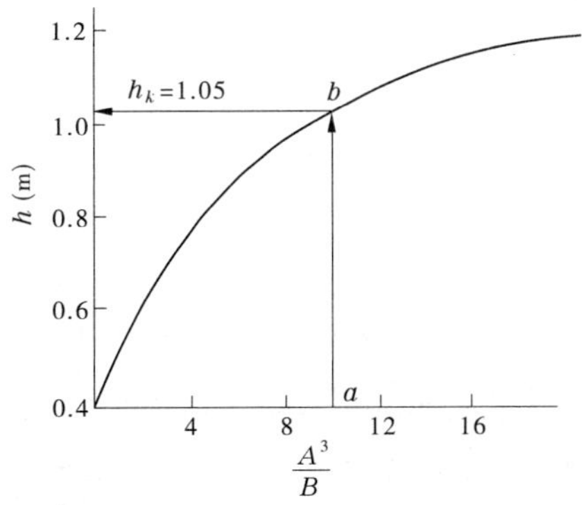

图 7-11　$h-\frac{A^3}{B}$ 关系曲线

(2) 用图解法求 h_k。

计算 $\frac{Q}{b^{5/2}}=\frac{10}{2.0^{5/2}}=1.77$，由 $\frac{Q}{b^{5/2}}=1.77$ 及 $m=1.5$ 查附录Ⅲ的临界水深求解图，得 $\frac{h_k}{b}=0.52$，则临界水深

$$h_k=0.52b=0.52\times2.0=1.04(\mathrm{m})$$

【例 7-3】　有一矩形断面明渠，流量 $Q=25\ \mathrm{m^3/s}$，底宽 $b=6$ m，渠道中实际水深 $h=$

0 m,求渠道中的临界水深 h_k。

解:

$$q=\frac{Q}{b}=\frac{25}{6}=4.17[\mathrm{m^3/(s\cdot m)}]$$

临界水深

$$h_k=\sqrt[3]{\frac{\alpha q^2}{g}}=\sqrt[3]{\frac{1.0\times4.17^2}{9.8}}=1.21(\mathrm{m})$$

4. 通过临界水深判别水流流态

将断面单位能量 e 的表达式(7-7)对水深求导所得的式(7-9)右边第二项进行如下变换

$$\frac{\alpha Q^2}{g}\frac{B}{A^3}=\frac{\alpha v^2}{g\dfrac{A}{B}}=\frac{\alpha v^2}{g\bar{h}}=Fr^2$$

则式(7-8)可改写成

$$\frac{\mathrm{d}e}{\mathrm{d}h}=1-Fr^2 \tag{7-12}$$

由式(7-12)可以看出,在临界水深为 h_k 时,$\frac{\mathrm{d}e}{\mathrm{d}h}=0$,此时 $Fr=1$,水流为临界流。h—e 曲线上支,$h>h_k$,$\frac{\mathrm{d}e}{\mathrm{d}h}>0$,此时 $Fr<1$,水流为缓流;h—e 曲线下支,$h<h_k$,$\frac{\mathrm{d}e}{\mathrm{d}h}<0$,此时 $Fr>1$,水流为急流。

因此,明渠水流三种流态通过临界水深 h_k 的判别方法如下:

当 $h>h_k$ 时,水流为缓流。

当 $h=h_k$ 时,水流为临界流。

当 $h<h_k$ 时,水流为急流。

(五)临界底坡

1. 定义

在棱柱体渠道中,断面形状、尺寸和流量一定时,若水流的正常水深 h_0 恰好等于临界水深 h_k 时,则其渠底坡度称为临界底坡,用 i_k 表示。

设有一长直的棱柱体正坡渠道,水流为均匀流,其正常水深 h_0 可用均匀流公式求得,若此渠道中的流量、断面形状、尺寸、糙率都不变,只改变底坡 i,则其均匀流水深 h_0 也随着改变,h_0 随着 i 变化的关系曲线如图 7-12 所示。

由式(7-10)可知,临界水深 h_k 的大小仅取决于流量 Q 和过水断面的形状、大小,而与明渠的底坡 i 无关。当该渠道的流量、断面形状、尺寸已定时,可计算出临界水深 h_k 的值。从图 7-12 曲线上可找出 $h_0=h_k$ 时的点 k,则 k 点对应的底坡即为临界底坡 i_k。

2. 计算公式

根据上述定义,临界底坡 i_k 可从均匀流基本关系式 $Q=A_kC_k\sqrt{R_ki_k}$ 及临界水深的一般表达式 $\alpha Q^2/g=A_k^3/B_k$ 的联解中求得

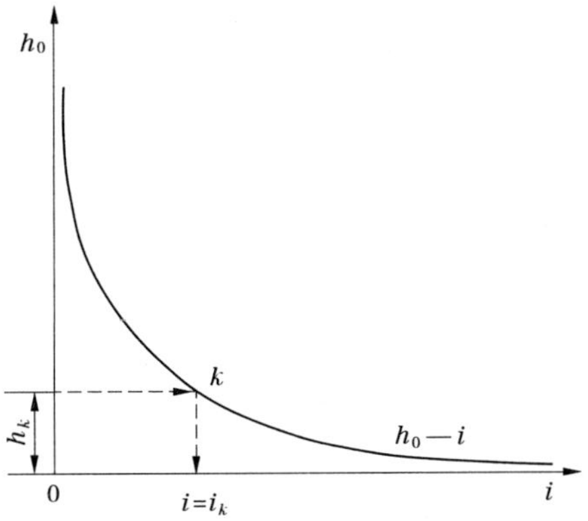

图 7-12　$h_0—i$ 关系曲线

$$i_k = \frac{Q^2}{A_k^2 C_k^2 R_k} = \frac{g\chi_k}{\alpha C_k^2 B_k} \tag{7-13}$$

式中　R_k、B_k、χ_k、A_k、C_k——临界水深所对应的水力半径、水面宽度、湿周、过水断面面积和谢才系数。

由此可见，临界底坡 i_k 是对应某一个流量和某一个给定渠道的特定渠底坡度值，它是为了计算或分析方便而引入的一个假设坡度。

临界底坡与渠道的断面形状、尺寸、糙率和流量有关，与渠道的实际底坡无关。

3. 通过临界底坡判别水流流态

明渠的实际底坡 i 与其对应（流量、断面形状、尺寸、糙率均相同）的临界底坡 i_k 比较，可将明渠的实际底坡分为三类：

当 $i < i_k$ 时，实际底坡称为缓坡，此时 $h_0>h_k$，水流为缓流。

当 $i = i_k$ 时，实际底坡称为临界坡，此时 $h_0=h_k$，水流为临界流。

当 $i > i_k$ 时，实际底坡称为陡坡，此时 $h_0<h_k$，水流为急流。

上述关于渠底坡度的缓、急之称，是对应于一定流量来讲的，对于某一渠道，底坡已经确定，但当流量增大或变小时，所对应的 h_k（或 i_k）发生了变化，从而对该渠道的缓坡或急坡之称也可能随之改变。

【例 7-4】　一梯形断面渠道，流量 $Q=65\ \text{m}^3/\text{s}$，底宽 $b=8$ m，边坡系数 $m=2.5$，糙率 $n=0.022\ 5$，底坡 $i=0.000\ 4$，渠中水流为明渠均匀流，试计算临界底坡 i_k，并判别渠道的底坡类型。

解：要计算临界底坡 i_k，首先应计算临界水深 h_k。

计算 $\frac{Q}{b^{5/2}} = \frac{65}{8^{5/2}} = 0.359$，由 $\frac{Q}{b^{5/2}} = 0.359$ 及 $m=2.5$ 查附录Ⅲ的临界水深求解图，得 $\frac{h_k}{b} = 0.19$，则临界水深

$$h_k = 0.19b = 0.19 \times 8 = 1.52(\text{m})$$

$$\chi_k = b + 2h_k\sqrt{1+m^2} = 8 + 2 \times 1.52 \times \sqrt{1+2.5^2} = 16.185(\text{m})$$

$$A_k=(b+mh_k)h_k=(8+2.5\times1.52)\times1.52=17.936(\text{m})$$

$$B_k=b+2mh_k=8+2\times2.5\times1.52=15.6(\text{m})$$

$$R_k=\frac{A_k}{\chi_k}=\frac{17.936}{16.185}=1.108(\text{m})$$

$$C_k=\frac{1}{n}R_k^{\frac{1}{6}}=\frac{1}{0.025}\times1.108^{\frac{1}{6}}=45.211$$

$$i_k=\frac{g\chi_k}{\alpha C_k^2B_k}=\frac{9.8\times16.185}{1.0\times45.211^2\times15.6}=0.005>i=0.004$$

所以,属于缓坡渠道。

第三节 水跌与水跃

缓流和急流是明渠水流两种不同的流态。当水流从一种流态向另一种流态转换时,会产生局部水力现象——水跌和水跃。下面分别讨论这两种水力现象的特点及有关问题。

一、水跌

(一)水跌现象

水跌是明渠水流从缓流状态($h>h_k$)过渡到急流状态($h<h_k$)时,水面产生连续而急剧的降落的局部水力现象。

水跌现象一般发生在明渠纵向边界突然降低的地段,例如渠道末端有垂直跌坎的瀑布[如图 7-13(a)所示],或底坡由缓坡变为陡坡的渠道[如图 7-13(b)所示]等处。

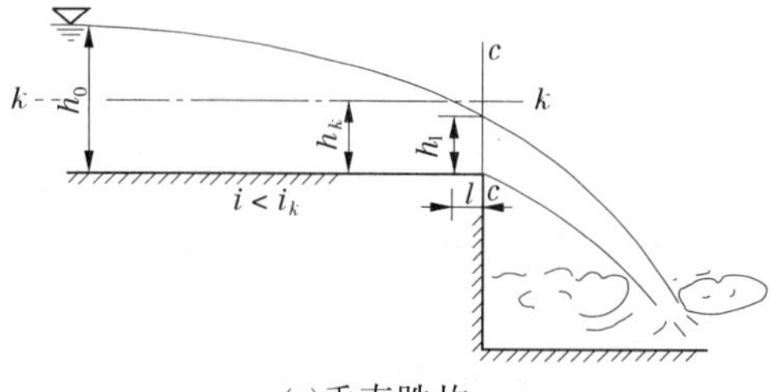

(a)垂直跌坎

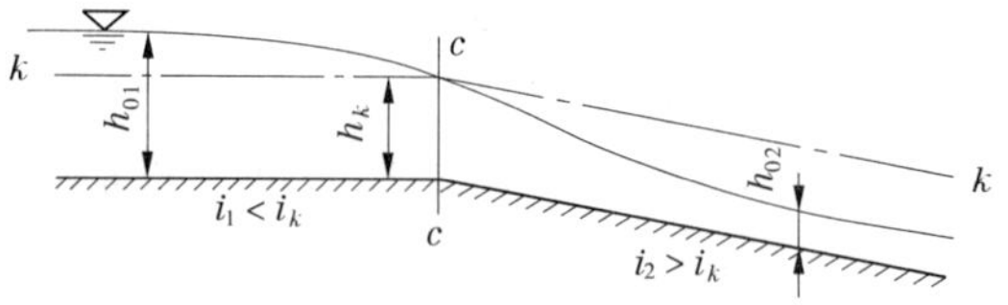

(b)缓坡变陡坡

图 7-13 水跌现象

(二)水跌现象中的临界水深断面

水跌现象中水流由缓流变为急流,水深由大于临界水深到小于临界水深,所以在某一个断面处,水深必然等于临界水深。

由于临界水深是由渐变流条件导出来的,而实际水流在临界水深处属于急变流,因此理论上导出来的临界流断面并不发生在渠底突变处,而出现在渠底突变处偏上游 $l=(3\sim4)h_k$ 的某断面上。

二、水跃

(一) 水跃现象

水跃是明渠水流从急流状态($h<h_k$)过渡到缓流状态($h>h_k$)时,水面骤然跃起的局部水力现象,例如水闸、溢流堰的下游。

根据水跃发生之前的断面所对应的弗劳德数 Fr_1 不同,可将水跃分为完全水跃和不完全水跃。当 $Fr_1>1.7$ 时,上部水流紊动强烈,水跃区域上部为饱掺空气的表面旋滚区,下部则为急剧扩散的主流区,如图 7-14(a)所示,此种水流称为完全水跃;当 $1<Fr_1<1.7$ 时,水跃表面只形成一系列起伏不大的波浪,波峰沿流程下降直至消失,此种水流称为不完全水跃,或波状水跃,如图 7-14(b)所示。

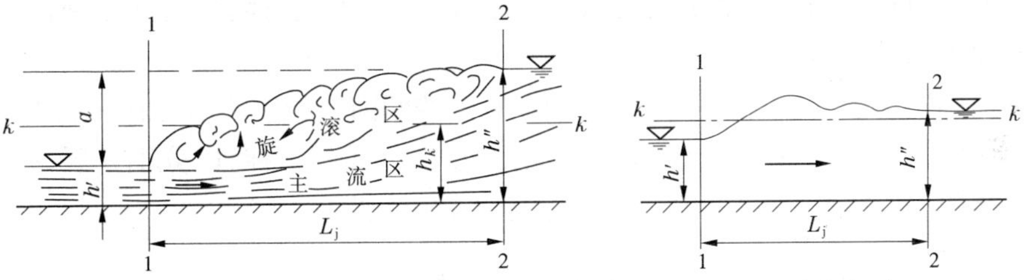

图 7-14　水跃现象

在水跃区域内,水流的流速大小及分布不断变化,紊动混掺极为强烈,表面旋滚区和主流区之间,大量的质量和动量的交换,使水流内部产生更为强烈的摩擦和撞击,从而引起大量的能量损失,成为有效的消能方式,因此工程上常利用水跃来消除泄水建筑物下泄水流的巨大余能,以确保建筑物和下游河道的安全。

(二) 共轭水深、水跃高度和水跃长度

如图 7-14(a)所示,表面旋滚区起点的过水断面 1—1 称为跃前断面,相应的水深 h' 为跃前水深;表面旋滚区终点的断面 2—2 称为跃后断面,相应的水深 h''为跃后水深。水跃发生在什么位置,主要取决于跃前水深 h'和跃后水深 h'',两者必须满足一定的关系才能发生水跃,这一对水深称为共轭水深。

跃后水深与跃前水深之差称为水跃高度。

跃前断面与跃后断面间的水平距离称为水跃长度,用 L_j 表示。

(三) 水跃的基本方程

适用条件:棱柱体平坡渠道中完全水跃。

原理:动量方程。

共轭水深的关系即为水跃的基本方程,图 7-15 为一棱柱体平坡渠道中的完全水跃。由于水跃区的水流非常紊乱,能量损失很大,所以无法应用能量方程建立自由水跃的共轭水深关系,只能应用动量方程来进行推导,结果如下:

$$\frac{Q^2}{gA_1}+h'_cA_1=\frac{Q^2}{gA_2}+h''_cA_2 \tag{7-14}$$

式中　A_1、A_2——跃前断面和跃后断面的面积;

h'_c、h''_c——跃前、跃后断面形心处的水深。

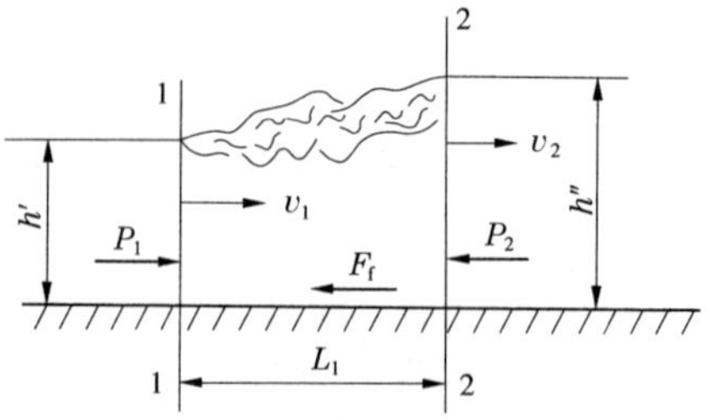

图 7-15　水跃现象示意图

式(7-14)即为棱柱形平坡渠道中完全水跃的基本方程。该式表明单位时间内由跃前断面流入的水流动量和该断面上的动水压力之和，等于单位时间内由跃后断面流出的动量和该断面上的动水压力之和。

当渠道的断面形状、尺寸一定时，式(7-14)中的断面面积 A 和形心在水面以下的深度 h_c，都是水深 h 的函数。所以，当流量 Q 一定，水跃方程的左右两边分别是跃前水深和跃后水深的函数，此函数称为水跃函数，并以 $J(h)$ 表示，即

$$J(h) = \frac{Q^2}{gA} + h_c A$$

水跃方程可写为

$$J(h') = J(h'') \tag{7-15}$$

水跃方程是在一些假设条件下推导出来的，多年来对于矩形断面平底明渠中的水跃进行了广泛的试验研究，实测结果表明，试验值和理论公式计算值基本吻合。

(四)矩形断面棱柱体平底明渠中共轭水深的计算

对于矩形断面，有 $A=bh$，$q=Q/b$，$h_c=h/2$，代入水跃方程，得

$$\frac{(bq)^2}{gbh'} + \frac{h'}{2}bh' = \frac{(bq)^2}{gbh''} + \frac{h''}{2}bh'' \tag{7-16}$$

式(7-16)中各项均除以 b 后得

$$\frac{q^2}{gh'} + \frac{(h')^2}{2} = \frac{q^2}{gh''} + \frac{(h'')^2}{2} \tag{7-17}$$

将式(7-17)整理简化为

$$h'(h'')^2 + (h')^2 h'' - \frac{2q^2}{g} = 0 \tag{7-18}$$

将 h' 看作未知量，h'' 为已知量；或将 h'' 看作未知量，h' 为已知量；式(7-18)都为二次方程，用求根公式得

$$h'' = \frac{h'}{2}\left(\sqrt{1 + 8\frac{q^2}{g(h')^3}} - 1\right) \tag{7-19}$$

$$h' = \frac{h''}{2}\left(\sqrt{1 + 8\frac{q^2}{g(h'')^3}} - 1\right) \tag{7-20}$$

因为 $\frac{q^2}{g(h')^3}=Fr_1^2$；$\frac{q^2}{g(h'')^3}=Fr_2^2$，式(7-19)和式(7-20)可改写为

$$h''=\frac{h'}{2}\left(\sqrt{1+8Fr_1^2}-1\right) \tag{7-21}$$

$$h'=\frac{h''}{2}\left(\sqrt{1+8Fr_2^2}-1\right) \tag{7-22}$$

式中，Fr_1 和 Fr_2 分别为跃前断面和跃后断面的弗劳德数。利用式(7–21)和式(7–22)可直接计算出棱柱体矩形平底明渠中完全水跃的共轭水深。

(五)水跃长度计算

水跃长度是水工建筑物下游消能段长度的主要依据，但由于水跃运动非常复杂，目前水跃长度仍只是根据经验公式进行计算。

1. 矩形断面的水跃长度公式

(1)欧拉–佛托斯基公式

$$L_j=6.9(h''-h') \tag{7-23}$$

(2)切尔托乌索夫公式

$$L_j=10.3h'(Fr_1-1)^{0.81} \tag{7-24}$$

(3)陈椿庭公式

$$L_j=9.4(Fr_1-1)h' \tag{7-25}$$

2. 梯形断面的水跃长度公式

梯形断面明渠中的水跃，工程中遇到的较少，对水跃长度的计算至今没有确切的解答，一般可按下列经验公式进行估算：

$$L_j=5h''\left(1+4\sqrt{\frac{B_2-B_1}{B_1}}\right) \tag{7-26}$$

式中　B_1、B_2——跃前断面、跃后断面的水面宽度。

(六)水跃的消能量

1. 消能量

水跃总的消能量应包括水跃段和跃后段的消能量，研究表明，由水跃造成的绝大部分的能量损失集中于水跃区域，即集中在断面 1—1 和断面 2—2 间的水跃段上，极小部分能量损失发生在跃后段，如图 7-16 所示。因此，工程中一般只计算水跃段消除的能量，并以跃前断面与跃后断面的能量差作为水跃的消能量，即

$$\Delta H_j=H_1-H_2 \tag{7-27}$$

式中　ΔH_j——水跃段的消能量；

H_1、H_2——跃前断面和跃后断面的总水头。

2. 消能率

水跃消能量与跃前断面水流的总能量的比值，称为水跃消能率，用 K_j 表示

$$K_j=\frac{\Delta H_j}{H_1} \tag{7-28}$$

经分析证明，水跃消能率仅是跃前断面弗劳德数 Fr_1 的函数。Fr_1 越大，消能率越高。

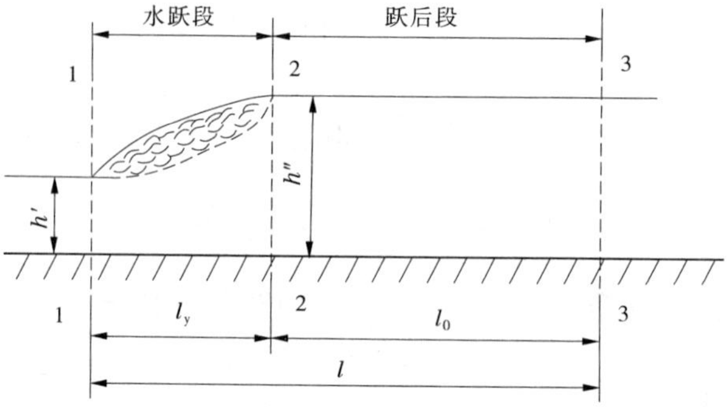

图 7-16　水跃消能示意图

所以，Fr_1 不同，水跃的形式、流态和消能率也不同，如图 7-17 所示。

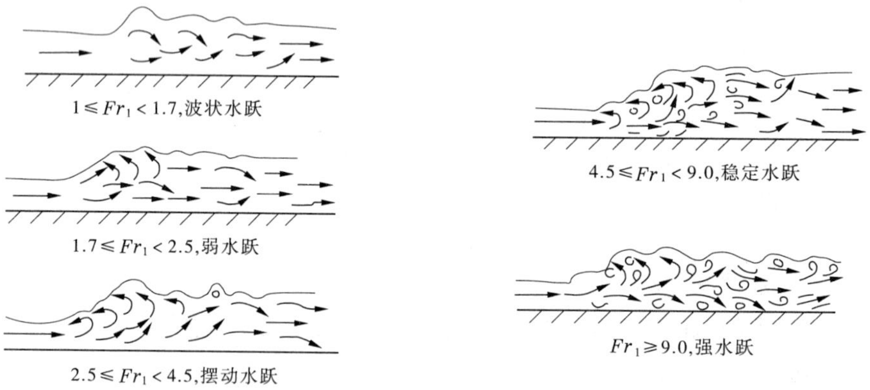

图 7-17　水跃形式

当 $1\leqslant Fr_1<1.7$ 时，为波状水跃。因跃前断面的动能小，水跃段表面不能形成旋滚，只有部分动能转变为波动能量，消能率很小。

当 $1.7\leqslant Fr_1<2.5$ 时，为弱水跃。水面产生许多小旋滚，但紊动微弱，消能率 $K_j<20\%$，跃后水面较平稳。

当 $2.5\leqslant Fr_1<4.5$ 时，为摆动水跃。水跃不稳定，水跃段中的底部高速水流间歇向上窜升，跃后水面波动较大，消能率 $K_j<45\%$。

当 $4.5\leqslant Fr_1<9.0$ 时，为稳定水跃。水跃的消能率较高，$K_j=45\%\sim70\%$，跃后水面平稳。若建筑下游采用水跃消能，最好使 Fr_1 位于此范围。

当 $Fr_1\geqslant9.0$ 时，为强水跃。水跃消能率 $K_j>70\%$，但跃后段会产生较强的水面波动，并且向下游传播的距离较远，通常需要采取措施稳定水流。

【例 7-5】 某棱柱体渠道断面为矩形，底宽 $b=5.0$ m。渠道上建一水闸，闸门与渠道等宽。当闸门开启，通过的流量 $Q=20.4$ m^3/s，闸后产生一自由水跃，跃前水深 $h'=0.62$ m，求跃后水深 h'' 和水跃长度 L_j。

解：(1) 求跃后水深 h''。

跃前断面流速　$v_1=\dfrac{Q}{bh'}=\dfrac{20.4}{5.0\times0.62}=6.581(\text{m/s})$

跃前弗劳德数　$Fr_1 = \frac{v_1}{\sqrt{gh'}} = \frac{6.581}{\sqrt{9.8 \times 0.62}} = 2.67$

跃后断面水深　$h'' = \frac{h'}{2}(\sqrt{1+8Fr_1^2}-1) = \frac{0.62}{2} \times (\sqrt{1+8\times 2.67^2}-1) = 2.052(\text{m})$

(2)计算水跃长度。

用欧拉–佛托斯基公式计算

$$L_j = 6.9(h''-h') = 6.9\times(2.052-0.62) = 9.88(\text{m})$$

【例 7-6】　一平底梯形断面渠道，底宽 $b=6$ m，边坡系数 $m=1.0$，通过的流量 $Q=65$ m^3/s，试求跃前水深 $h'=0.5$ m 时的跃后水深 h'' 和水跃段的消能量。

解：(1)采用图解法求跃后水深 h''。

对于梯形断面

$$A = (b+mh)h = (6+h)h$$

$$h_c = \frac{h}{6}\frac{3b+2mh}{b+mh} = \frac{(9+h)}{3(6+h)}h$$

水跃函数

$$J(h) = \frac{Q^2}{gA} + h_cA = \frac{65^2}{9.8A} + h_cA = \frac{431.12}{A} + h_cA$$

为了绘制水跃函数曲线，设不同的 h 值并应用以上关系式计算出不同 h 值相应的 $J(h)$ 值，计算结果列入表 7-2。

表 7-2　水深试算

h(m)	A(m^2)	h_c (m)	Ah_c (m^3)	$\frac{Q^2}{gA}$ (m^3)	$J(h) = \frac{Q^2}{gA} + h_cA$ (m^3)
0.4	2.56	0.196	0.501	168.41	168.92
0.5	3.25	0.244	0.79	132.65	133.44
0.7	4.69	0.388	1.58	91.92	93.50
1.5	11.25	0.700	7.88	38.32	46.20
2.0	16.00	0.917	14.67	26.95	41.62
2.5	21.25	1.127	23.95	20.29	44.24
3.5	33.25	1.535	51.04	12.97	64.01
4.5	47.25	1.929	91.15	9.12	100.27
5.5	63.25	2.312	146.21	6.82	153.03

用表 7-2 中的数据绘制出水跃函数曲线，见图 7-18。从图 7-18 中查得当跃前水深 $h'=0.5$ m 时，跃后水深 $h''=5.18$ m。

(2)求水跃的消能量。

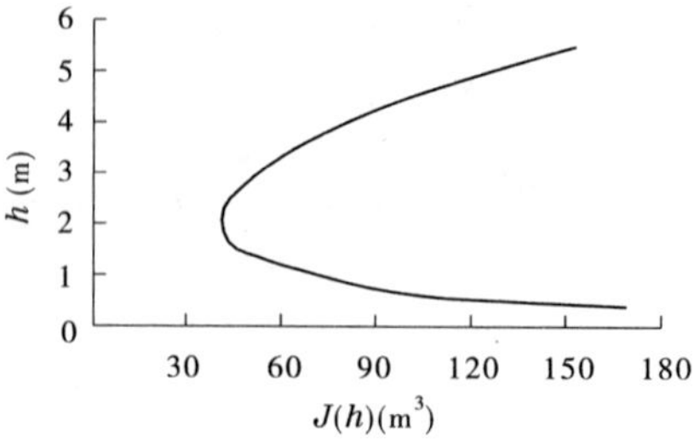

图 7-18 水跃函数曲线

跃前断面：

流速

$$v_1=\frac{Q}{A}=\frac{Q}{(b+mh')h'}=\frac{65}{(6+1.0\times0.5)\times0.5}=20.00(\text{m/s})$$

流速水头

$$\frac{v_1^2}{2g}=\frac{20.00^2}{2\times9.8}=20.408(\text{m})$$

总水头

$$H_1=h'+\frac{v_1^2}{2g}=0.5+20.408=20.908(\text{m})$$

跃后断面：

流速

$$v_2=\frac{Q}{A}=\frac{Q}{(b+mh'')h''}=\frac{65}{(6+1.0\times5.18)\times5.18}=1.122(\text{m/s})$$

流速水头

$$\frac{v_2^2}{2g}=\frac{1.122^2}{2\times9.8}=0.064(\text{m})$$

总水头

$$H_2=h''+\frac{v_2^2}{2g}=5.18+0.064=5.244(\text{m})$$

水跃段单位重量水体能量消耗

$$\Delta H_j=H_1-H_2=20.908-5.244=15.664(\text{m})$$

水跃段消能量

$$K_j=\frac{\Delta H_j}{H_1}=\frac{15.664}{20.908}=75\%$$

小 结

1. 概念：弗劳德数、临界底坡、水跌、水跃。

2. 明渠水流的三种流态及其判别方法。

(1) 当 $v<c$ 时，干扰波能向上游传播，水流为缓流；

当 $v=c$ 时，干扰波不能向上游传播，且处于临界状态，水流为临界流；

当 $v>c$ 时，干扰波不能向上游传播，水流为急流。

(2) 当 $Fr<1$，$v<\sqrt{g\bar{h}}$ 时，水流为缓流；

当 $Fr=1$，$v=\sqrt{g\bar{h}}$ 时，水流为临界流；

当 $Fr>1$，$v>\sqrt{g\bar{h}}$ 时，水流为急流。

(3) 当 $h>h_k$ 时，水流为缓流；

当 $h=h_k$ 时，水流为临界流；

当 $h<h_k$ 时，水流为急流。

3. 矩形断面临界水深的计算：

$$h_k=\sqrt[3]{\frac{\alpha Q^2}{gb^2}}=\sqrt[3]{\frac{\alpha q^2}{g}}$$

4. 矩形断面棱柱体平底明渠中共轭水深的水力计算：

$$h'=\frac{h''}{2}\left(\sqrt{1+8Fr_2^2}-1\right)$$

5. 矩形段面水跃长度常用的经验公式：

$$L_j=6.9(h''-h')$$

习　题

7-1　某梯形渠道，底宽 $b=5$ m，水深 $h=2$ m，边坡系数 $m=1.5$，渠道中通过的流量 $Q=36$ m^3/s，求干扰波波速、弗劳德数并判别水流的流态。

7-2　一矩形渠道，已知 $Q=40$ m^3/s，底宽 $b=10$ m，糙率 $n=0.025$，底坡 $i=0.000\ 35$。求临界水深、临界底坡并判别渠道中为均匀流时的水流流态。

7-3　溢洪道坡脚处的水平护坦上发生水跃，跃前水深 $h'=2.6$ m，溢洪道断面为矩形，宽度 $b=23.38$ m，通过的流量 $Q=1\ 588.53$ m^3/s。求：①跃后水深 h''；②水跃长度 L_j；③判别属于何种水跃并计算水跃的消能率 K_j。

7-4　一矩形断面渠道，已知底宽 $b=8$ m，通过的流量 $Q=45$ m^3/s。求：①绘制水跃函数曲线；②由曲线查出临界水深及跃前水深 $h'=0.60$ m、$h'=0.75$ m 所对应的跃后水深 h''。

第八章 堰流和闸孔出流

【学习要求】 了解孔流和堰流现象与分类,堰流、闸孔出流的转化与判别;掌握闸孔出流、堰流的水力学计算公式及影响因素分析;了解薄壁堰;掌握实用堰和宽顶堰的水力计算。

第一节 概 述

一、孔流

在容器壁上开孔,液体经孔口泄流的水力现象,称为孔口出流,如图 8-1(a)所示。若器壁较厚或在孔口上加设短管,当器壁厚度或短管长度是孔口尺寸的 3~4 倍时,这段短管就叫作管嘴。液体经过管嘴的泄流,称为管嘴出流,如图 8-1(b)所示。

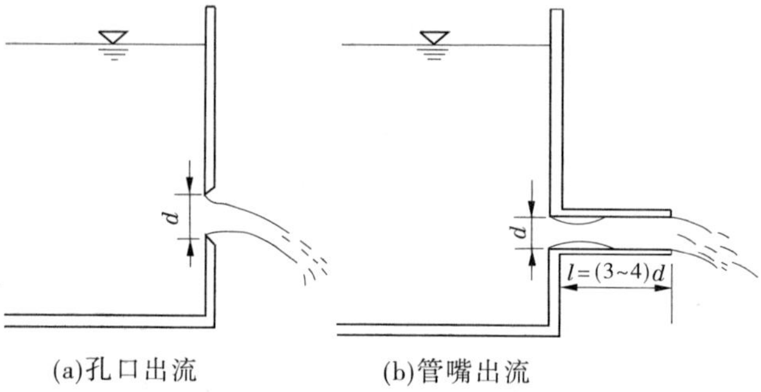

图 8-1 孔口出流与管嘴出流

在水利工程中,为了泄放洪水、引水灌溉、发电、给水等目的,常修建水闸和溢洪道等泄水建筑物,以控制和调节河渠中的流量。水流受到闸门或胸墙的控制,水流由闸门下边缘的闸孔流出,其自由水面不连续,这种水流现象称为闸孔出流[如图 8-2(a)、(b)所示]。闸孔出流实质上就是一种大的孔口出流,通常把孔口出流和闸孔出流统称为孔流。

二、堰流

当闸门(或胸墙)对水流不起控制作用或无闸泄流时,水流受到部分挡水建筑物或两侧边墙约束的阻碍,上游水位壅高,水流经过建筑物顶部溢流。这种对水流有部分约束作用而顶部自由泄水的建筑物叫堰。过堰溢流水面为连续的自由降落水面,这种水流现象称为堰流[如图 8-2(c)、(d)所示]。

根据堰顶水头 H 和堰顶厚度 δ 比值的不同,可将堰流分为三种类型。

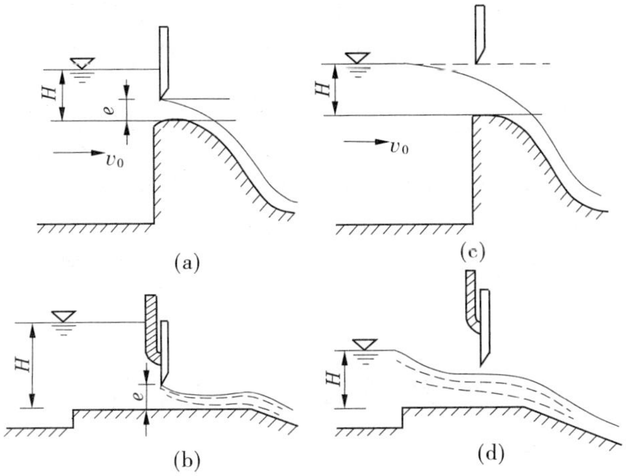

图 8-2　闸孔出流和堰流

(一)薄壁堰流($\delta/H\leqslant0.67$)

薄壁堰的堰壁很薄,此时水流沿流动方向几乎不受堰顶厚度的影响。堰顶常做成锐缘,水舌下缘与堰顶只有线的接触,水面呈单一的自由跌落,如图 8-3(a)所示。

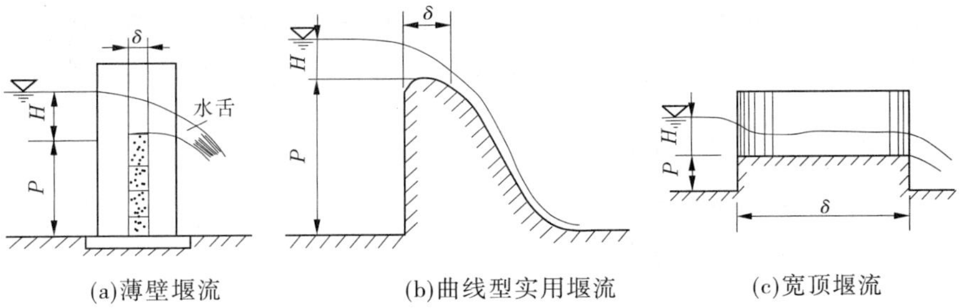

(a)薄壁堰流　　(b)曲线型实用堰流　　(c)宽顶堰流

图 8-3　三种堰流

(二)实用堰流($0.67<\delta/H\leqslant2.5$)

实用堰的堰顶较薄壁堰厚,此时水舌的下缘与堰顶呈"面"接触,水流受到堰顶的顶托和约束,但这种作用不大。水流通过堰顶时主要受重力作用,水流仍然是单一的自由跌落,如图 8-3(b)所示。

(三)宽顶堰流($2.5<\delta/H\leqslant10$)

堰顶厚度较大,堰顶厚度对水流的顶托作用已经非常明显,在堰顶进口处,水面会发生明显跌落。水面线与堰顶呈近似平行的流动,出口水面线还会发生第二次变化,如图 8-3(c)所示。

如果堰顶厚度继续增加,即 $\delta/H>10$ 时,堰顶水流的沿程水头损失不能忽略,此时的水流已属明渠水流了。

孔流与堰流是两种既有区别又有联系的水流现象,主要从水面是否受闸门(或胸墙)的控制来区分。闸孔出流和堰流是可以相互转化的,如图 8-2 所示。随着闸门的开度逐渐加大,其过闸水流受到闸门的约束愈来愈小;当闸门开度增大到一定值时,闸前水面下降并脱离闸门底缘,水流不再受闸门的约束,此时水流由闸孔出流转变为堰流。相反,当闸门开度减小到一定程度后,水面将接触闸门的下缘,闸门又对水流起控制作用,此时水流由堰流转变为闸孔出流。

工程上一般采用下列经验数值作为判别孔流与堰流的界限:闸底坎为宽顶堰时,$e/H \leqslant 0.65$,为闸孔出流;$e/H>0.65$,为堰流。闸底坎为曲线形实用堰时,$e/H \leqslant 0.75$,为闸孔出流;$e/H>0.75$,为堰流。其中,e 为闸孔开度,H 为闸前水头。

堰流及闸孔出流是水利工程中常见的水流现象,下面将分别介绍闸孔出流和堰流的计算公式并讨论其影响因素。

第二节　闸孔出流

在水利工程中,闸门的类型主要有弧形闸门和平板闸门两种。闸门的底坎形式主要有宽顶堰和曲线形实用堰两种。

根据闸前水头 H、闸孔开度 e 和下游水深 h_t 等的不同,闸孔出流有不同的水流流态。设收缩断面 h_c 的跃后共轭水深为 h_c''。当 $h_c''>h_t$ 时,在收缩断面后先形成一段壅水曲线,然后在下游发生水跃,称为远离式水跃,如图 8-4(a)所示。当 $h_c''=h_t$ 时,水跃发生在收缩断面处,称为临界式水跃,如图 8-4(b)所示。在这两种情况下,下游水位均不影响闸孔泄流量,也称为闸孔自由出流。而当 $h_c''<h_t$ 时,水跃发生在收缩断面上游,且淹没了收缩断面,称为淹没式水跃,此时的下游水位影响了闸孔泄流量,称为闸孔淹没出流,如图 8-4(c)所示。

当 $h_c''>h_t$ 时,发生远离式水跃;

当 $h_c''=h_t$ 时,发生临界式水跃;

当 $h_c''<h_t$ 时,发生淹没式水跃。

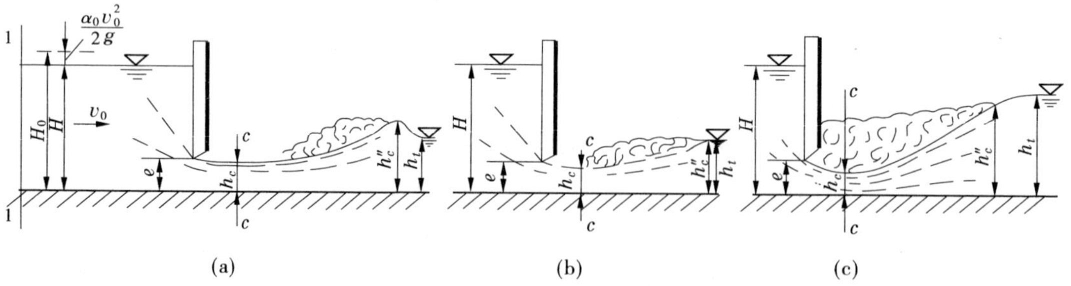

图 8-4　水跃的类型

一、底坎为宽顶堰的闸孔自由出流

(一)平板闸门下自由出流

如图 8-4(a)、(b)所示,水流通过闸孔后,因受惯性影响而发生垂向收缩,在距离闸门 $(0.5\sim1)e$ 处出现水深最小的收缩断面,其流线近似平行,可看作渐变流断面。此时,令 $\frac{h_c}{e}=\varepsilon'$,$\varepsilon'$ 称为闸门垂直收缩系数。对断面 1—1 与断面 c—c 列能量方程得

$$H + 0 + \frac{\alpha_0 v_0^2}{2g} = h_c + \frac{\alpha_c v_c^2}{2g} + \zeta \frac{v_c^2}{2g}$$

式中 $\zeta \frac{v_c^2}{2g}$——水流从断面 1—1 至断面 c—c 的局部水头损失。

经整理得 $H_0 = h_c + (1+\zeta)\frac{v_c^2}{2g}$

故

$$v_c = \frac{1}{\sqrt{1+\zeta}}\sqrt{2g(H_0 - h_c)} = \varphi\sqrt{2g(H_0 - h_c)}$$

式中，$\varphi = \frac{1}{\sqrt{1+\zeta}}$，称为闸孔的流速系数。

设闸孔过水净宽为 B，则收缩断面面积 $A_c = B\varepsilon' e$，通过闸孔的流量为

$$Q = \varphi\varepsilon' Be\sqrt{2g(H_0 - h_c)} = \mu Be\sqrt{2g(H_0 - h_c)} \tag{8-1}$$

式中 μ——闸孔出流的流量系数，$\mu = \varphi\varepsilon'$，它与过闸水流的收缩程度、收缩断面的流速分布和闸孔水头损失等因素有关；

B——闸孔过水净宽，若闸门孔数为 n，每孔净宽为 b，则 $B=nb$。

平板闸门垂直收缩系数 ε' 值，可根据表 8-1 查得。

表 8-1 平板闸门垂直收缩系数 ε'

e/H	0.10	0.15	0.20	0.25	0.30	0.35	0.40
ε'	0.615	0.618	0.620	0.622	0.625	0.628	0.630
e/H	0.45	0.50	0.55	0.60	0.65	0.70	0.75
ε'	0.638	0.645	0.650	0.660	0.675	0.690	0.705

平板闸门的流速系数 φ 与闸坎形式、闸门底缘形状和闸门的相对开度等因素有关，目前尚无准确的计算方法，一般可由表 8-2 查得。

表 8-2 平板闸门的流速系数 φ 值

闸坎形式	水流图形	φ
闸孔出流的跌水	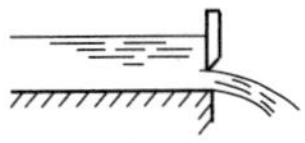	0.97～1.00
闸下底孔出流	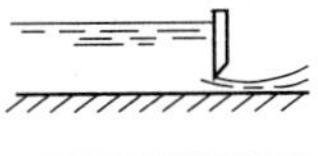	0.95～1.00
堰顶有闸门的曲线形实用堰流	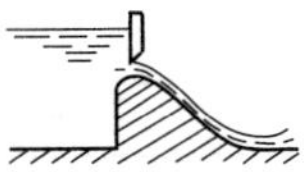	0.85～0.95
闸底坎高于渠底的闸孔出流	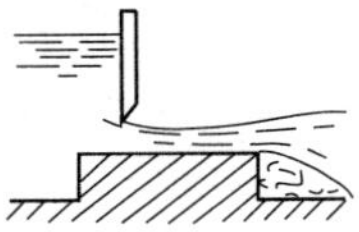	0.85～0.95

在实际工程中,因为 φ 值选择有一定的任意性,垂直收缩系数 ε' 值与实际也有出入,所以流量系数 μ 不易确定,通常将式(8-1)改写成更简单的形式即

$$Q=\mu Be\sqrt{2g(H_0-h_c)}=\mu Be\sqrt{2g(H_0-\varepsilon' e)}=\mu Be\sqrt{2gH_0\left(1-\varepsilon'\frac{e}{H_0}\right)}$$

令
$$\mu_0=\mu\sqrt{1-\varepsilon'\frac{e}{H_0}}$$

则
$$Q=\mu_0 Be\sqrt{2gH_0} \tag{8-2}$$

μ_0 也称为闸孔的流量系数。通过实验和实际资料分析,可用下式计算

$$\mu_0=0.60-0.18\frac{e}{H} \tag{8-3}$$

式(8-3)的适用范围:$0.1<e/H<0.65$。

【例 8-1】 某泄洪闸,如图 8-4(a)所示,闸门采用矩形平板闸门,当闸孔开度 $e=2$ m 时,闸前水头 $H=8.0$ m。已知闸前宽 $B_0=10$ m,闸孔宽 $B=8$ m,流速系数 φ 取 0.97,下游水深较小,为自由出流,求过闸流量。

解:(1)按式(8-2)计算流量。

流量系数 $\mu_0=0.60-0.18\dfrac{e}{H}=0.60-0.18\times\dfrac{2}{8.0}=0.555$

初步计算取 $H_0\approx H=8$ m。

$$Q=\mu_0 Be\sqrt{2gH_0}=0.555\times 8\times 2\times\sqrt{2\times 9.8\times 8}=111.2(\text{m}^3/\text{s})$$

根据初步计算的流量,求行近流速

$$v_0=\frac{Q}{B_0H}=\frac{111.2}{10\times 8}=1.39(\text{m/s})$$

则

$$H_0=H+\frac{v_0^2}{2g}=8+\frac{1.39^2}{2\times 9.8}=8.1(\text{m})$$

$$Q=0.555\times 8\times 2\times\sqrt{2\times 9.8\times 8.1}=111.9(\text{m}^3/\text{s})$$

(二)弧形闸门下自由出流

如图 8-5 所示,弧形闸门闸孔出流的水流特性与平板闸门相似。其不同点在于,弧形闸门的挡水面板更接近于流线的形状,对水流的阻力影响小于平板闸门。

弧形闸门的垂直收缩系数 ε',主要与闸门下缘切线与水平方向夹角 θ 的大小有关,一般可根据表 8-3 确定。

表 8-3　弧形闸门垂直收缩系数 ε'

θ	35°	40°	45°	50°	55°	60°	65°	70°	75°	80°	85°	90°
ε'	0.789	0.766	0.742	0.720	0.698	0.678	0.662	0.646	0.635	0.627	0.622	0.620

注:$\cos\theta=\dfrac{c-e}{R}$,式中符号含义见图 8-5。

由于弧形闸门在出流时,收缩断面水深 h_c 更难测定,因而常采用流量系数 μ_0 来计算

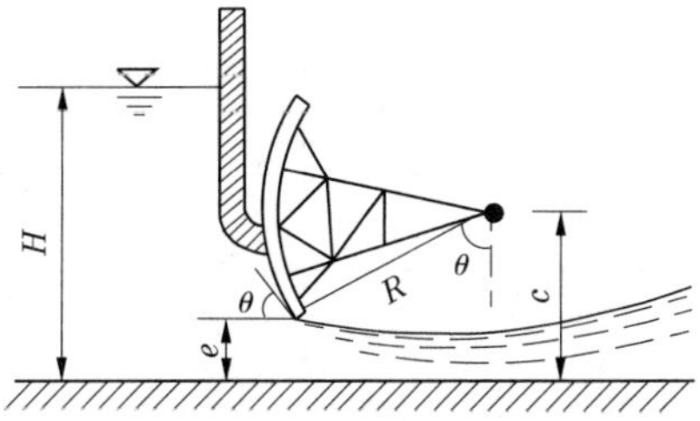

图 8-5　弧形闸门闸孔出流

流量。弧形闸门的流量系数,可用下面给出的经验公式来确定:

$$\mu_0 = (0.97 - 0.81 \times \frac{\theta}{180^\circ}) - (0.56 - 0.81 \times \frac{\theta}{180^\circ}) \frac{e}{H} \tag{8-4}$$

适用条件是:$25^\circ < \theta \leqslant 90^\circ$, $0 < \frac{e}{H} < 0.65$。

【例 8-2】 如图 8-5 所示为单孔弧形闸门自由出流,闸门宽 $B=5$ m,弧形闸门半径 $R=5$ m,$c=3.5$ m,闸门开度 $e=0.6$ m,闸前水头 $H=3$ m,不计行近流速,试计算过闸流量。

解:因 $\frac{e}{H} = \frac{0.6}{3} = 0.2 < 0.65$,故为闸孔出流。

$$\cos\theta = \frac{c - e}{R} = \frac{3.5 - 0.6}{5} = 0.58$$

所以 $\theta = 54.6^\circ$,则流量系数

$$\begin{aligned}\mu_0 &= (0.97 - 0.81 \times \frac{\theta}{180^\circ}) - (0.56 - 0.81 \times \frac{\theta}{180^\circ}) \frac{e}{H} \\ &= (0.97 - 0.81 \times \frac{54.6^\circ}{180^\circ}) - (0.56 - 0.81 \times \frac{54.6^\circ}{180^\circ}) \times \frac{0.6}{3} \\ &= 0.66\end{aligned}$$

过闸流量

$$Q = \mu_0 Be\sqrt{2gH_0} = 0.66 \times 5 \times 0.6 \times \sqrt{2 \times 9.8 \times 3} = 15.18(\text{m}^3/\text{s})$$

二、底坎为宽顶堰的闸孔淹没出流

前面已指出,闸孔淹没出流的判别标准是下游水深大于收缩水深的共轭水深,即 $h_t > h''_c$。当闸孔为淹没出流时,其泄流能力比同样情况下自由出流的泄流能力要小,可用小于 1.0 的淹没系数 σ_s 反映淹没对闸孔出流的影响,即

$$Q = \sigma_s \mu_0 Be\sqrt{2gH_0} \tag{8-5}$$

式中　μ_0——闸孔自由出流的流量系数;

σ_s——淹没系数,可由 $\frac{e}{H}$ 及 $\frac{\Delta z}{H}$ 查图 8-6 得到,Δz 为闸上下游水位差。

【例 8-3】 某无坎平底闸,设矩形平面闸门。闸前水头 $H=5.04$ m,闸孔净宽 $B=7.0$ m,闸门开度 $e=0.6$ m,下游水深 $h_t=3.92$ m,流速系数 $\varphi=0.97$,$v_0=0$,求过闸流量。

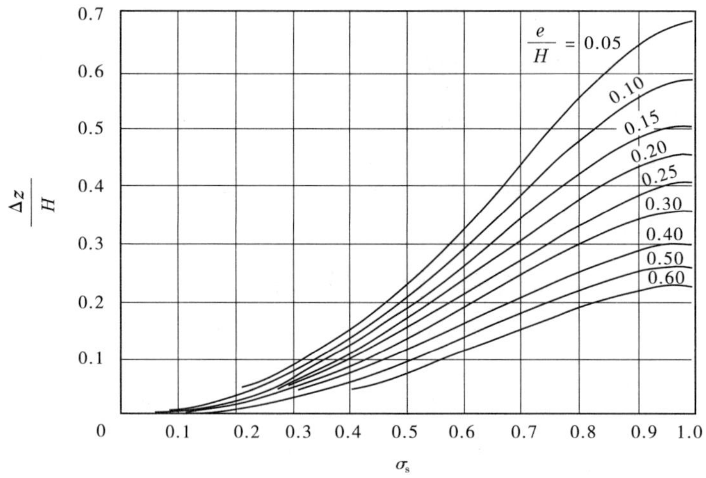

图 8-6 底坎为宽顶堰的闸孔出流淹没系数曲线

解：先判断出流类型：$\frac{e}{H}=\frac{0.6}{5.04}=0.119<0.65$，为闸孔出流。

查表 8-1 得 $\varepsilon'=0.616$，$h_c=\varepsilon' e=0.616\times0.6=0.37(\text{m})$，取 $v_0\approx0$，则收缩断面的流速为

$$v_c=\varphi\sqrt{2g(H_0-h_c)}=0.97\times\sqrt{2\times9.8\times(5.04-0.37)}=9.28(\text{m/s})$$

$$Fr_c=\frac{v_c}{\sqrt{gh_c}}=\frac{9.28}{\sqrt{9.8\times0.37}}=4.875$$

$$h''_c=\frac{h_c}{2}(\sqrt{1+8Fr_c^2}-1)=\frac{0.37}{2}\times(\sqrt{1+8\times4.875^2}-1)=2.37(\text{m})$$

流量系数

$$\mu_0=0.60-0.18\frac{e}{H}=0.60-0.18\times\frac{0.6}{5.04}=0.579$$

因 $h_t=3.92\text{ m}>h''_c=2.37\text{ m}$，故为淹没出流。

由 $\frac{e}{H}=\frac{0.6}{5.04}=0.119$ 和 $\frac{\Delta z}{H}=\frac{5.04-3.92}{5.04}=0.222$，查图 8-6 得 $\sigma_s=0.53$。

$$Q=\sigma_s\mu_0Be\sqrt{2gH_0}=0.53\times0.579\times7.0\times0.6\times\sqrt{2\times9.8\times5.04}=12.81(\text{m}^3/\text{s})$$

三、底坎为曲线形实用堰的闸孔出流

受重力作用，底坎为曲线形实用堰下泄水流，越向下厚度越薄，不像平底闸那样具有明显的收缩断面。因此，曲线形实用堰上闸孔出流的流量系数不同于平底闸孔的流量系数。

工程实践中，往往在大型水利工程中才采用曲线形实用堰，堰比较高，下游水位使过堰水流形成闸孔淹没出流的情况十分少见，因此对闸底坎为曲线形实用堰的闸孔，只讨论

自由出流的情况。

计算曲线形实用堰上闸孔自由出流的流量公式一般用下式

$$Q = \mu_0 Be\sqrt{2gH_0}$$

式中　H_0——实用堰顶算起的总水头；

μ_0——曲线形实用堰上闸孔自由出流的流量系数，它与闸门的形式、闸门的相对开度、底坎剖面曲线的形状及闸门在坎顶的位置有关。

对于平板锐缘闸门出流，流量系数公式为

$$\mu_0 = 0.65 - 0.186\frac{e}{H} \tag{8-6}$$

对于弧形闸门，在初步计算时，可按下式计算

$$\mu_0 = 0.685 - 0.19\frac{e}{H} \tag{8-7}$$

式(8-7)适用于 $0.1<\frac{e}{H}<0.75$ 的情况。

第三节　堰　流

一、堰流的基本公式

现应用能量方程来推求堰流的基本公式。

如图 8-7 所示，为薄壁堰自由出流。以通过堰顶的水平面为基准面，对断面 0—0 和断面 1—1 列能量方程。堰前断面 0—0 符合渐变流条件，而断面 1—1 流线弯曲为急变流断面，该断面动水压强不符合直线分布规律，故用 $\overline{z + \frac{p_1}{\gamma}}$ 表示断面 1—1 单位势能的平均值。过堰水流的能量损失可以只考虑局部水头损失，由此可得

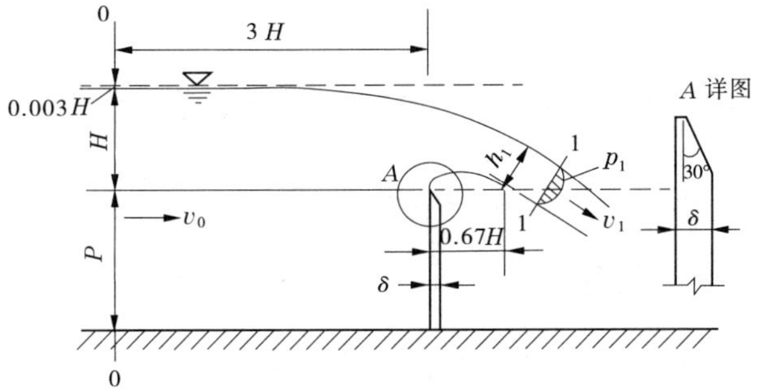

图 8-7　薄壁堰自由出流

$$H + 0 + \frac{\alpha_0 v_0^2}{2g} = \overline{z + \frac{p_1}{\gamma}} + (\alpha_1 + \zeta)\frac{v_1^2}{2g}$$

令 $H + \frac{\alpha_0 v_0^2}{2g} = H_0$，$\overline{z + \frac{p_1}{\gamma}} = \xi H_0$，$\varphi = \frac{1}{\sqrt{1+\zeta}}$，可得下式

$$v_1 = \varphi\sqrt{2gH_0(1-\xi)}$$

设堰顶过水断面净宽为 B，断面 1—1 水舌厚度用 kH_0 表示，k 为反映堰顶水流垂直收缩的系数，则断面 1—1 的过水面积按矩形计算为 kH_0B，故流量

$$Q = Av_1 = k\varphi B\sqrt{1-\xi}\sqrt{2g}H_0^{3/2}$$

令 $m = \varphi k\sqrt{1-\xi}$，称作堰的流量系数，则

$$Q = mB\sqrt{2g}H_0^{3/2} \tag{8-8}$$

式(8-8)是针对堰顶过水断面为矩形的薄壁堰流建立的，但它具有普遍性，对实用堰流和宽顶堰流都是适用的。

在实际应用中，有的堰顶总净宽度小于上游引水渠道宽度 B_0，或堰顶上设有边墩(或翼墙)及闸墩 $B=nb$(n 为闸孔数，b 为单孔净宽)，如图 8-8 所示。这将使过堰水流发生侧向收缩，减小了有效溢流宽度，降低了过水能力，这种堰流称为有侧收缩堰流；反之，称为无侧收缩堰流。另外，当堰的下游水位较高，或下游堰高较小时，会使堰的泄流量减小。这种堰流就称为淹没出流；反之，就叫自由出流。因此，在堰流计算中，考虑到侧收缩与淹没对流量减小的影响，我们在公式中分别乘上两个都小于 1 的系数(侧收缩系数 ε 和淹没系数 σ_s)进行修正，这样堰流的基本公式为

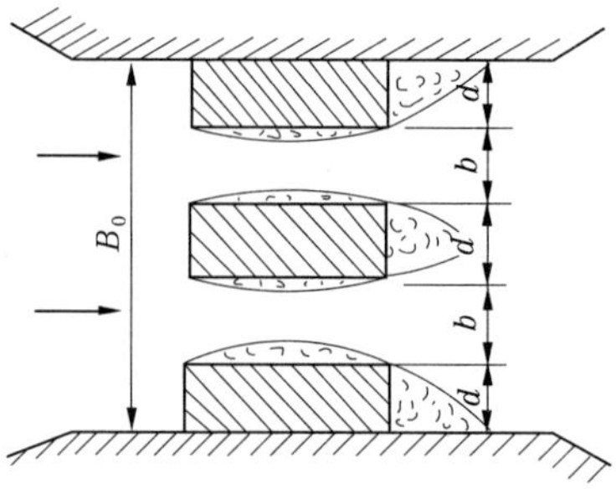

图 8-8　有侧收缩堰流

$$Q = \sigma_s \varepsilon mB\sqrt{2g}H_0^{3/2} \tag{8-9}$$

式中　B——堰顶过水净宽；

H_0——包括行近流速水头在内的堰上总水头；

m——堰的流量系数；

σ_s——考虑下游水位对泄流影响的系数，称为淹没系数，一般 $\sigma_s<1$，非淹没溢流时 $\sigma_s=1$；

ε——侧收缩系数，$\varepsilon<1$，无侧收缩影响时 $\varepsilon=1$。

二、薄壁堰流的水力计算

根据堰口形状的不同，薄壁堰可分为矩形薄壁堰、三角形薄壁堰等。由于薄壁堰流具有稳定的水头与流量关系，一般多用于实验室及小河渠的流量测量。另外，曲线形实用堰的剖面形式往往根据薄壁堰流水舌的下缘曲线确定，因此研究薄壁堰流具有实际意义。

(一)矩形薄壁堰流

利用矩形薄壁堰测流时，为了得到较高的量测精度，一般要求：

(1)单孔无侧收缩(堰宽与上游引水渠宽度相同，即 $b=B_0$)。

(2)下游水位低,不影响出流。

(3)堰上水头 $H>2.5$ cm。因为当 H 过小时,水流将贴堰溢出,不起挑,出流将不稳定。

(4)水舌下面的空间应与大气相通;否则,由于溢流水舌把空气带走,压强降低,水舌下面形成局部真空,出流将不稳定。所以,在无侧收缩、自由出流时,矩形薄壁堰流的流量公式为

$$Q = mB\sqrt{2g}H_0^{3/2}$$

为了应用方便,可以把行近流速的影响包括在流量系数中。为此,把上式改写为

$$Q = m_0 B\sqrt{2g}H^{3/2} \tag{8-10}$$

$$m_0 = \frac{2}{3}\left(0.605 + \frac{0.001}{H} + 0.08\frac{H}{P_1}\right) \tag{8-11}$$

式中 m_0——考虑行近流速水头影响的流量系数;

H——堰顶水头;

P_1——上游堰高。

适用条件:$H \geqslant 0.025$ m,$P_1/H \leqslant 2$,$P_1 \geqslant 0.3$ m。

(二)三角形薄壁堰流

当测量较小流量时,为了提高量测精度,常采用三角形薄壁堰。三角形薄壁堰在小水头时堰口水面宽度较小,流量的微小变化将引起水头的显著变化,因此在量测小流量时比矩形堰的精度高,如图 8-9 所示。

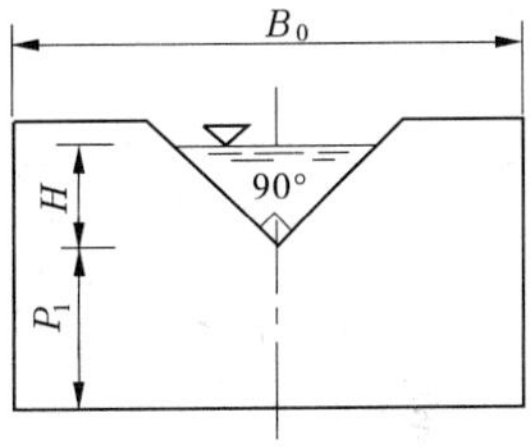

图 8-9 三角形薄壁堰

直角三角形薄壁堰的流量计算公式为

$$Q = 1.4H^{5/2} \tag{8-12}$$

适用条件:$H = 0.05 \sim 0.25$ m;堰高 $P \geqslant 2H$,渠宽 $B_0 \geqslant (3 \sim 4)H$。

三、实用堰流的水力计算

(一)实用堰的剖面形状

在实际工程中,实用堰可分为两大类型:一是用当地材料修筑的中、低溢流堰,堰顶剖面常做成折线形,称为折线形实用堰;二是用混凝土修筑的中、高溢流堰,堰顶制成适合水流自由溢流情况的曲线形,称为曲线形实用堰。

曲线形实用堰又可分为真空和非真空两种剖面形式。水流溢过堰面时,堰顶表面不出现真空现象的剖面,称为非真空剖面堰;反之,称为真空剖面堰。真空剖面堰在溢流时,溢流水舌部分脱离堰面,脱离部分的空气不断地被水流带走,压强降低,从而造成真空。由于真空现象的存在,堰面出现负压,势能减少,过堰水流的动能和流速增大,流量也相应增大,所以真空堰具有过水能力较大的优点。另外,堰面发生真空,使堰面可能受到正负压力的交替作用,造成水流不稳定。当真空达到一定程度时,堰面还可能发生气蚀而遭到破坏。所以,真空剖面堰一般较少使用。

一般曲线形实用堰的剖面如图 8-10 所示，由以下几个部分组成：上游直线段 AB(可为铅垂线，也可做成斜坡线)，堰顶曲线段 BC，下游斜坡段 CD 及反弧段 DE。

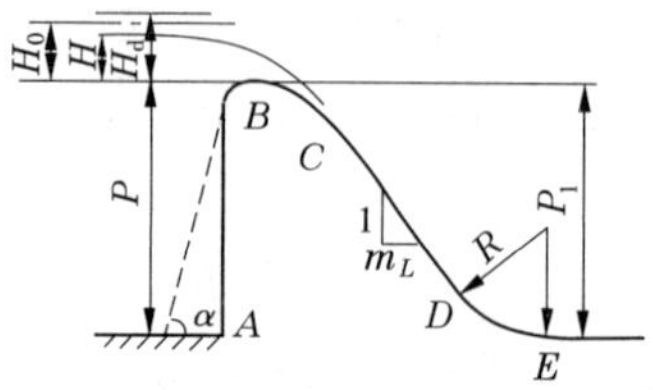

图 8-10　曲线形实用堰剖面

下游斜坡段的坡度由堰的稳定和强度要求而定，一般为 1∶0.65～1∶0.75；反弧段 DE 的圆弧半径 R 可根据下游堰高 P_1 和设计水头 H_d，由表 8-4 查得。当 $P_1<10$ m 时，可采用 $R=0.5P_1$；当 $H_d>9$ m 时，R 近似用 $R=H_d+\dfrac{P_1}{4}$ 计算。

表 8-4　曲线形实用堰的圆弧半径值　（单位：m）

P_1	H_d								
	1	2	3	4	5	6	7	8	9
10	3.0	4.2	5.4	6.5	7.5	8.5	9.6	10.6	11.6
20	4.0	6.0	7.8	8.9	10.0	11.0	12.2	13.3	14.3
30	4.5	7.5	9.7	11.0	12.4	13.5	14.7	15.8	16.8
40	4.7	8.4	11.0	13.0	14.5	15.8	17.0	18.0	19.0
50	4.8	8.8	12.2	14.5	16.5	18.0	19.2	20.3	21.3
60	4.9	8.9	13.0	15.5	18.0	20.0	21.2	22.2	23.2

堰顶曲线段是设计曲线形实用堰的关键。国内外对堰面形状有不同的设计方法，其轮廓线可用坐标或方程来确定。以往多采用克-奥型剖面，设计出的堰面偏厚，流量系数小。目前，国内外采用较多的是 WES 剖面，该剖面与其他形式的剖面相比，在过水能力、堰面压强分布和节省材料等方面要优越一些。

WES 剖面如图 8-11 所示，其堰顶上游部分曲线用三段圆弧连接，堰顶下游的曲线用下列方程表示

$$y=\frac{x^{1.85}}{2H_d^{0.85}} \tag{8-13}$$

式中　H_d——不包括行近流速水头的堰上设计水头。

(二)流量系数

曲线形实用堰的流量系数主要取决于上游堰高与设计水头之比 $\dfrac{P}{H_d}$、堰顶全水头与设计水头之比 $\dfrac{H_0}{H_d}$ 及堰上游面的坡度。在工程设计中，一般选用 $H_d=(0.75\sim0.95)H_{max}$($H_{max}$

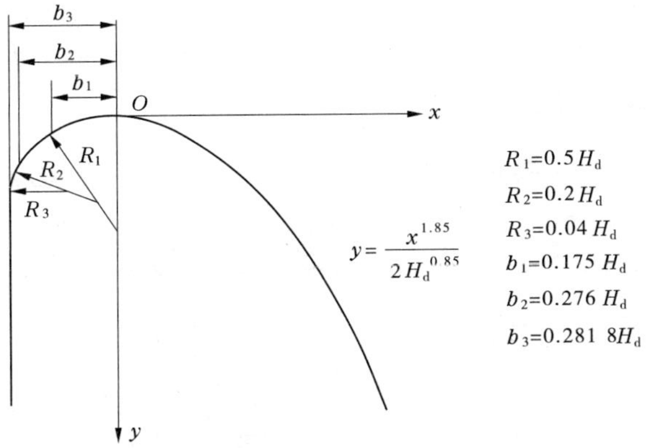

图 8-11　WES 剖面

为最大堰顶水头），这样可以保证在实际 H_0 小于或等于 H_d 的大部分情况下堰面不会出现真空。当然，在 H_0 大于 H_d 时，堰面仍可能出现真空，但因这种水头出现的机会少，所以堰面出现暂时的、在允许范围内的真空值是可以的。在堰的运用过程中，H_0 常不等于 H_d。当 $H_0<H_d$ 时，过水能力减小，$m<m_d$；当 $H_0>H_d$ 时，堰的过水能力增大，$m>m_d$。

对于 WES 型实用堰，当堰上游面垂直，且 $\frac{P}{H_d} \geqslant 1.33$ 时，属于高堰范围。因上游堰高较大，行近流速水头较小。在这种情况下，若 $H_0=H_d$，即实际工作全水头刚好等于设计水头时，WES 型堰的流量系数 $m_d=0.502$；若 $H_0 \neq H_d$ 时，流量系数值由图 8-12 查出。

当 $\frac{P}{H_d}<1.33$ 时，为低堰，行近流速较大，流量系数 m 随 $\frac{P}{H_d}$ 值的减小而减小。同时，在相同 $\frac{P}{H_d}$ 的情况下，还随总水头 H_0 与设计水头 H_d 的比值而变化。图 8-12 中左上角的曲线为考虑上游面坡度影响的修正系数 c（堰的上游面为垂直时，$c=1$）。流量系数值应为 $c \times \frac{m}{m_d} \times m_d$ 的乘积，其中 m_d 的大小由图 8-12 右下角的曲线查出。

（三）侧收缩系数

实验证明，侧收缩系数 ε 与边墩、闸墩头部形式、堰孔数目、堰孔尺寸及总水头 H_0 有关。可按下面的经验公式计算

$$\varepsilon = 1 - 0.2[(n-1)\zeta_0 + \zeta_k]\frac{H_0}{nb} \tag{8-14}$$

式中　n——溢流孔数；

b——每孔的净宽；

ζ_0——闸墩形状系数，当 $\frac{h_s}{H_0} \leqslant 0.75$ 时由图 8-13 查得，当 $\frac{h_s}{H_0}>0.75$ 时由表 8-5 查得；

ζ_k——边墩形状系数，由图 8-13 查得。

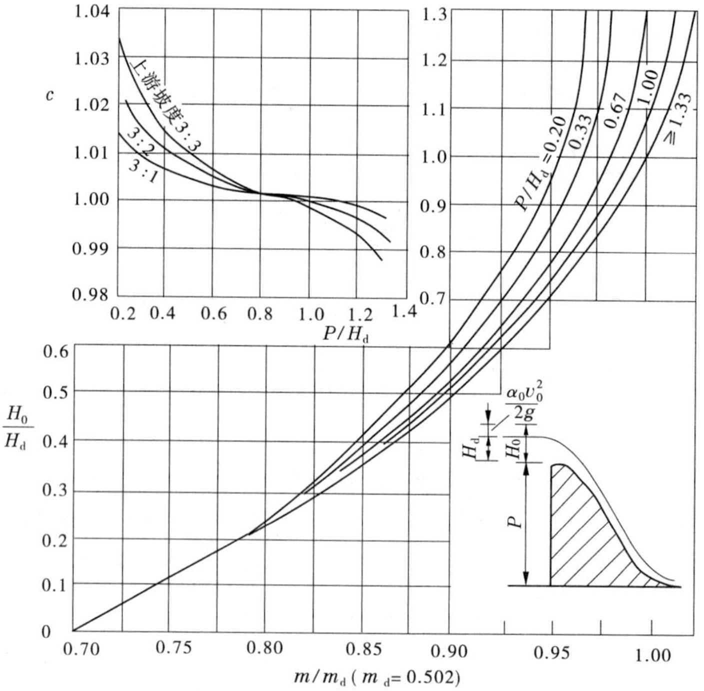

图 8-12 流量系数曲线

表 8-5 闸墩形状系数值

闸墩头部平面形状	$\frac{h_s}{H_0}$					说明
	≤0.75	0.8	0.85	0.9	0.95	
矩形	0.8	0.86	0.92	0.98	1.00	h_s 为下游水位超过堰顶的高度
半圆形或尖角形	0.45	0.51	0.57	0.63	0.69	
尖圆形	0.25	0.32	0.39	0.46	0.53	

式(8-14)在应用中,若 $\frac{H_0}{b} > 1$,不管 $\frac{H_0}{b}$ 数值多少,仍用 $\frac{H_0}{b} = 1$ 代入计算。

(四)淹没系数

对于 WES 剖面,当下游水位超过堰顶一定数值,即 $\frac{h_s}{H_0} > 0.15$ 时,堰下游形成淹没水跃,过堰水流受到下游水位顶托,过水能力减小,形成淹没出流。

当下游堰高较小,即 $\frac{P_1}{H_0} < 2$ 时,即使下游水位低于堰顶,过堰水流受下游护坦的影响,也会产生类似淹没的效果而使过水能力减小。因此,淹没系数可根据 $\frac{h_s}{H_0}$ 由图 8-14 查得。图 8-14 中 $\sigma_s = 1.0$ 的曲线右下方的区域即为自由出流区(即 $\frac{h_s}{H_0} \leqslant 0.15, \frac{P_1}{H_0} \geqslant 2$),它

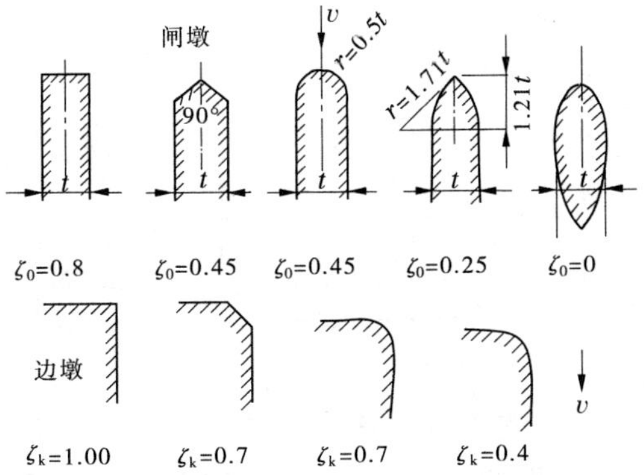

图 8-13 闸墩和边墩形状系数

不受下游水位及护坦高程的影响。

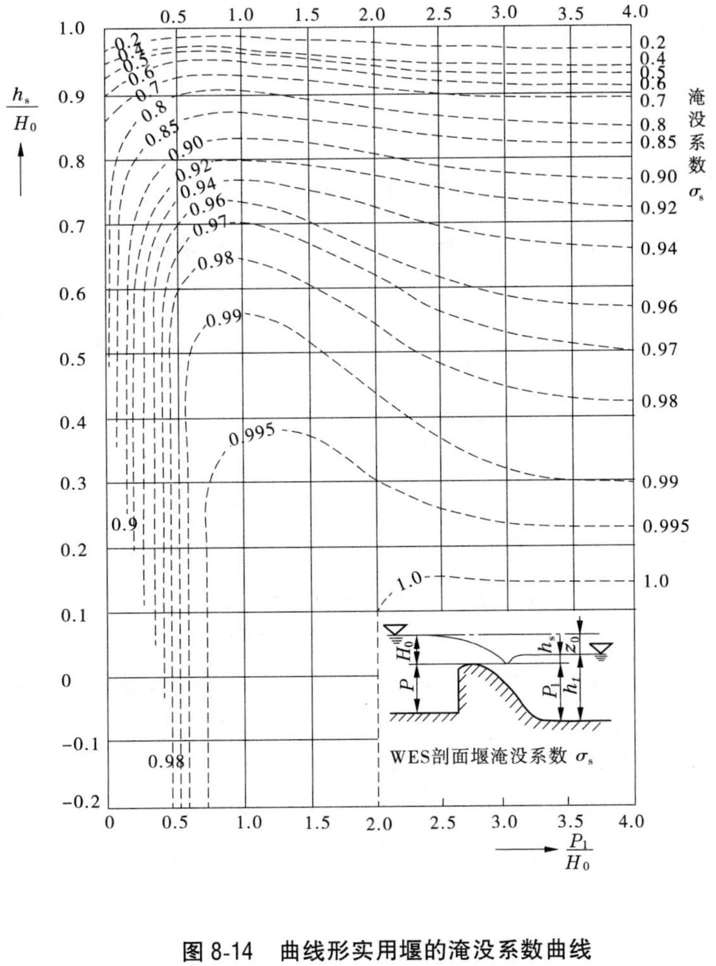

图 8-14 曲线形实用堰的淹没系数曲线

中、小型水利工程常用当地材料如条石、砖或木材做成折线形低堰，断面形状一般有梯形、矩形、多边形等，如图 8-15 所示。

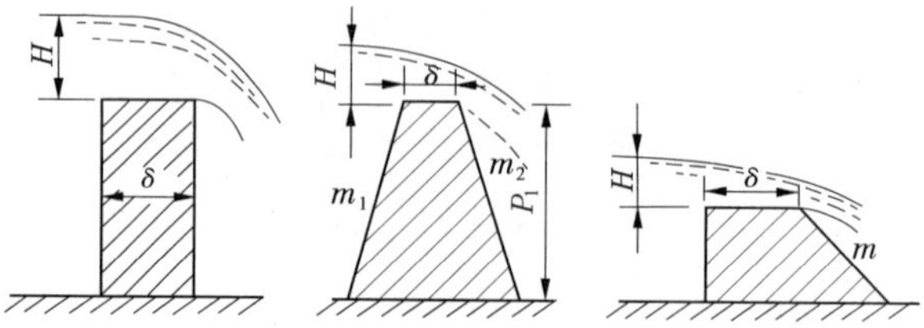

图 8-15　折线形实用堰

折线形实用堰中以梯形实用堰用得较多，梯形实用堰流量仍可按堰流的基本公式计算。其流量系数 m 与堰顶厚度、相对堰高和前后坡度有关，应用时可由《水力计算手册》查取。侧收缩系数、淹没系数可近似按曲线形实用堰的方法来确定。

【例 8-4】　某水利枢纽的溢流坝采用 WES 标准剖面实用堰，闸墩的头部为半圆形，边墩头部为圆角形，共 16 孔，每孔净宽 15.0 m。已知堰顶高程为 110.0 m，下游河床为 30.0 m。当上游设计水位为 125.0 m 时，相应下游水位为 52.0 m，流量系数 $m_d = 0.502$，求过堰流量。

解：因下游水位比堰顶低得多，应为自由出流，$\sigma_s = 1.0$。

因 $\dfrac{P}{H_d} = \dfrac{80}{15} = 5.33 > 1.33$ 为高堰，取 $H_0 \approx H = 15$ m。

查图 8-13 得圆角形边墩的形状系数 $\zeta_k = 0.7$，查表 8-5 得闸墩形状系数 $\zeta_0 = 0.45$，侧收缩系数

$$\varepsilon = 1 - 0.2[(n-1)\zeta_0 + \zeta_k]\frac{H_0}{nb}$$

$$= 1 - 0.2 \times [(16-1) \times 0.45 + 0.7] \times \frac{15}{16 \times 15.0}$$

$$= 0.907$$

$$Q = \sigma_s \varepsilon m B\sqrt{2g}H_0^{3/2}$$

$$= 1.0 \times 0.907 \times 15 \times 16 \times 0.502 \times \sqrt{2 \times 9.8} \times 15^{3/2}$$

$$= 28\ 105(\mathrm{m^3/s})$$

【例 8-5】　某河道宽 160 m，设有 WES 型实用堰，堰上游面垂直。闸墩头部为圆弧形，边墩头部为半圆形。共 7 孔，每孔净宽 10 m。当设计流量为 5 500 $\mathrm{m^3/s}$ 时，相应的上游水位为 55.0 m，下游水位为 39.2 m，上下游河床高程为 20.0 m，确定该实用堰堰顶高程。

解：因堰顶高程决定于上游设计水位和堰的设计水头，应先计算设计水头，再算堰顶高程。堰上全水头

$$H_0 = \left(\frac{Q}{\sigma_s \varepsilon m B\sqrt{2g}}\right)^{2/3}$$

已知 $Q=5\ 500\ m^3/s$；$B=7\times10=70(m)$；对 WES 型实用堰，在设计水头下（$H_0=H_d$ 时），流量系数 $m_d=0.502$；侧收缩系数 ε 与 H_0 有关，应先假定 ε，求出 H_0，再求 ε。现假定 $\varepsilon=0.9$，因堰顶高程和 H_0 未知，无法判定堰的出流情况，可先按自由出流计算，即取淹没系数 $\sigma_s=1.0$，然后再校核。

$$H_0=\left(\frac{5\ 500}{0.9\times0.502\times70\times\sqrt{2\times9.8}}\right)^{2/3}=11.55(m)$$

用求得的 H_0 近似值代人式(8-14)，求 ε 值。

查图 8-13 得边墩形状系数 $\zeta_k=0.7$，闸墩形状系数 $\zeta_0=0.45$。

因 $\frac{H_0}{b}=\frac{11.55}{10}=1.155>1$，应按 $\frac{H_0}{b}=1$ 代入计算。

$$\varepsilon=1-0.2[(n-1)\zeta_0+\zeta_k]\frac{H_0}{nb}=1-0.2\times[(7-1)\times0.45+0.7]\times\frac{1}{7}=0.903$$

用求得的 ε 近似值代入公式重新计算 H_0

$$H_0=\left(\frac{5\ 500}{1.0\times0.903\times0.502\times70\times\sqrt{2\times9.8}}\right)^{2/3}=11.53(m)$$

因 $\frac{H_0}{b}=\frac{11.53}{10}=1.153>1$，应仍按 $\frac{H_0}{b}=1$ 计算，则所求 ε 不变，这说明以上所求 $H_0=11.53\ m$ 是正确的。

已知上游河道宽为 160 m，上游设计水位为 55.0 m，河床高程为 20.0 m，近似按矩形计算上游过水断面面积

$$A_0=160\times(55.0-20.0)=5\ 600(m^2)$$

$$v_0=\frac{Q}{A_0}=\frac{5\ 500}{5\ 600}=0.98(m/s)$$

则堰的设计水头

$$H_d=H_0-\frac{\alpha_0v_0^2}{2g}=11.53-0.05=11.48(m)$$

堰顶高程 = 上游设计水位 $-H_d=55.0-11.48=43.52(m)$

下游堰高 $P_1=43.52-20.00=23.52(m)$

最后校核出流条件 $\frac{P_1}{H_0}=\frac{23.52}{11.53}=2.04>2$

因下游水面比堰顶低，$\frac{h_s}{H_0}<0.15$，满足自由出流条件，以上按自由出流计算的结果正确。

四、宽顶堰流的水力计算

如图 8-16(a)所示，水流进入有底坎的堰顶后，水流在垂直方向受到堰坎边界的约束，堰顶上的过水断面缩小，流速增大，势能转化为动能。同时堰坎前后产生的局部水头损失，也导致堰顶上势能减小。所以，宽顶堰过堰水流的特征使进口处水面发生明显跌

落。从水力学观点看,过水断面的缩小,可以由堰坎引起,也可以由两侧横向约束引起。宽顶堰流的水力计算仍采用堰流基本公式,但也因“宽顶”有其自身的特点。当明渠水流流经桥墩、渡槽、隧洞(或涵洞)的进口等建筑物时,由于进口段的过水断面在平面上收缩,使过水断面减小,流速加大,部分势能转化为动能,也会形成水面跌落,这种流动现象称为无坎宽顶堰流,仍按宽顶堰流的方法进行分析、计算,如图 8-16(b)、(c)、(d)所示。

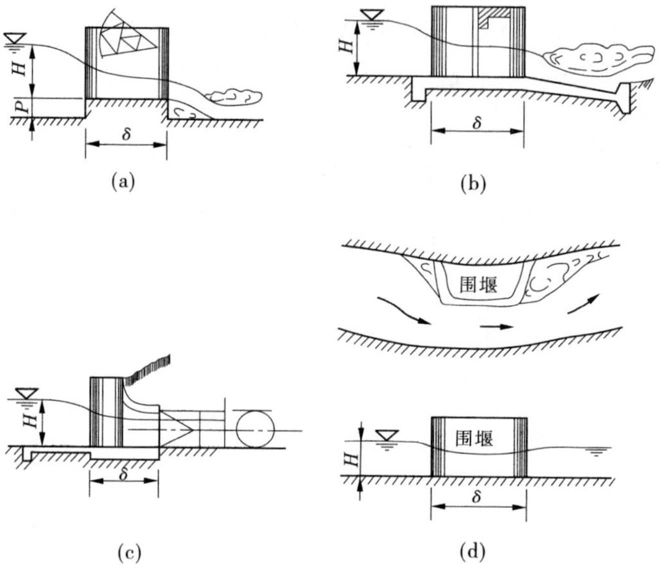

图 8-16 宽顶堰

(一)流量系数

宽顶堰的流量系数取决于堰的进口形状和堰的相对高度、不同的进口堰头形状,可按下列方法确定。

(1)直角前沿进口[见图 8-17(a)]:

$$m = 0.32 + 0.01\frac{3 - \frac{P}{H}}{0.46 + 0.75\frac{P}{H}} \tag{8-15}$$

(2)圆角前沿进口[见图 8-17(a)]:

$$m = 0.36 + 0.01\frac{3 - \frac{P}{H}}{1.2 + 1.5\frac{P}{H}} \tag{8-16}$$

(3)斜坡式进口[见图 8-17(b)]。流量系数可根据 $\frac{P}{H}$ 及上游堰面倾角 θ ,由表 8-6 选取。

图 8-17　宽顶堰的进口

表 8-6　上游面倾斜的宽顶堰的流量系数 m 值

$\frac{P}{H}$	$\cos\theta$				
	0.5	1.0	1.5	2.0	≥2.5
0.0	0.385	0.385	0.385	0.385	0.385
0.2	0.372	0.377	0.380	0.382	0.382
0.4	0.365	0.373	0.377	0.380	0.381
0.6	0.361	0.370	0.376	0.379	0.380
0.8	0.357	0.368	0.375	0.378	0.379
1.0	0.355	0.367	0.374	0.377	0.378
2.0	0.349	0.363	0.371	0.375	0.377
4.0	0.345	0.361	0.370	0.374	0.376
6.0	0.344	0.360	0.369	0.374	0.376
8.0	0.343	0.360	0.369	0.374	0.376

在式(8-15)、式(8-16)中，P 为上游堰高。当 $\frac{P}{H}>3$ 时，由堰高引起的水流垂向收缩已达到相当充分的程度，故计算时不再考虑堰高变化的影响，按 $\frac{P}{H}=3$ 代入公式计算 m 值。由式(8-15)可以看出，直角前沿进口的宽顶堰的流量系数的变化范围为 0.32～0.385；由式(8-16)可以看出，圆角前沿进口的宽顶堰的流量系数的变化范围为 0.36～0.385。当 $\frac{P}{H}=0$ 时，$m=0.385$，此时宽顶堰的流量系数值最大。

比较一下实用堰和宽顶堰的流量系数，我们可以看到前者比后者大。也就是说，实用堰有较大的过水能力。对此，可以用相同堰高、相同堰顶水头的两堰进行对比分析：实用堰顶水流是流线向上弯曲的急变流，其断面上的动水压强小于按静水压强规律计算的值，即堰顶水流的压强和势能较小，动能和流速较大，故过水能力较大；宽顶堰则因堰顶水流是流线近似平行的渐变流，其断面动水压强近似按静水压强规律分布，堰顶水流压强和势能较大，动能和流速较小，故过水能力较小。

（二）侧收缩系数

宽顶堰的侧收缩系数仍可按式(8-14)计算。

（三）淹没系数

实验证明，当下游水位较低时，进入堰顶的水流，因受到堰顶垂直方向的约束，在进口产生水面跌落，并在进口后约2H处形成收缩断面。该断面的水深$h_c < h_k$，堰顶水流处于急流状态，水流流出堰顶后，水面产生第二次跌落，称此宽顶堰流为自由出流。当下游水位升高，只要它低于堰顶的临界水深或k—k线，则宽顶堰一定是自由出流。

当堰下游水位升高到影响宽顶堰的过流能力时，就成为淹没出流，如图8-18所示。实验表明，当$\frac{h_s}{H_0}$>0.8时，形成淹没出流。

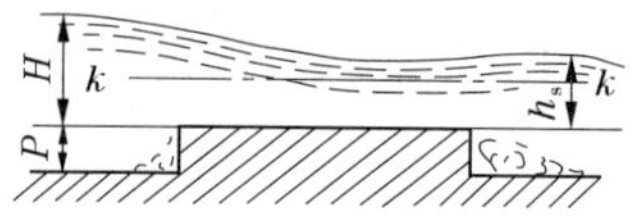

图8-18　宽顶堰

淹没系数σ_s可根据$\frac{h_s}{H_0}$由表8-7查出。

表8-7　宽顶堰的淹没系数σ_s

$\frac{h_s}{H_0}$	0.80	0.81	0.82	0.83	0.84	0.85	0.86	0.87	0.88	0.89
σ_s	1.00	0.995	0.99	0.98	0.97	0.96	0.95	0.93	0.90	0.87
$\frac{h_s}{H_0}$	0.90	0.91	0.92	0.93	0.94	0.95	0.96	0.97	0.98	
σ_s	0.84	0.82	0.78	0.74	0.70	0.65	0.59	0.50	0.40	

无坎宽顶堰流在计算流量时，仍可使用宽顶堰流的公式。但在计算中不再单独考虑侧向收缩的影响，而是把它包含在流量系数中一并考虑，即

$$Q = \sigma_s m' B \sqrt{2g} H_0^{3/2} \tag{8-17}$$

式中　m'——包含侧收缩影响在内的流量系数，可根据进口翼墙形式及平面收缩程度，由表8-8查得。

无坎宽顶堰流的淹没系数可近似由表8-7查得。

【例8-6】　某进水闸，闸底坎为具有圆角前沿进口的宽顶堰，堰顶高程为22.0 m，渠底高程为21.0 m。共10个孔，每孔净宽8 m，闸墩头部为半圆形，边墩头部为流线形。当闸门全开时，上游水位为25.5 m，下游水位为23.2 m，不考虑闸前行近流速的影响，求过闸流量。

解：(1)判断下游是否淹没：

$$P = 22.0 - 21.0 = 1.0(\text{m})$$

$$H = 25.50 - 22.0 = 3.5(\text{m})$$

$$\frac{h_s}{H_0} = \frac{23.2 - 22.0}{25.5 - 22.0} = 0.34 < 0.8，为自由出流。$$

(2)求流量系数m：

表 8-8 无坎宽顶堰的流量系数值

$\frac{B}{B_0}$	直角形翼墙	八字形翼墙			圆角形翼墙		
		cotθ			$\frac{r}{B}$		
		0.5	1.0	2.0	0.2	0.3	≥0.5
0	0.320	0.343	0.350	0.353	0.349	0.354	0.360
0.1	0.322	0.344	0.351	0.354	0.350	0.355	0.361
0.2	0.324	0.346	0.352	0.355	0.351	0.356	0.362
0.3	0.327	0.348	0.354	0.357	0.353	0.357	0.363
0.4	0.330	0.350	0.356	0.358	0.355	0.359	0.364
0.5	0.334	0.352	0.358	0.360	0.357	0.361	0.366
0.6	0.340	0.356	0.361	0.363	0.360	0.363	0.368
0.7	0.346	0.360	0.364	0.366	0.363	0.366	0.370
0.8	0.355	0.365	0.369	0.370	0.368	0.371	0.373
0.9	0.367	0.373	0.375	0.376	0.375	0.376	0.378
1.0	0.385	0.385	0.385	0.385	0.385	0.385	0.385

注：B_0 为引水渠的宽度，B 为闸孔宽度，r 为翼墙圆角半径。

$$m = 0.36 + 0.01\frac{3-\frac{P}{H}}{1.2+1.5\frac{P}{H}} = 0.36 + 0.01 \times \frac{3-\frac{1}{3.5}}{1.2+1.5\times\frac{1}{3.5}} = 0.377$$

(3)求侧收缩系数 ε：

查图 8-13 得边墩形状系数 $\zeta_k = 0.4$，闸墩形状系数 $\zeta_0 = 0.45$，则

$$\varepsilon = 1 - 0.2 \times [(n-1)\zeta_0 + \zeta_k]\frac{H_0}{nb}$$

$$= 1 - 0.2 \times [(10-1)\times 0.45 + 0.4] \times \frac{3.5}{10\times 8} = 0.961$$

$$Q = \varepsilon m B\sqrt{2g}H_0^{3/2}$$

$$= 0.961 \times 0.377 \times 10 \times 8 \times \sqrt{2\times 9.8} \times 3.5^{3/2}$$

$$= 840.2(m^3/s)$$

小　结

本章对闸孔出流和堰流的水流现象做了介绍。这两种水力现象之间，既有联系又有区别。闸孔出流和堰流在水力计算上的共同点是计算水头损失时只考虑局部水头损失，在一定的条件下，它们又可以相互转化。当水流为闸孔出流时，若将闸门开度加大到一定程度，水流即由闸孔出流变为堰流；相反，若将闸门开度减小到一定程度，堰流又转变为闸孔出流。在学习中要注意掌握两种水流类型的判别方法。

习 题

8-1 什么叫堰和堰流？

8-2 堰流和闸孔出流有何区别和联系？

8-3 有一平底闸，共6孔，每孔净宽3 m。闸上设锐缘平面闸门。已知闸前水头$H=3.5$ m，闸门开度$e=1.2$ m，流速系数$\varphi=0.97$，当下游水深$h_t=2.8$ m时，不计行近流速，求通过水的流量。

8-4 如图8-19所示，在一梯形长渠道上建闸，建闸处为矩形断面，下游通过翼墙与渠道相接。渠道底宽$b=12$ m，边坡系数$m=1.5$，渠底坡度$i=0.000\ 4$，糙率$n=0.025$。闸共两孔，每孔闸宽4 m。当闸门开度$e=1$ m时，过闸流量$Q=40$ m³/s，不计侧收缩影响，求闸前水深。

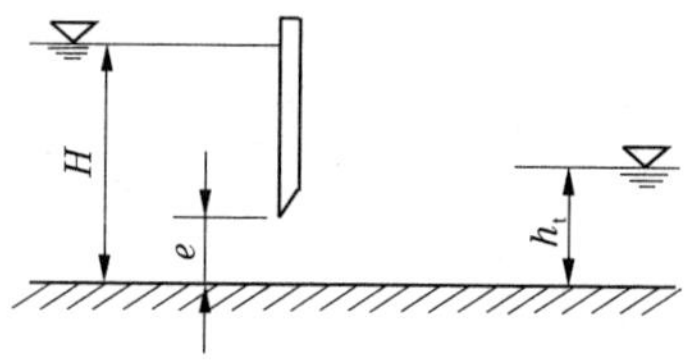

图8-19

8-5 某弧形闸门进水闸，闸底坎与渠底齐平，闸底板高程为100.0 m，闸孔宽5 m，弧形闸门转轴高程为104.0 m，半径为5 m。当闸门开度$e=0.9$ m时，闸上游水位为103.0 m，相应下游水位为101.0 m，上游行近流速$v_0=1.0$ m/s，求过闸流量。

8-6 某曲线形实用堰顶设有平板闸门，共7孔，每孔净宽5 m，闸门上游面底缘切线与水平线夹角$\theta=0°$。已知闸上水头$H=5.6$ m，闸孔开度$e=1.5$ m，下游水位很低为自由出流，不计行近流速，试求：①闸孔泄流量；②改成弧形闸门后的闸孔泄流量。

8-7 某上游堰面垂直的WES标准剖面堰。上下游堰高$P=P_1=40$ m，闸墩头部为半圆形，边墩头部为圆弧形，共6孔，每孔净宽5 m。已知堰上实际水头$H=4$ m（设计水头$H_d=4$ m），下游水位超过堰顶的高度$h_s=2$ m，求通过的流量。

8-8 为了灌溉需要，在河道上修建拦河坝一座，如图8-20所示。溢流坝采用堰顶上游为圆弧段的WES型实用堰剖面，坝顶无闸门和闸墩，边墩为圆弧形。坝的设计洪水流量为540 m³/s，相应的上、下游设计水位分别为50.7 m和48.1 m，坝址处河床高程为38.5 m，坝前河道过水断面面积为524 m²。根据灌溉水位要求，已确定坝顶高程为48.0 m。求坝的溢流宽度。

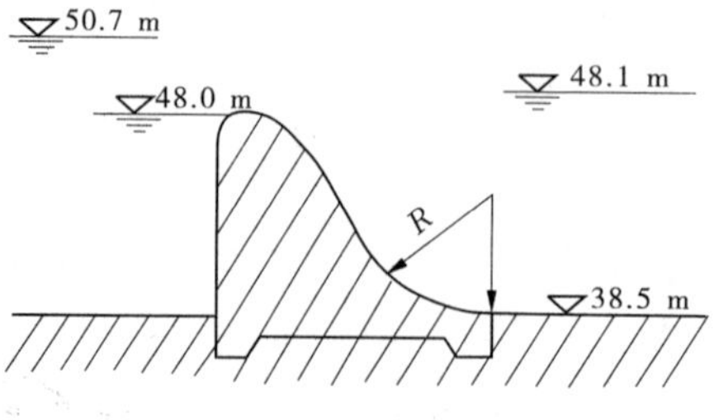

图8-20

8-9　某水库溢流坝共 4 孔，每孔净宽 8 m，坝为 WES 标准剖面，闸墩头部为尖圆形，边墩为圆弧形。坝前库底高程为 70.0 m，当库水位高程为 120.0 m 时，要求下泄流量为 800 m^3/s。不考虑下游水位的影响，问溢流坝坝顶高程应为多少？

8-10　某直角进口的宽顶堰上设有闸门，共 6 孔，每孔净宽 6 m，闸墩头部为尖圆形，边墩头部为圆弧形。已知堰顶高程为 1.2 m，堰底部高程为 0.0 m，当闸门全开时，水闸上游水位为 4.5 m，相应下游水位为 3.4 m，不计行近流速，求通过水闸的流量。

第九章　水工建筑物下游水流衔接与消能

【学习要求】 了解消耗的目的与意义;了解水工建筑物下游水流特征及水流衔接与消能的主要形式;掌握底流式衔接形式的判别与不同形式消力池的水力计算;掌握挑流式消能的水力计算。

第一节　概　述

在水利工程中,为了控制水流、合理开发利用水资源、防止水灾,需在河、渠上修建溢流坝、水闸等泄水建筑物。闸、坝等建筑物抬高了上游水位,使泄水建筑物的上下游形成了较高的落差。因此,自闸、坝下泄的水流往往多为流速高、单宽流量大、能量集中的急流;而下游河道正常流动多为流速较低的缓流,因此产生两种流态的水流衔接问题。如不妥善进行衔接与消能处理,必然冲刷河床和岸坡,影响建筑物的安全与正常使用。

因此,必须考虑泄水建筑物下游水流的衔接问题。选择适当的消能方式,在下游较短距离内消除余能,使集中泄出的高速水流尽快转变为下游河道中的正常流动,确保建筑物的安全和水利枢纽的正常运行。

泄水建筑物下游水流的衔接形式与所采用的消能措施密切相关。目前,工程上水流衔接和消能形式主要有以下几种。

一、底流式消能

由第七章可知,建筑物下泄的急流向下游缓流过渡时,必然发生水跃。水跃能够消除大量的动能。底流式衔接与消能就是通过采取工程措施,使泄水建筑物泄出的水流在较短距离内,有控制地通过水跃转变为缓流,消除余能,与下游河道的正常流动衔接起来。因水跃区高流速的主流位于底部,故称其为底流式消能,如图 9-1 所示。这种消能形式主要用于中、低水头的闸、坝,可适应较差的地质条件,消能效果较好。

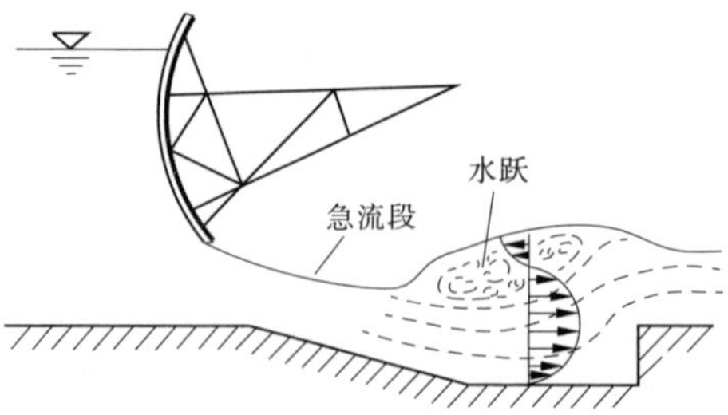

图 9-1　底流式消能

二、挑流式消能

借助建筑物末端的挑流鼻坎，利用高速下泄水流的动能，将水流挑射到离建筑物较远的下游，使得对河床的冲刷位置离建筑物较远，不至于影响建筑物的安全。这种方式称为挑流式消能，如图 9-2 所示。射出的水流的余能一部分在空中消散，然后落入下游河床形成的水垫中，大部分能量在水流跌入水垫后通过水股两侧形成的水滚而消除。这种消能形式往往用于中、高水头，且单宽流量较大时的情形，特别是下游河床的岩石比较完整、抗冲能力较强的工程，多采用挑流消能。

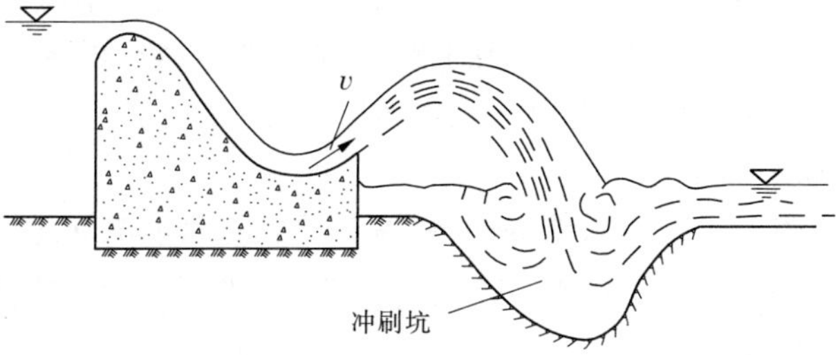

图 9-2　挑流式衔接与消能

三、面流式消能

利用建筑物末端设置的跌坎，将高速水流导向下游水流表层，主流与河床间由巨大的底部旋滚隔开，以减轻高速主流对河床的冲刷，并消除余能。由于高流速的主流位于面层，故称为面流式衔接与消能，如图 9-3 所示。这种消能形式要求下游具有较高且较稳定的水位，一般用于有排冰、漂木等要求的泄水建筑物。

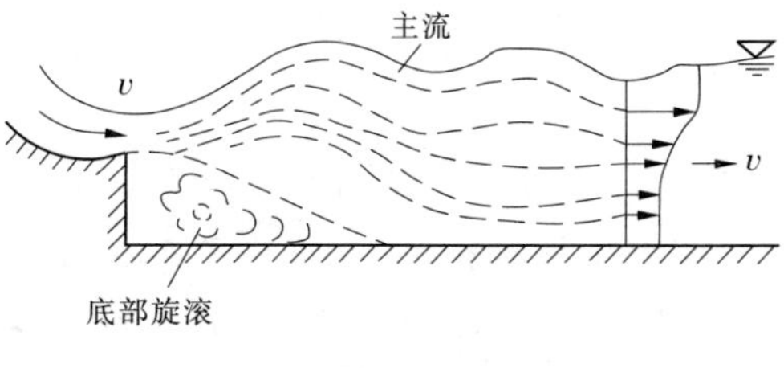

图 9-3　面流式衔接与消能

除上述三种常见的消能方式外，还有戽式消能、竖井消能、孔板消能、宽尾墩消能等。在工程实践中，具体采用哪一种消能方式必须结合工程的运用要求，并兼顾水力、地形、地质条件等进行综合分析，因地制宜地加以选择。

重要的水利工程往往需要进行水工模型实验确定消能方式。本章只介绍最常用的底流式消能和挑流式消能的分析和计算。

第二节　底流式消能

一、底流式消能的主要形式

经闸、坝下泄的水流在泄流过程中，势能不断转化为动能。在建筑物下游某过水断面上水深达到最小值，而流速达到最大值，这个断面称为收缩断面，该断面水深为收缩断面水深 h_c。收缩断面水深 h_c 一般小于临界水深 h_k，水流呈急流；而河道下游水深 h_t 往往大于临界水深 h_k，水流呈缓流，水流从急流向缓流过渡，必然发生水跃。假设水跃自收缩断面处开始发生，则 h_c 即为跃前水深 h'，由水跃方程可算出对应的跃后水深 h''_c，根据下游河道的水深 h_t 与 h''_c 的相对大小，有以下三种水跃衔接形式。

(一)临界式水跃

当 $h_t = h''_c$ 时，表明此时下游水深 h_t 正好等于收缩断面水深 h_c 所对应的跃后水深 h''_c，则水跃自收缩断面处开始发生，这种水跃称为临界式水跃，这种水流衔接称为临界式水跃衔接，如图 9-4 所示。

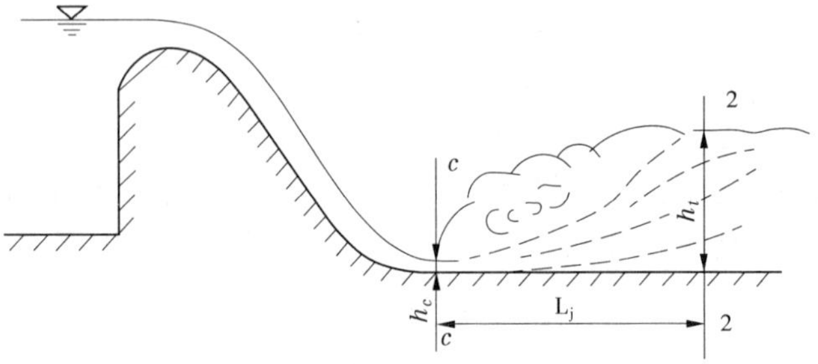

图 9-4　临界式水跃($h_t = h''_c$)

(二)远离式水跃

当 $h_t < h''_c$ 时，表明跃前水深 h' 大于收缩断面水深 h_c，此时收缩断面处不会发生水跃，水流继续保持急流状态，向下游逐渐扩散，水深由收缩断面水深 h_c 逐渐增大，当其向下游达到 h' 时，水跃自该断面处开始发生，此时 $h_t < h''_c$。这种发生在收缩断面下游的水跃称为远离式水跃，这种衔接就称为远离式水跃衔接，如图 9-5 所示。

(三)淹没式水跃

当 $h_t > h''_c$ 时，水跃旋滚淹没收缩断面，此时水跃的起始断面在收缩断面的上游，整个水跃将被推向上游，使收缩断面处于水跃旋滚之下，这种收缩断面被淹没的水跃称为淹没式水跃，这种衔接就称为淹没式水跃衔接，如图 9-6 所示。

上述三种水跃衔接形式：

(1)当 $h_t = h''_c$ 时，称为临界式水跃。

(2)当 $h_t < h''_c$ 时，称为远离式水跃。

(3)当 $h_t > h''_c$ 时，称为淹没式水跃。

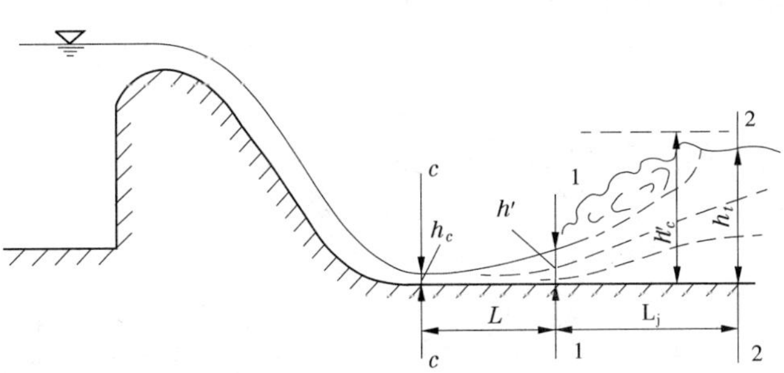

图 9-5 远离式水跃($h_t < h''_c$)

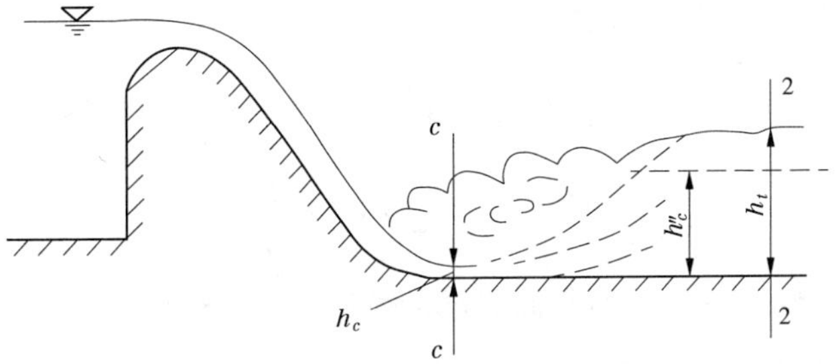

图 9-6 淹没式水跃($h_t > h''_c$)

上述三种水跃衔接形式中,远离式水跃对工程最为不利。因其急流段长,所需加固的河段较长,不经济,所以不采用。临界式水跃不稳定,下泄流量稍有增加或下游水位略有降低,就转为远离式水跃,也不宜采用。因此,从减小急流段保护长度、水跃位置的稳定性要求及消能效果等几方面综合考虑,采用稍有淹没的水跃衔接形式进行消能最为有利。

要判断水跃衔接形式,首先必须确定收缩断面水深。

二、收缩断面水深计算

(一)基本方程

以图 9-7 所示的溢流坝为例,建立收缩断面水深计算的基本方程。选通过收缩断面

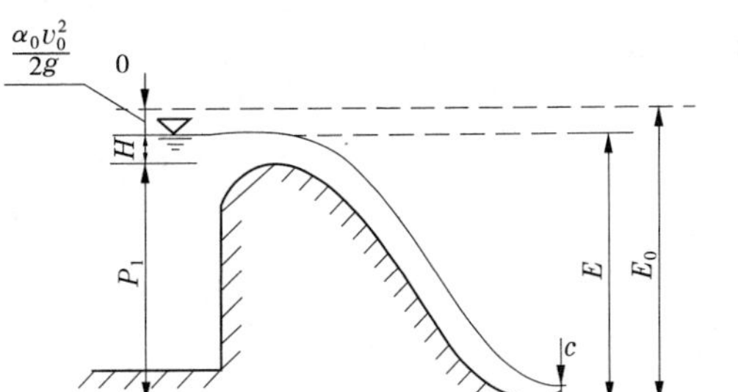

图 9-7 溢流坝

底部的水平面为基准面，对断面0—0和断面c—c列能量方程，可得下式

$$E_0 = h_c + \frac{Q^2}{2g\varphi^2 A_c^2} \tag{9-1}$$

对矩形断面：$A_c = bh_c$，取单宽流量$q = Q/b$计算，则

$$E_0 = h_c + \frac{q^2}{2g\varphi^2 h_c^2} \tag{9-2}$$

式中：$E_0 = P_1 + H_0 = P_1 + H + \frac{\alpha_0 v_0^2}{2g}$，为坝前断面的总水头；$\varphi = \frac{1}{\sqrt{\alpha_c + \zeta}}$，为流速系数，一般采用经验公式计算，对于高坝可采用式(9-3)计算；对于坝前水流无明显掺气，且$\frac{P_1}{H} < 30$的曲线形实用堰，可采用式(9-4)计算

$$\varphi = \left(\frac{q^{\frac{2}{3}}}{s}\right)^{0.2} \tag{9-3}$$

$$\varphi = 1 - 0.015\,5\frac{P_1}{H} \tag{9-4}$$

式中　s——上游水位至下游收缩断面底部的垂直距离，m。

（二）计算方法

由于式(9-1)和式(9-2)均为h_c的3次方程，因此求h_c时一般采用试算法、图解法和逐次渐近法。

1. 试算法

已知溢流坝断面形状、尺寸、E_0、Q和φ时，据式(9-1)或式(9-2)应用试算法求解h_c的步骤如下：

假设一个h_c，计算式(9-1)或式(9-2)的右边，如计算值恰好等于给出的值，则所设的h_c即为所求；否则，再重设h_c进行计算，直至相等或非常接近。计算可列表进行，以便检查错误及逐次逼近。

2. 图解法

对于矩形断面的h_c，可借助本书附录Ⅳ的曲线求解，步骤如下：

(1)据已知条件计算h_k($h_k = \sqrt[3]{\frac{q^2}{g}}$)和$\xi_0 = \frac{E_0}{h_k}$。

(2)据φ和ξ_0在附录Ⅳ的关系曲线上求得$\xi_c' = \frac{h_c}{h_k}$和$\xi_c'' = \frac{h_c''}{h_k}$。

解得$h_c = \xi_c' h_k$，$h_c'' = \xi_c'' h_k$。

3. 逐次渐近法

将式(9-2)改写为

$$h_c = \sqrt{\frac{\frac{q^2}{2g\varphi^2}}{E_0 - h_c}} \tag{9-5}$$

计算步骤如下：

(1)令 $h_c=0$ 代入式(9-5)的右边计算得 h_{c1}。

(2)将 h_{c1} 代入式(9-5)的右边计算得 h_{c2}，比较 h_{c1} 和 h_{c2}，如两者相等，则即为所求 h_c；否则，再将 h_{c2} 代入式(9-5)计算得 h_{c3}，再比较，如不满足，再计算，就这样逐次渐近，直至两者相等或很接近。

除图解法外，求得 h_c 后还需跟据水跃方程求解 h''_c，以便判断水跃衔接形式。

【例 9-1】 某水闸单宽流量 $q=12.50\ m^3/(s\cdot m)$，上游水位 28.00 m，下游水位 24.50 m，渠底高程 21.00 m，闸底高程 22.00 m，$\varphi=0.95$，如图 9-8 所示，试判断下游水流衔接形式。

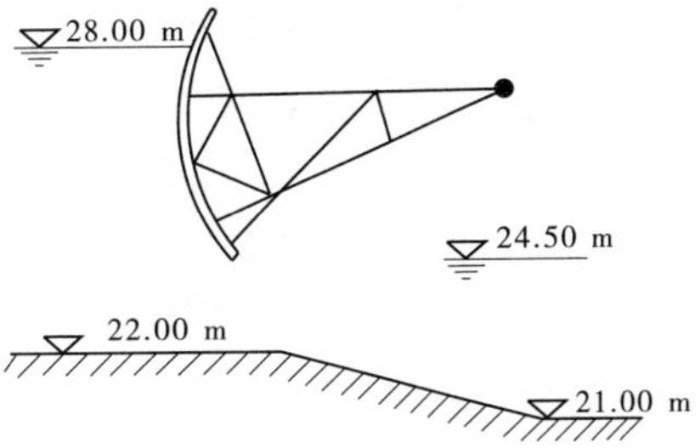

图 9-8　水闸剖面

解：首先计算 E_0。计算下游坝高 P_1：

$$P_1=22.00-21.00=1.00(m)$$

计算闸前水深 H_0：

$$H_0=28.00-22.00=6.00(m)$$

$$v_0=\frac{q}{H}=\frac{12.50}{6.00}=2.08(m/s)$$

$$H_0=H+\frac{v_0^2}{2g}=6.00+\frac{2.08^2}{19.6}=6.22(m)$$

故
$$E_0=P_1+H_0=1.00+6.22=7.22(m)$$

1. 试算法

先计算 $\frac{q^2}{2g\varphi^2}=\frac{12.50^2}{2\times 9.8\times 0.95^2}=8.833(m^3)$

设 $h_c=1.00$ m，代入式(9-2)算得等式右边 $f(h_c)=9.833\ m>E_0=7.22$ m，重设 $h_c=1.5$ m，试算过程见表 9-1。试算结果说明，当 $h_c=1.212$ m 时，$f(h_c)=7.225\ m\approx E_0=7.22$ m，取 $h_c=1.212$ m。

也可根据表中计算数值绘制 h_c—$f(h_c)$ 关系曲线，如图 9-9 所示。由 $E_0=7.22$ m 查得 $h_c=1.212$ m，与计算结果相符。将其代入水跃方程，可得

$$h''_c=\frac{h_c}{2}\left(\sqrt{1+\frac{8q^2}{gh_c^3}}-1\right)=\frac{1.212}{2}\times\left(\sqrt{1+\frac{8\times 12.50^2}{9.8\times 1.212^3}}-1\right)=4.56(m)$$

表 9-1　收缩水深试算

h_c	1.00	1.10	1.15	1.212	1.50
h_c^2	1.00	1.21	1.323	1.469	2.25
$8.833/h_c^2$	8.833	7.30	6.676	6.013	3.926
$f(h_c)=(h_c+q^2/2g\varphi^2h_c^2)$	9.833	8.40	7.826	7.225	5.43

2. 图解法

计算临界水深 h_k(对于矩形断面):

$$h_k = \sqrt[3]{\frac{q^2}{g}} = \sqrt[3]{\frac{12.50^2}{9.8}} = 2.52(\text{m})$$

计算 ξ_0:

$$\xi_0 = \frac{E_0}{h_k} = \frac{7.22}{2.52} = 2.87$$

根据 $\xi_0 = 2.87$ 和 $\varphi = 0.95$ 查附录Ⅳ得

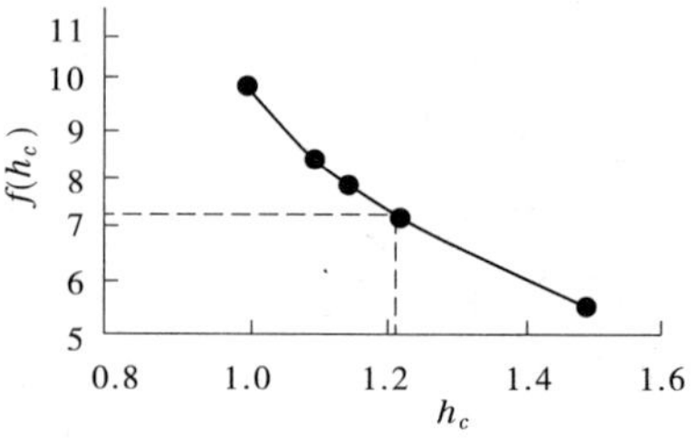

图 9-9 h_c—$f(h_c)$ 关系曲线

$$\xi_c = 0.477, \xi''_c = 1.82$$

则

$$h_c = \xi_c h_k = 0.477 \times 2.52 = 1.202(\text{m});$$

$$h''_c = \xi''_c h_k = 1.82 \times 2.52 = 4.59(\text{m})$$

3. 逐次渐近法

计算 $\dfrac{q^2}{2g\varphi^2} = \dfrac{12.50^2}{2 \times 9.8 \times 0.95^2} = 8.833$,令式(9-5)根号内的 $h_c = 0$,则

第一次 $$h_{c1} = \sqrt{\frac{8.833}{7.22 - 0}} = 1.223(\text{m})$$

第二次 $$h_{c2} = \sqrt{\frac{8.833}{7.22 - 1.223}} = 1.214(\text{m})$$

第三次 $$h_{c3} = \sqrt{\frac{8.833}{7.22 - 1.214}} = 1.213(\text{m})$$

因 h_{c3} 与 h_{c2} 很接近,故取 $h_c = 1.213$ m,将其代入水跃方程得 h''_c:

$$h''_c = \frac{h_c}{2}\left(\sqrt{1 + \frac{8q^2}{gh_c^3}} - 1\right) = \frac{1.213}{2} \times \left(\sqrt{1 + \frac{8 \times 12.5^2}{9.8 \times 1.213^3}} - 1\right) = 4.56(\text{m})$$

由上述计算可知 h''_c 在 4.56~4.59 m,均大于下游水深 $h_t = 24.50 - 21.00 = 3.50(\text{m})$,因此下游发生远离式水跃。

目前,上述计算过程在工程上常采用计算机进行,既快捷、方便,又能满足工程精度要求。

三、消力池的水力计算

如果判定泄水建筑物下游发生临界式水跃或远离式水跃,则必须采取有效的工程措施,改变这种衔接形式,使其发生淹没式水跃。

使泄水建筑物下游发生淹没式水跃的关键是增大其下游水深。在工程实践中,一般是通过建消力池来增大下游水深,使紧接泄水建筑物下游的消力池内发生淹没式水跃。由于发生水跃的池内水流湍急,因此池底要进行特殊加固,这种加固结构称为护坦。

增大下游水深的工程措施主要有:

(1)降低护坦高程,增大池内水深,使得池内发生淹没式水跃。这种由开挖形成的消力池称为挖深式消力池,如图 9-10(a)所示。

(2)护坦末端建一道低坎,壅高池内水深,促使池内发生淹没式水跃。这种由建消力坎形成的消力池称为消力坎式消力池,如图 9-10(b)所示。

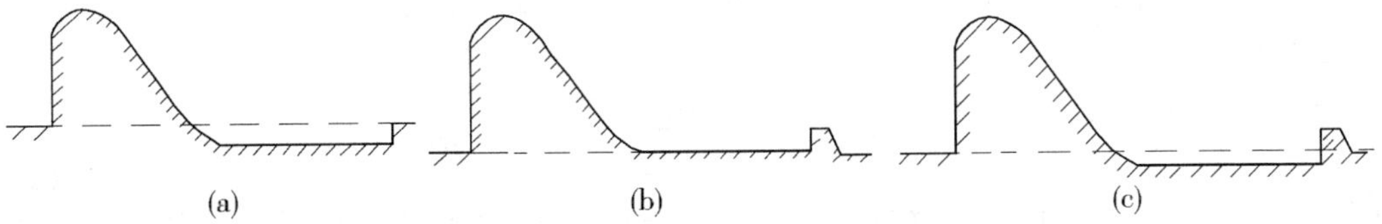

图 9-10　增大下游水深的措施

(3)如单纯采用前面两种措施中的某一种在技术和经济上均不合理时,可二者兼用。这种既降低护坦高程,又修建消力坎的消力池称为综合式消力池,如图 9-10(c)所示。

(一)挖深式消力池池深计算

将下游河床下挖一深度 d 后,形成消力池,池内水流现象如图 9-11 所示。出池水流由于竖向收缩,过水断面减小,动能增加,形成一水面跌落 Δz, 其水流特性与宽顶堰相似,水面跌落 Δz 可用宽顶堰公式计算。从图 9-11 中可看出,池末水深 h_T 为

$$h_T = d + h_t + \Delta z \tag{9-6}$$

为保证池内发生稍有淹没的水跃,要求池末水深 $h_T > h''_c$。

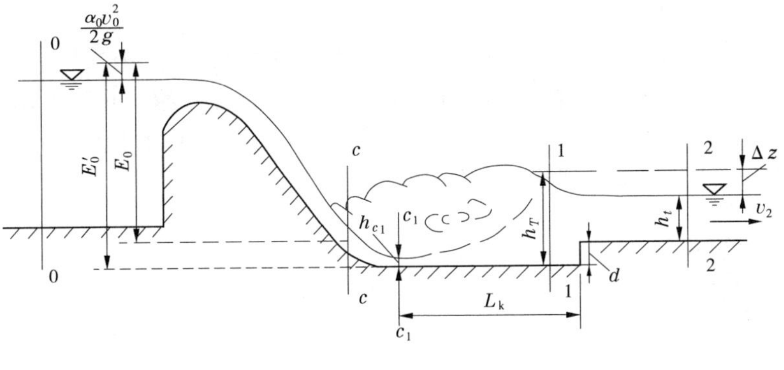

图 9-11　挖深式消力池

即要求

$$h_T = \sigma h''_c = d + h_t + \Delta z$$

式中　σ ——反映水跃淹没程度的淹没系数,通常取 $\sigma = 1.05 \sim 1.10$。

由上述条件可得池深 d 的计算公式为

$$d = \sigma h''_c - (h_t + \Delta z) \tag{9-7}$$

水面跌落 Δz 的计算公式,可通过对消力池出口断面 1—1 及下游断面 2—2 列能量方程(以通过断面 2—2 底部的水平面为基准面)推得

$$\Delta z = \frac{q^2}{2g}\left[\frac{1}{(\varphi' h_t)^2} - \frac{1}{(\sigma h''_c)^2}\right] \tag{9-8}$$

式中　φ' ——消力池出口的流速系数,一般取 $\varphi' = 0.95$。

应当注意的是,应用式(9-7)和式(9-8)求解池深 d 时,式中的 h''_c 应是护坦降低以后

的收缩断面水深 h_c 对应的跃后水深。而护坦高程降低 d 值后，E_0 增至 $E_0' = E_0 + d$，收缩断面位置下移，据式(9-2)可知 h_c 值必然发生改变，与其对应的 h_c'' 值也随之改变。显然，d 与 h_c'' 之间是一复杂的隐函数关系，所以求解 d 一般采用试算法。

试算步骤：

(1)估算池深 d。初估时可用略去 Δz 的近似式：

$$d = \sigma h_c'' - h_t \tag{9-9}$$

式中，σ 取 1.05，h_c'' 用护坦高程降低前收缩断面水深的共轭水深 h_c'' 代入计算。

(2)计算建池后的 h_c''。首先用下式计算建池后的 h_c：

$$E_0' = E_0 + d = h_c + \frac{q^2}{2g\varphi^2 h_c^2}$$

h_c 的计算方法如前所述，解得 h_c 后，再求出其相应的 h_c''。

(3)计算 Δz。将建池后的 h_c'' 代入式(9-8)求解 Δz。

(4)计算 σ：

$$\sigma = \frac{d + h_t + \Delta z}{h_c''}$$

若 σ 在 1.05~1.10 的范围内，则消力池深度 d 满足要求；否则调整 d，重复步骤(2)~步骤(4)，直到满足要求。

(二)消力坎式消力池坎高的计算

当河床不易开挖或开挖不经济时，可在护坦末端修筑消力坎，壅高坎前水位形成消力池，以保证在建筑物下游产生稍有淹没的水跃。池内水流现象，如图 9-12 所示。从图 9-12 中可以看出，这类消力池池内水流现象与挖深式消力池基本相同，不同之处在于出池水流不是宽顶堰流，而是折线形实用堰流。

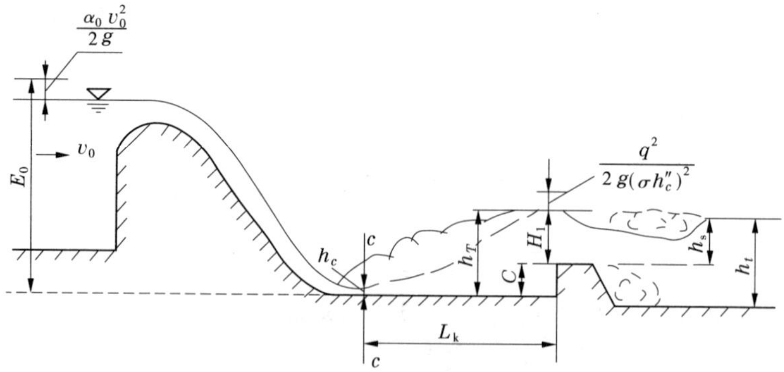

图 9-12 消力坎式消力池

同理，为保证池内产生稍有淹没的水跃，坎前水深应为

$$h_T = \sigma h_c''$$

由图 9-12 可知

$$h_T = C + H_1$$

式中 C——坎高；

H_1——坎顶水头。

则
$$C = \sigma h_c'' - H_1 \tag{9-10}$$

当出坎水流为折线形实用堰流时，坎顶水头 H_1 可用堰流公式计算

$$H_1 = H_{10} - \frac{v_0^2}{2g} = \left(\frac{q}{\sigma_s m_1 \sqrt{2g}}\right)^{2/3} - \frac{q^2}{2g(\sigma h_c'')^2} \tag{9-11}$$

$$C = \sigma h_c'' + \frac{q^2}{2g(\sigma h_c'')^2} - \left(\frac{q}{\sigma_s m_1 \sqrt{2g}}\right)^{2/3} \tag{9-12}$$

式中　m_1——折线形实用堰的流量系数，一般取 $m_1=0.42$；

σ_s——消力坎淹没系数，其大小与下游水深和坎高有关，即

$$\sigma_s = f\left(\frac{h_t - C}{H_{10}}\right) = f\left(\frac{h_s}{H_{10}}\right)$$

实验表明：当 $\frac{h_s}{H_{10}} \leqslant 0.45$ 时，为非淹没堰，$\sigma_s = 1$；当 $\frac{h_s}{H_{10}} > 0.45$ 时，为淹没堰，σ_s 值可据相对淹没度 $\frac{h_s}{H_{10}}$ 查表 9-2 确定。

表 9-2　消力坎淹没系数 σ_s 值

h_s/H_{10}	≤0.45	0.50	0.55	0.60	0.65	0.70	0.72	0.74	0.76	0.78
σ_s	1.00	0.990	0.985	0.975	0.960	0.940	0.930	0.915	0.900	0.885
h_s/H_{10}	0.80	0.82	0.84	0.86	0.88	0.90	0.92	0.95	1.00	
σ_s	0.865	0.845	0.815	0.785	0.750	0.710	0.651	0.535	0.000	

应当指出的是，如果消力坎为非淹没堰，则应校核坎后的水流衔接情况。如坎后为临界式水跃衔接或远离式水跃衔接，必须设置第二道消力坎或采取其他消能措施。消力坎的流速系数一般取 0.9~0.95。

(三)挖深式消力池长度的计算

消力池除需具有足够的深度外，还需有足够的长度，以保证水跃不冲出池外，而对下游河床产生不利影响。实验表明，池内淹没水跃因受池末端竖立壁坎产生的反向力作用，水跃长度比平底渠道中产生的自由水跃长度短 20%~30%。

池内淹没水跃的长度 L_j' 一般为

$$L_j' = (0.7 \sim 0.8)L_j$$

当上游为曲线型实用堰时，消力池长度 L_k 为

$$L_k = L_j' = (0.7 \sim 0.8)L_j$$

式中　L_j——平底渠道中自由水跃长度，计算见第七章第三节。

当上游为跌坎或宽顶堰时，消力池长度还应考虑跌坎或宽顶堰到收缩断面间的距离，具体计算请参阅《水力计算手册》或其他有关水力学书籍。

(四)消力池的设计流量

上述消力池的池深和池长的设计都是针对一给定流量进行的，但消力池建成后，必须

在规定的不同流量下工作。为保证在给定的流量范围内,消力池均能安全可靠地工作,必须选择一个合适的流量对消力池尺寸进行设计,该流量称为消力池的设计流量。显然,以设计流量求得的池深和池长,应是整个流量变化范围内所求得的最大池深和池长。

实际计算时,一般是在给定的流量范围内,选取包括 $Q_{\min}$ 和 $Q_{\max}$ 在内的若干个流量值,分别按前面介绍的方法求得对应的池深 d,然后绘制 d—Q 关系曲线,池深 d 的最大值对应的流量即为设计流量。

实践证明,池深的设计流量并非最大流量,另外池深和池长的设计流量,也并非同一值。池深的设计流量一般比 $Q_{\max}$ 小,而池长的设计流量则是消力池通过的最大流量。

【例 9-2】 已知条件同例 9-1,拟在水闸下游建一挖深式消力池,试确定消力池尺寸(出池水流流速系数 $\varphi' = 0.95$)。

解:1. 确定池深 d

(1)估算池深 d。

$$d = \sigma h''_c - h_t = 1.05 \times 4.56 - 3.50 = 1.288(\text{m})$$

(2)计算建池后的 h''_c。

$$E'_0 = E_0 + d = 7.22 + 1.288 = 8.508(\text{m})$$

经计算求得 $h_c = 1.091\ \text{m}$。

$$h''_c = \frac{h_c}{2}\left(\sqrt{1 + \frac{8q^2}{gh_c^3}} - 1\right) = \frac{1.091}{2} \times \left(\sqrt{1 + \frac{8 \times 12.5^2}{9.8 \times 1.091^3}} - 1\right) = 4.89(\text{m})$$

(3)计算 Δz。

$$\Delta z = \frac{q^2}{2g}\left[\frac{1}{(\varphi' h_t)^2} - \frac{1}{(\sigma h''_c)^2}\right] = \frac{12.50^2}{2 \times 9.8} \times \left[\frac{1}{(0.95 \times 3.50)^2} - \frac{1}{(1.05 \times 4.89)^2}\right] = 0.419(\text{m})$$

(4)计算 σ。

$$\sigma = \frac{d + h_t + \Delta z}{h''_c} = \frac{1.288 + 3.50 + 0.419}{4.89} = 1.065$$

σ 在 1.05~1.10 范围内,所以池深满足要求,为方便施工,池深取 $d = 1.3\ \text{m}$。

2. 确定池长

$$L_{\text{k}} = (0.7 \sim 0.8)\ L_{\text{j}}$$

$$L_{\text{j}} = 6.9(h''_c - h_c) = 6.9 \times (4.89 - 1.091) = 26.21(\text{m})$$

$$L_{\text{k}} = (0.7 \sim 0.8)\ L_{\text{j}} = (0.7 \sim 0.8) \times 26.21 = 18.347 \sim 20.968(\text{m})$$

取池长 $L_{\text{k}} = 20\ \text{m}$。

第三节　底流式消能的其他形式及辅助设施

一、特殊的消力池形式

当下游水深较大、泄水建筑物下游形成淹没度过大的水跃时,消能效果将大为降低,甚至形成高速潜流,使下游较长范围内的河床受到冲刷。此时,可采用斜坡消力池或戽式消力池等特殊形式的消力池。

(一)斜坡消力池

所谓斜坡消力池是指消力池护坦不采用平底,而采用有一定坡度的倾斜护坦,如图 9-13 所示。当下游水位偏高时,水跃发生在倾斜护坦的首端;当下游水位偏低时,水跃发生在倾斜护坦较后的某个位置。

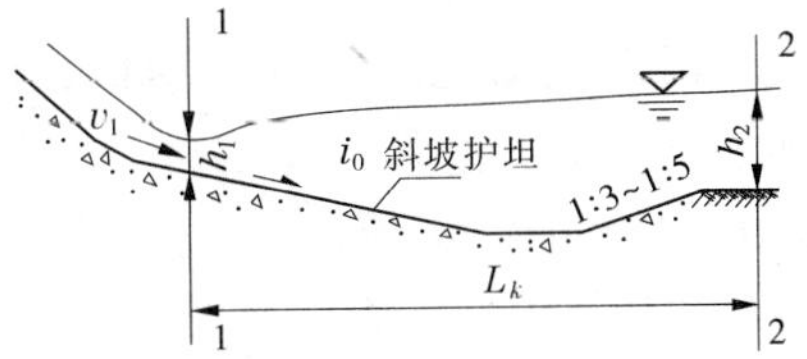

图 9-13　斜坡护坦

目前,斜坡护坦上水跃的水力计算尚无完善的方法。设计时可用试算法,其水力计算请参阅有关水力计算手册或文献。

(二)戽式消力池

当下游水深较大,且有一定范围变化时,可在泄水建筑物末端修建一个具有较大反弧半径和挑角的低鼻坎的凹面戽斗,即消力戽。受一定下游水深的顶托作用,从泄水建筑物下泄的高速水流在戽内形成剧烈的表面旋滚,主流沿鼻坎挑起,形成涌浪并向下游扩散,戽坎下出戽主流与河床之间产生一个反向旋滚,有时涌浪之后还会产生一个微弱的表面旋滚。消力戽就是利用这三个旋滚和一个涌浪产生强烈的紊动摩擦和扩散作用,取得良好的消能效果,典型的戽流流态,如图 9-14 所示。

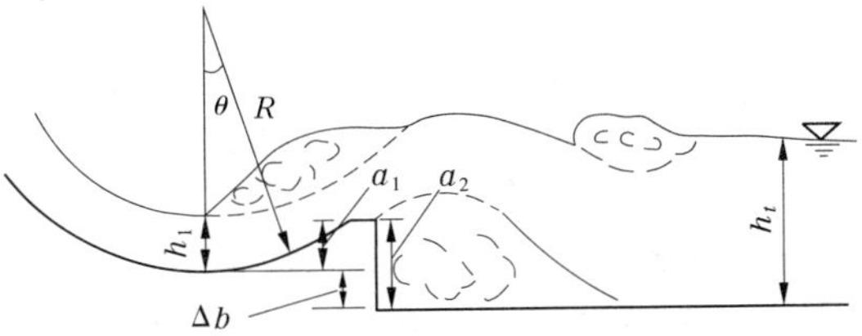

图 9-14　戽流流态

当下泄单宽流量过大时,为了加大戽内旋滚体积,增加消能效果,从戽体最低断面开始,设置一段水平池底,使戽体形似消力池,但却保持戽流特点,因而称为戽式消力池,如图 9-15 所示。其水力计算请参阅有关水力计算手册或文献。

二、辅助消能工

(一)辅助消能工概述

所谓辅助消能工,是指消力池中设置的趾墩、消力墩等水工构筑物,如图 9-16 所示。辅助消能工通过分散入池水流及使水流受阻,促使水流撞击,形成漩涡,加强紊动,以提高消能效果,从而达到稳定水跃、减小消力池深度和长度的目的。

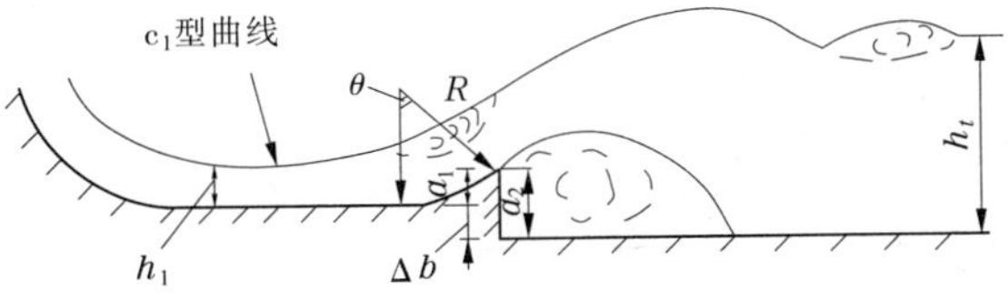

图 9-15　戽式消力池

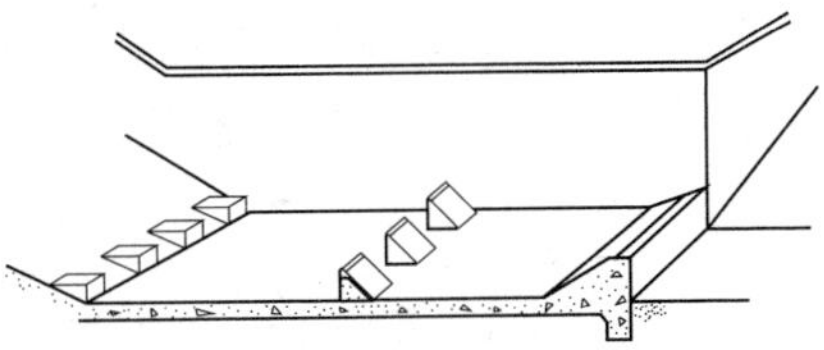
图 9-16　趾墩和消力墩

但当坝址处流速大于 16~18 m/s 时,消力墩易发生空蚀破坏,重大工程辅助消能工的设计应通过水工模型实验确定。

(二)护坦下游的河床加固

由于流出消力池的水流紊动仍很剧烈,底部流速较大,故对河床仍有较强的冲刷能力。所以,在消力池后,除基岩较好,足以抵抗冲刷外,一般都要设置较为简易的河床保护段,这段保护段称为海漫。海漫不是依靠旋滚来消能,而是通过加糙、加固过流边界,促使流速加速衰减,并改变流速分布,使海漫末端的流速沿水深的分布接近天然河床,以减小水流的冲刷能力,保护河床。因此,海漫通常用粗石料或表面凹凸不平的混凝土块铺砌而成,如图 9-17 所示。海漫长度一般采用经验公式估算。

海漫下游水流仍具有一定冲刷能力,会在海漫末端形成冲刷坑。为保护海漫基础的稳定,海漫后一般应设置比冲刷坑略深的齿槽或防冲槽。具体设计可参阅有关书籍。

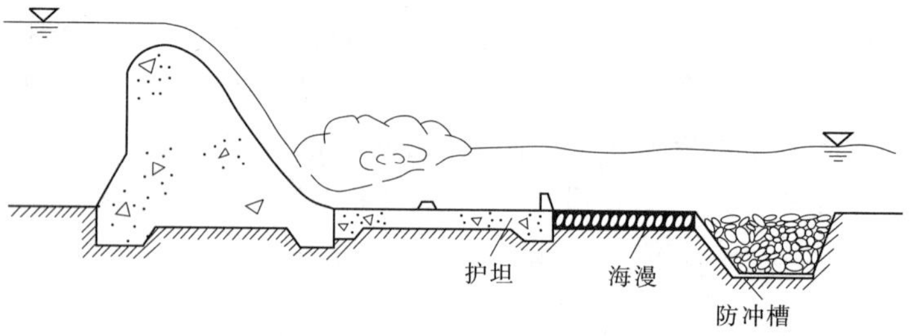

图 9-17 海漫

(三)跌水

当渠道通过地形较为陡峻的地区时,为了保持合适的渠道比降(底坡),减少挖填方,常将渠道分段。各段间一般采用跌水、陡槽等建筑物连接。

跌水又分为单级跌水和多级跌水两类。水流只跌落一次的称为单级跌水,适用于落差较小的情况;水流沿一系列呈阶梯状的矮墙逐级下跌的称为多级跌水,适用于落差较大的情况。单级跌水由进口段、跌水墙、消力池和出口段四部分组成,如图 9-18 所示。进口段一般由渐变段和比渠宽稍窄的进口段组成。渐变段常采用光滑圆弧曲线与上游渠道连接,以保证通过各级流量时,上游渠道均不会发生冲刷和淤积。同时,消力池要保证有一定的尺寸和深度,出口段常设计成有抬高的坎,并具有一定的长度,以保证下游渠床不会发生冲刷。其水力计算可参阅有关水力计算手册。

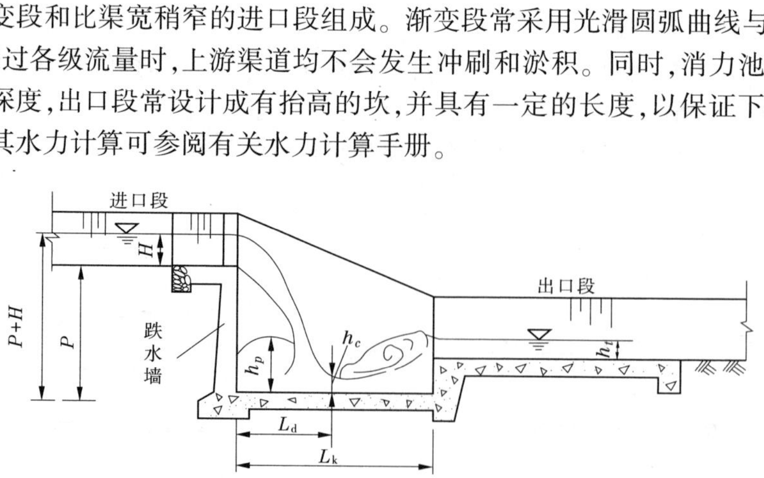

图 9-18 单级跌水

第四节　挑流式消能的水力计算

在中、高水头的泄水建筑物中，因下泄水流的流速和单宽流量往往较大，常采用挑流式消能。挑流式消能建筑的作用是使水流通过挑流鼻坎时被挑入空中，使之跌落在远离建筑物的下游河床。

挑流式消能的消能原理：一是空中消能，即利用被鼻坎挑射出的水股在空中的扩散掺气消耗一部分动能；二是水下消能，即利用扩散了的水舌落入下游河床时，与下游河道水体发生碰撞，并在水舌入水点附近形成的两个大旋滚消耗剩余的大部分动能。如潜入河底水舌的冲刷能力仍大于河床抗冲能力，将对河床造成冲刷，形成冲刷坑。随着坑深的增加，坑内水垫厚度加大，潜入水舌冲刷能力逐渐减弱，冲刷坑趋于稳定。

挑流式消能的优点是构造简单，不需修建大量的下游护坦，便于维修；缺点是挑流引起的水流雾化严重，尾水波动大。

挑流式消能水力计算的主要任务是：根据已知的水力条件，正确选择挑坎形式和尺寸，计算水舌的挑距，估算冲刷坑深度，并校核是否影响建筑物的安全。

一、挑距的计算

挑距是指挑坎末端至冲刷坑最深点间的水平距离。

计算挑距的目的是确定冲刷坑最深点的位置。实验和原型观测表明，冲刷坑最深点大体位于水舌轴线在水中的延长线上，如图 9-19 所示。从图 9-19 中可看出，挑距由空中挑距 L_0 和水下挑距 L_1 组成

$$L = L_0 + L_1 \tag{9-13}$$

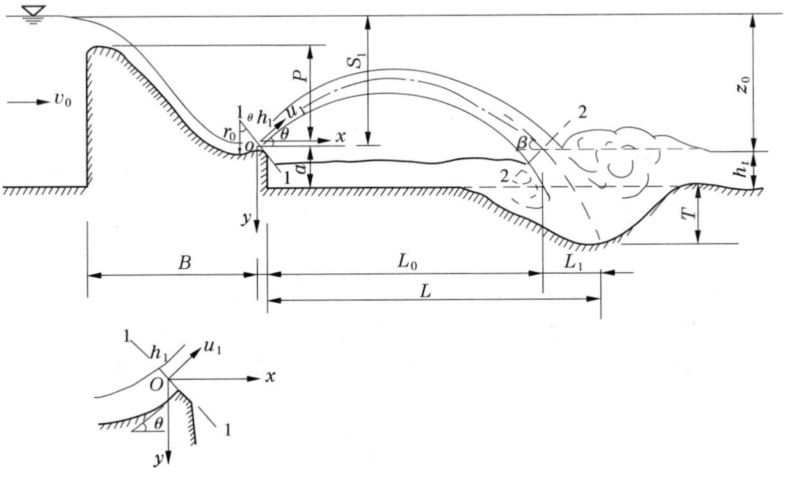

图 9-19　挑流式消能

（一）空中挑距 L_0 的计算

空中挑距 L_0 是指挑坎末端至水舌轴线与下游水面交点间的水平距离。

对平滑的连续式挑坎,假定挑坎出口断面1—1上流速均匀分布,且为v_1。略去空气阻力和水舌扩散影响,把抛射水流的运动视为自由抛射体的运动,应用质点自由抛射运动原理可导出空中挑距的计算公式如下:

$$L_0 = \varphi_1^2 S_1 \sin 2\theta \left[1 + \sqrt{1 + \frac{a - h_t}{\varphi_1^2 S_1 \sin^2\theta}}\right] \tag{9-14}$$

式中 S_1——上游水面至挑坎顶部的高差;

a——挑坎高度,即下游河床至挑坎顶部的高差;

θ——鼻坎挑射角;

h_t——冲刷坑后下游水深;

φ_1——坝面流速系数,可按经验公式计算

$$\varphi_1 = \sqrt[3]{1 - \frac{0.055}{K^{0.5}}} \tag{9-15}$$

式中 K——流能比,$K = \dfrac{q}{\sqrt{g} S_1^{1.5}}$,$q$为单宽流量。

式(9-15)用于$K=0.004\sim0.15$的范围内,当$K>0.15$时,取$\varphi_1=0.95$。

(二)水下挑距L_1的计算

水下挑距指水舌轴线与下游水面交点至冲刷坑最深点间的水平距。水舌射入下游水面后,属于射流的潜没扩散运动,与质点的自由抛射运动不同。可以近似认为,水舌落入下游水面后仍沿入水角方向直线前进,并假设冲坑最深点位于该直线上,则

$$L_1 = \frac{T + h_t}{\tan\beta} \tag{9-16}$$

式中 T——冲刷坑深度;

β——水舌入水角,可按下式近似计算:

$$\cos\beta = \sqrt{\frac{\varphi_1^2 S_1}{\varphi_1^2 S_1 + z - S_1}}\cos\theta \tag{9-17}$$

式中 z——上下游水位差。

二、冲刷坑深度的估算

冲刷坑深度取决于水舌跌入下游水面后的冲刷能力及河床的抗冲能力。当潜入下游河底的水舌冲刷能力仍大于河床的抗冲能力时,河床被冲刷,形成冲刷坑。随着坑深的增加,坑内水垫消能作用加大,水舌冲刷能力下降,当其与河床抗冲能力达到平衡时,冲坑深度不再增加。

水舌的冲刷能力主要与单宽流量、上下游水位差、下游水深、坝面形式、水流在空中的能量损失、掺气程度及入水角等因素有关。而河床的抗冲能力则与河床的地质条件有关。

综上所述,影响冲刷坑深度的因素众多且复杂。因此,目前工程上还只能依靠一些经验公式来估算冲刷坑的深度。我国目前普遍采用的计算公式为

$$T = K_s q^{0.5} z^{0.25} - h_t \tag{9-18}$$

式中　K_s ——抗冲系数，与河床的地质条件有关，国内水利工程的研究和规范提出：坚硬完整的基岩 $K_s=0.9\sim1.2$，坚硬但完整性较差的基岩 $K_s=1.2\sim1.5$，软弱破碎、裂隙发育的基岩 $K_s=1.5\sim2.0$。

冲刷坑是否会危及建筑物的基础，一般用冲刷坑后坡 i 来判断。冲刷坑后坡 i 是指冲刷坑最深点与挑流鼻坎末端同河床交点的连线的坡度，$i=T/L$。当 $i<i_c$ 时，就认为冲刷坑不会危及建筑物的安全。i_c 为许可的冲刷坑最大后坡，规范提出 $i_c=1/2.5\sim1/5$。

三、连续式挑坎尺寸的拟定

（一）挑坎形式

常用的挑坎形式有连续式和差动式两种，如图 9-20 所示。

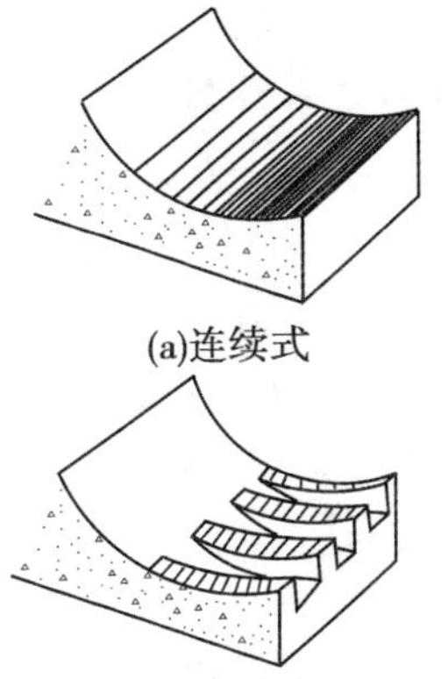

(a)连续式

(b)差动式

图 9-20　连续式和差动式挑坎

连续式挑坎沿整个挑坎宽度上具有同一反弧半径 R 和挑射角 θ。其优点是施工简便，不易气蚀，比相同条件下的差动式挑坎挑射距离远；缺点是水舌比较集中，冲坑较深。差动式挑坎由具有不同反弧半径 R 和挑射角 θ 的高齿和低槽构成，高齿和低槽错落布置。优点是使水流通过挑坎时被分成两层，垂直方向有较大扩散，下游形成的冲坑深度较小；缺点是流速较高时，差动坎处易产生气蚀。

除上述两种挑坎形式外，实际应用中还有一些异形挑坎。如窄缝挑坎、扭曲挑坎、高低挑坎等，但目前应用较多的是连续式挑坎。

（二）挑坎尺寸拟定

挑坎尺寸拟定的原则是使同样水力条件下得到的挑距最大、冲坑深度较浅。下面简略介绍连续式挑坎的尺寸选择。

1. 挑射角

根据质点抛射运动原理，当挑射角 $\theta<45°$ 时，θ 值愈大，空中挑距 L_0 愈大，但入水角 β 也相应增大，水下挑距 L_1 减小，冲坑深度增加，而总挑距基本不变。此外，随着挑射角的增大，开始形成挑流的流量，即所谓起挑流量也增大。当下泄流量小于起挑流量时，水流挑射不出去，必在反弧段内形成旋滚，然后沿挑坎漫溢而下，冲刷坝址，危及建筑物的安全。所以，挑射角不宜选得过大，实践证明，较适当的挑射角 $\theta=15°\sim30°$。

2. 反弧半径

反弧半径 R 的大小直接影响着水舌挑距。因为水流在反弧段内做曲线运动时，将受到离心惯性力的作用，从而使反弧段内动水压强加大，流速降低。反弧半径愈小，反弧段曲率愈大，下泄水流在反弧段受到的离心惯性力就愈大，动水压强也就愈大，流速就愈低，挑距必然愈短。因此，为保证有较远的挑距，反弧半径多采用 $R=(4\sim10)h_c$，h_c 为反弧段最低点水深。

3. 挑坎高程

挑坎高程应视工程布置而定。从增加挑距、减小混凝土方量的角度来讲，挑坎高程愈低愈好，但为了保证水舌下缘与坝址附近的下游水面间有足够的空间，避免水舌运动使该空间空气被带走后得不到补充,形成真空,压低水舌,减小挑距,甚至形成贴流冲刷坝址,设计中一般取挑坎最低高程等于或略高于最高下游水位。

事实上,挑射角、反弧半径、挑坎高程三者是彼此相关的,应统一考虑,选择最优组合。

【例 9-3】 某 WES 剖面堰堰顶高程 456.50 m,下游河床底部高程 420.00 m,泄放单宽流量为 20.00 $m^3/(s \cdot m)$时,堰上水头 4.50 m,下游水深 8.30 m,流速系数 $\varphi=0.9$,溢流坝下游改为挑流消能,鼻坎高程为 429.50 m,挑射角采用 25°,下游河床基岩软弱破碎、裂隙发育。试计算水舌挑距及冲刷坑深度,并判断冲刷坑是否危及建筑物的安全。

解:基本数据计算:

$S_1=(456.50+4.50)-429.50=461.00-429.50=31.50(m)$

$z=461.00-(420.00+8.30)=461.00-428.30=32.70(m)$

$a=429.50-420.00=9.50(m)$

$\sin 25°=0.4226$

$\sin(2\times 25°)=0.766$

$\cos 25°=0.9063$

$$K=\frac{q}{\sqrt{g}S_1^{1.5}}=\frac{20.00}{\sqrt{9.8}\times 31.5^{1.5}}=0.036$$

流速系数

$$\varphi_1=\sqrt[3]{1-\frac{0.055}{K^{0.5}}}=\sqrt[3]{1-\frac{0.055}{0.036^{0.5}}}=0.892$$

入水角 β

$$\cos\beta=\sqrt{\frac{\varphi_1^2S_1}{\varphi_1^2S_1+z-S_1}}\cos\theta$$

$$\cos\beta=\sqrt{\frac{0.892^2\times 31.50}{0.892^2\times 31.50+32.70-31.50}}\times 0.9063=0.885$$

故 $\beta=27.75°\quad \tan\beta=0.5261$

(1)空中挑距:$L_0=\varphi_1^2S_1\sin 2\theta\left[1+\sqrt{1+\dfrac{a-h_t}{\varphi_1^2S_1\sin^2\theta}}\right]=0.892^2\times 31.50\times 0.766\times$

$\left[1+\sqrt{1+\dfrac{9.50-8.30}{0.892^2\times 31.50\times 0.4226^2}}\right]=40.81(m)$。

(2)冲刷坑深度:因基岩软弱破碎、裂隙发育,故取 $K_s=1.6$。

$$T=K_sq^{0.5}z^{0.25}-h_t=1.60\times 20.00^{0.5}\times 32.70^{0.25}-8.30=8.81(m)$$

(3)水下挑距: $L_1=\dfrac{T+h_t}{\tan\beta}=\dfrac{8.81+8.30}{0.5261}=32.52(m)$

(4)总挑距: $L=L_0+L_1=40.81+32.52=73.33(m)$

冲刷坑后坡 $i=\dfrac{T}{L}=\dfrac{8.81}{73.33}=0.12<i_c=0.2$

所以,不会危及建筑物安全。

小　结

一、常见的水流消能形式

常见的水流消能形式为底流式、挑流式、面流式。

二、底流式消能的水力计算

（一）衔接计算与衔接形式判别

1. 计算步骤

由 $E_0 = h_c + \dfrac{Q^2}{2g\varphi^2 A_c^2}$（矩形断面：$E_0 = h_c + \dfrac{q^2}{2g\varphi^2 h_c^2}$）求出 h_c；计算与 h_c 相应的 h_c''。

2. 衔接形式判别

泄水建筑物下游的水跃衔接形式 $\begin{cases} \text{需建消能工} \begin{cases} h_c'' > h_t & \text{远离式} \\ h_c'' = h_t & \text{临界式} \end{cases} \\ \text{不需建消能工：} h_c'' < h_t \quad \text{淹没式} \end{cases}$

（二）消能设计

1. 修建消力池的目的

增大下游水深，使之产生稍有淹没的水跃。

2. 消力池的类型

消力池的类型有挖深式、消力坎式、综合式消力池。

3. 消能计算

（1）挖深式消力池池深计算公式：$d = \sigma h_c'' - (h_t + \Delta z)$，其中，$\Delta z = \dfrac{q^2}{2g}\left[\dfrac{1}{(\varphi' h_t)^2} - \dfrac{1}{(\sigma h_c'')^2}\right]$。

计算步骤：据建池前的 h_c'' 估算池深 d；据估算池深再算建池后的 h_c 及 h_c''；计算 Δz；计算 σ，若 $\sigma = 1.05 \sim 1.10$，则池深 d 满足要求，否则重设池深，直到满足要求。

（2）消力坎式消力池坎高。

坎高公式：

$$C = \sigma h_c'' + \frac{q^2}{2g(\sigma h_c'')^2} - \left(\frac{q}{\sigma_s m_1 \sqrt{2g}}\right)^{2/3}$$

计算步骤：取 $\sigma = 1.05$、$m_1 = 0.42$，假定 $\sigma_s = 1$，计算 C、h_s 和 $\dfrac{h_s}{H_{10}}$，若 $\dfrac{h_s}{H_{10}} \leqslant 0.45$，为非淹没堰，$\sigma_s = 1$，$C$ 计算正确，但需校核坎后出流状态，直至发生淹没水跃衔接；若 $\dfrac{h_s}{H_{10}} > 0.45$，为淹没堰，$\sigma_s < 1$，需重算坎高，$\sigma_s$ 值可据相对淹没度 $\dfrac{h_s}{H_{10}}$ 查表 9-2 确定。

（3）曲线形实用堰下消力池长的确定。

$$L_k = (0.7 \sim 0.8)L_j$$

三、挑流式衔接与消能的水力计算

(1)挑距计算：

$$L = L_0 + L_1 = \varphi_1^2 S_1 \sin 2\theta \left[1 + \sqrt{1 + \frac{a - h_t}{\varphi_1^2 S_1 \sin^2\theta}}\right] + \frac{T + h_t}{\tan\beta}$$

(2)冲刷坑深度估算：

$$T = K_s q^{0.5} z^{0.25} - h_t$$

(3)冲刷坑后坡：$i=T/L$，当 $i<i_c$ 时，就认为冲刷坑不会危及建筑物的安全。

(4)拟定挑坎尺寸：挑射角、反弧半径、挑坎高程。

习　题

9-1　自闸、坝下泄的水流有何特点？对枢纽有什么影响？

9-2　工程中常见的水流消能措施有哪些？其消能原理是什么？如何防止冲刷破坏的发生？

9-3　底流式消能要求泄水建筑物下游的水流衔接形式是什么？如不满足可采取哪些工程措施？

9-4　挑流式消能的水力计算包含哪些内容？连续式挑坎的挑射角、反弧半径、挑坎高程选择应考虑哪些因素？

9-5　某矩形单孔引水闸，闸门宽等于河底宽，闸前水深 $H=8$ m。闸门开度 $e=2.5$ m 时，下泄单宽流量 $q=12$ m^3/(s·m)，下游水深 $h_t=3.5$ m，闸下出流的流速系数 $\varphi=0.97$。要求判明下游水流的衔接情况。

9-6　通过单宽流量 $q=8$ m^3/(s·m)、堰高 $P_1=13$ m 的溢流坝(曲线形实用堰)，其流量系数 $m=0.45$，下游河槽与溢流坝同宽且为矩形，试判别堰下游水深为 $h_t=7$ m 时水流的衔接形式(取 $\varphi=0.9$)。

9-7　承例 9-1 的条件，当下游发生远离式水跃时，请按挖深式设计消力池尺寸。

9-8　在矩形河槽中筑一曲线形溢流坝，下游坝高 $P_1=12.5$ m，流量系数 $m=0.502$，侧收缩系数 $\varepsilon=0.95$，溢流时坝上水头 $H=3.5$ m，下游水深 $h_t=5$ m，坝的流速系数 $\varphi=0.95$，试判别是否需建消力池，如需要请按消力坎式设计消力池尺寸。

9-9　某溢流坝下游采用挑流消能，其挑射角 $\theta=25°$，鼻坎高程 $Z_{鼻坎}=678.0$ m，鼻坎处溢流宽度 $B=40$ m，下游河床底高程 $Z_{河底}=675.0$ m，当通过设计流量 $Q_{设}=800$ m^3/s 时，对应的上游水位 $Z_{上}=714.4$ m，堰顶水头 $H=4.4$ m，下游水位 $Z_{下}=677.0$ m，下游河床基岩坚硬，但完整性较差。试计算水舌挑距，估算冲刷坑深度，并校核建筑物是否安全。

第十章　渗流基础

【学习要求】 本章主要任务是掌握渗流模型的概念，掌握达西定律、恒定均匀渗流、恒定非均匀渐变渗流等基本常识；会分析、计算、绘制渐变渗流浸润线，能完成完全井、非完全井、井群等的分析计算。

第一节　渗流的基本概念

渗流是在孔隙介质中流动的水流。地下水运动是水利工作者最关心的渗流问题，渗流对水利工程设计、施工、管理等方面都十分重要。土建、石油、地质、矿业等行业领域都涉及渗流问题。

许多水工建筑物的地基及某些建筑物本身（如土坝）是由颗粒状或破碎块状固体材料组成的，其内部包含着许多互相连通的孔隙或裂隙，称为孔隙介质。例如，各种土壤（如黏土、砂土、卵石层）及裂隙较多的岩层等。

流体在孔隙介质中的流动称为渗流。在水利工程中，水在土壤或岩层中的流动就是渗流，又称为地下水运动。

渗流理论广泛应用于水利、土木、地质、采矿、化工、土建等各项工程中。如地基处理、建筑物稳定、渗漏损失、给水排水、灌溉排水、地下水资源的合理开采利用及环境治理等。

本章重点讨论水在土壤孔隙中的渗流问题。在讨论渗流运动规律之前，先了解渗流问题中水及土壤的有关性质和渗流模型的概念。

一、水在土中的存在形式

水在土壤中有汽态水、附着水、薄膜水、毛细水和重力水等存在形式。汽态水以水蒸气的形式悬浮于土壤孔隙中，数量很少；附着水和薄膜水统称为结合水，均是以分子力的作用将土壤颗粒和水分子结合在一起，其数量少且很难移动。水利工程中一般不考虑汽态水、附着水和薄膜水的作用。

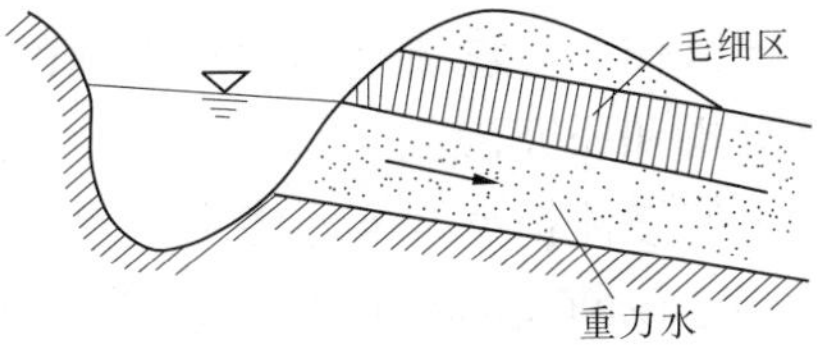

图 10-1　无压渗流中的毛细现象

毛细水是靠毛细管作用存在于土壤最细小的孔隙中。当土壤中含水量很大时，除少量结合在土壤颗粒四周和存在于毛细孔隙中外，大部分水体将在重力及动水压力作用下运动，称为重力水。但在研究极细颗粒土中的渗流或者在室内模型上进行渗流观测时，一定要考虑毛细水的作用。如图 10-1 所示，在无压渗流中，由于毛细现象，毛细水区的液面比重力水液面要高，且土颗粒越细，毛细水上升的高度越高。

二、土壤的渗流特性

所有的土壤和岩层均能透水，但由于不同土壤和岩层组成不同，其透水能力是不同的。因此，根据土壤的组成和渗透能力不同，将土壤分为均质土和非均质土。均质土的渗透性质与点的位置无关，反之是非均质土。另外，土壤又可以分为各向同性土和各向异性土。当点的渗透性质与渗透的方向无关时，称为各向同性土，反之为各向异性土。有时渗流区中包括若干透水能力各不相同的土层，称为层状土壤，但就层状土壤中的每一层来说可以当作均质各向同性土壤。有时透水能力大的土壤位于透水能力很小的土壤之上，由于两层土壤的透水能力相差很大，可以近似地把透水能力很小的土层看作不透水层。

三、渗流模型

自然土壤颗粒无论是形状还是大小都相差很大，造成了颗粒间孔隙所组成渗流路径迂回复杂。因此，渗流时水质点的运动轨迹也很不规则。若按渗流实际的运动状态进行研究，如图 10-2(a)所示，给实验观测和理论分析带来很大的困难。在工程实际中，注重的是一定渗流区域宏观的平均效果，而非微观情况，例如过水断面上的平均流速、平均压强等。

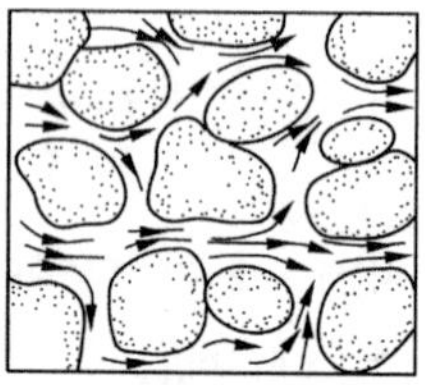

(a)渗流实际运动状态

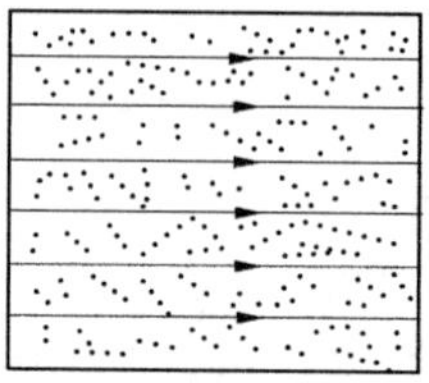

(b)连续介质在连续流场空间中的运动

图 10-2　渗流模型

为了研究问题的方便，将实际的渗流用"渗流模型"代替。所谓渗流模型就是一种假想的渗流，即认为渗流是水质点充满整个渗流区域的连续流动，认为整个区域没有土颗粒骨架，这样就将实际并不充满整个渗流区域的水流运动，看成了连续介质在连续流场空间中的运动，如图 10-2(b)所示。这样就可以将以前研究水力学的一般概念和研究方法引申到渗流的研究中来，如流线、流束、等势线、过水断面、断面平均流速、恒定流、均匀流等。渗流模型的主要特点是抽去介质，充满液体，将整个渗流区域作为研究对象，将渗流的运动要素作为该渗流空间内点坐标的连续函数，因此可以用前述水力学的有关概念与理论来分析和研究渗流问题。

为了使渗流模型与实际渗流的水力特性完全相同，必须保持渗流模型中任一断面的渗流量等于该断面的真实渗流量；作用于任意面积上的渗流压力等于真实渗流的压力；任意体积内所受的阻力和同体积真实渗流所受的阻力相等。渗流模型对这些水力要素只进行宏观的控制。渗流模型中的各点渗流流速与实际渗流的流速是不相等的。在渗流模型中，若通过过水断面面积 ΔA 的流量为 ΔQ，则该过水断面上的平均流速为

$$v = \frac{\Delta Q}{\Delta A} \tag{10-1}$$

对于实际渗流，ΔA 内有一部分面积被土壤颗粒所占据，实际的过水面积即 ΔA 中所包含的孔隙面积 $\Delta A'$ 要比 ΔA 小，则实际渗流流速为

$$v' = \frac{\Delta Q}{\Delta A'} \tag{10-2}$$

比较以上两式得

$$v = \frac{\Delta A'}{\Delta A}v' = nv' \tag{10-3}$$

式中，n 为土壤的孔隙率，它表示土壤中孔隙的体积与土壤整个体积（包括土体和孔隙的体积）之比，反映了土壤的密实程度。若假定孔隙在土中均匀分布，它在数值上就等于孔隙横断面所占的面积与整个土体所占的面积（包括土体和孔隙的面积）之比，显然，$n<1.0$。所以，实际渗流的流速大于模型的流速。本章所研究的渗流流速就是指模型流速。由于渗流流速很小，通常不超过每秒几毫米，因而其动能可以忽略不计，这样，渗流的机械能就近似等于它的势能。

第二节　渗流的基本定律——达西定律

由于液体的黏滞性和边界条件的复杂性，液体在孔隙介质中流动时的能量损失对渗流运动有十分重要的影响。达西（Henri Darcy）在 1852~1855 年通过大量的实验研究，得出了渗流的能量损失和渗流流速之间的基本关系式，即达西定律。

一、达西定律

达西实验的实验装置如图 10-3 所示，横断面面积为 A 的直立圆筒上端开口，内装有均质沙土，上部有进水管并以溢流管 B 维持筒内恒定的水位，水经沙土渗透后经滤水板 C 排出，再由短管 T 流入容器 V，由此计算渗流流量 Q。在相距为 l 的两断面 1—1 和 2—2 的侧壁上装有两支测压管，并测出两断面间的水头损失为 h_w。经过大量的实验，总结出以下规律，即达西定律

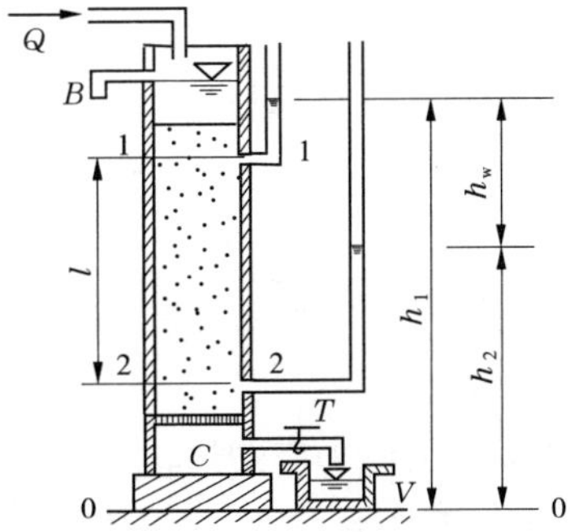

图 10-3　达西实验的实验装置

$$Q = KA\frac{h_w}{l} = KAJ \tag{10-4}$$

或

$$v = \frac{Q}{A} = KJ \tag{10-5}$$

式中　v——渗流模型的断面平均流速；

K——渗透系数，反映孔隙介质透水性能的综合系数，它具有流速的量纲；

J——水力坡度。

上述实验中的渗流为均匀渗流,可以认为渗流区中各点的流速是相同的,即任一点的渗流流速等于渗流断面平均流速,由式(10-5)得点流速的达西定律为

$$u = KJ \tag{10-6}$$

如两断面间距为 $\mathrm{d}l$,其间的总水头损失为 $\mathrm{d}h_w$,总水头差为 $\mathrm{d}H$,则 $J = \frac{\mathrm{d}h_w}{\mathrm{d}l} = \frac{\mathrm{d}H}{\mathrm{d}l}$,于是式(10-6)又可写为

$$u = \frac{\mathrm{d}Q}{\mathrm{d}A} = KJ = -K\frac{\mathrm{d}H}{\mathrm{d}l} \tag{10-7}$$

二、达西定律的适用条件

达西定律表明了渗流的水头损失和流速的一次方成正比,它只适用于层流渗流。后人在达西定律的基础上,进行实验研究指出:随着渗流流速的增加,水头损失将与流速水头的 1~2 次方成比例。在水利工程中,除堆石坝、堆石排水体等大孔隙介质中的渗流为紊流外,绝大多数属于层流渗流,可运用达西定律进行分析和计算。

如何进行渗流流态的判别,不同的学者提出了不同的方法。大多数学者的研究表明用临界雷诺数的判定更为适当,且临界雷诺数不是一个常数,与渗流介质颗粒直径、孔隙率等因素有关。

巴甫洛夫斯基指出,当 $Re < Re_k$ 时渗流为层流, Re 为渗流的实际雷诺数, Re_k 为渗流的临界雷诺数。Re 的表达式为

$$Re = \frac{1}{0.75n + 0.23} \cdot \frac{vd}{\upsilon} \tag{10-8}$$

式中 n——土的孔隙率;

d——土的有效粒径,cm,一般用 d_{10}(占土样 10%的土粒过筛直径)来代表有效粒径。

$$Re_k = 7 \sim 9 \tag{10-9}$$

对于渗流,可用下列形式的公式描述其流动规律:

$$v = KJ^{\frac{1}{m}} \tag{10-10}$$

式中:当 $m=1$ 时,为层流渗流;当 $m=2$ 时,为紊流渗流;当 $1<m<2$ 时,为过渡区的渗流。

值得注意的是,上述的渗流规律适用于土体结构不因渗透作用遭受破坏的情况。对于遭受如流土、管涌等严重渗流破坏的流动问题,将在土力学中专门研究。

三、渗透系数

渗透系数是反映孔隙介质渗透能力的综合系数。渗透系数值的大小与土壤和水的性质有关,如土颗粒的形状大小、组成和孔隙的分布状况,以及水的黏滞性、容重等。目前,K 值尚无理论计算公式,往往是借助经验或实验方法确定的。

(一)经验法

在初步估算或没有可靠的实际资料时,可参照有关规范和已建工程选定 K 值。

(二)室内测定法

为了能真实反映土的透水性质,从工程现场取得不加扰动的土样,到实验室利用达西实验装置进行实测,将实测的流量、水头损失和实验装置的有关参数代入式(10-4)就可以求出 K 值。这种方法操作简单,比经验法准确,但很难保证土样完全不受扰动且需取足够多的土样进行统计确定。

(三)现场测定法

在工程现场,采用钻井或挖试坑,进行灌水和抽水实验以获取有关数据,再运用有关公式计算能获取较为符合实际的大面积的平均渗透系数值。但这种方法规模大、投入多,一般仅在大型工程中采用。

四、恒定均匀渗流和非均匀渐变渗流

采用渗透模型后,可用研究明渠水流的方法将渗流分成均匀流和非均匀流。渗流的各水力要素(如流速、压强)沿流程不变称为均匀渗流,反之称为非均匀渗流。非均匀渗流中,若流线近于平行直线则称为非均匀渐变渗流,反之称为非均匀急变渗流。由于渗流服从达西定律,使渗流的均匀流和非均匀流具有与明渠水流不同的特点。

(一)均匀渗流

如图 10-4 所示,在正坡($i>0$)不透水基底上形成无压均匀渗流,均匀流水深 h_0 沿流程不变,浸润线是一条直线且平行于不透水基底,水力坡度 $J=\dfrac{dH}{ds}=i=$ 常数。根据达西定律基本公式,平均流速 v 为

$$v=Ki \tag{10-11}$$

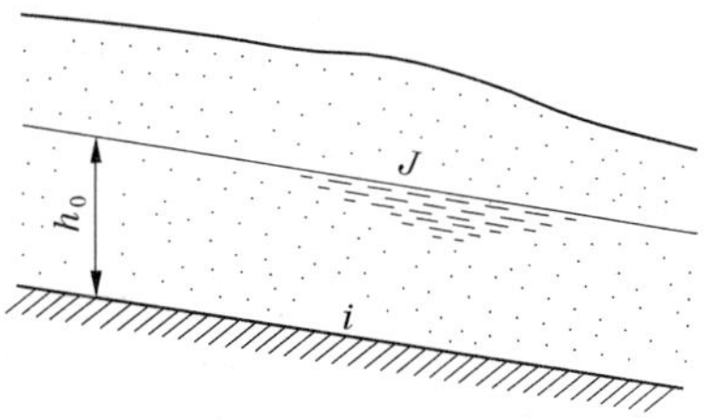

图 10-4　正坡不透水基底上无压均匀渗流

通过过水断面面积 A_0 的流量为

$$Q=KiA_0 \tag{10-12}$$

对于矩形断面,$A_0=bh_0$,故单宽渗流量为

$$q=Kih_0 \tag{10-13}$$

式中　h_0——均匀渗流水深;

K——土壤的渗透系数;

i——不渗水基底的坡度。

在均匀渗流中,断面上的压强为静压分布,断面内任一点的测压管坡度也是相同的,均匀渗流区域中任一点的渗流流速都是相等的。

(二)非均匀渐变渗流

图 10-5 为非均匀渐变渗流,任取两断面即断面 1—1 和断面 2—2,在非均匀渐变渗流断面上压强分布近似服从静水压强的分布规律,因此断面上各点的测压管水头皆为 H;沿底部流线相距 ds 的断面 2—2 上各点的测压管水头为 $H+dH$。由于非均匀渐变渗流流线几乎为平行的直线,可以认为断面 1—1 与断面 2—2 之间,沿一切流线的距离均近似为零。从而任一过水断面上各点的测压管水力坡度为

$$J = \frac{\mathrm{d}H}{\mathrm{d}s} = 常数$$

根据达西定律，过水断面上各点的渗流流速 u 都相等，断面平均流速 v 就等于点流速 u，即

$$v = u = KJ \qquad (10\text{-}14)$$

式(10-14)称为裘布依公式，是 1857 年由法国学者裘布依推导出来的。虽然它与达西公式具有相同的表达形式，但在含义上却有所不同；达西公式适用于均匀渗流，裘布依公式适用于渐变流。在均匀渗流中，渗流区内任意点的渗流速度 u 都相等；在非均匀渐变渗流中，只是同一过水断面上的各点渗流速度 u 相等，并等于断面平均流速 v。

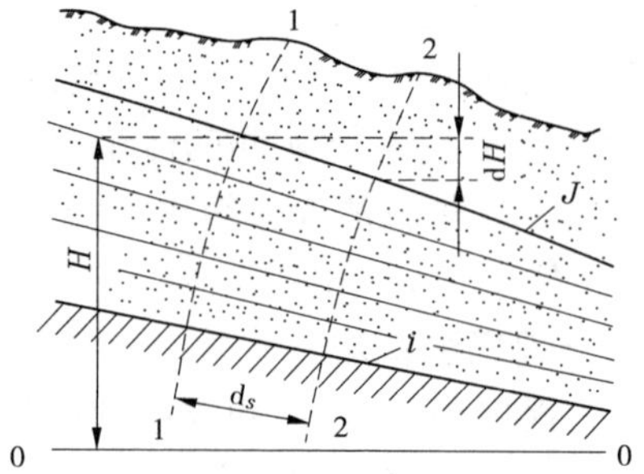

图 10-5　非均匀渐变渗流

(三)非均匀渐变渗流的基本微分方程

非均匀渐变渗流的微分方程可用裘布依公式来推导，如图 10-6 所示的无压渗流，取断面 2—2，距起始断面 1—1 沿底坡的距离为 s，其水深为 h，断面底部至基准面的垂直高度为 z，不透水层坡度为 i，对于任一过水断面

$$H = z + h$$

与明渠流相似，定其底坡 $i = -\dfrac{\mathrm{d}z}{\mathrm{d}s}$，故

$$J = -\frac{\mathrm{d}H}{\mathrm{d}s} = i - \frac{\mathrm{d}h}{\mathrm{d}s}$$

根据式(10-14)得

$$v = KJ = K\left(i - \frac{\mathrm{d}h}{\mathrm{d}s}\right) \qquad (10\text{-}15\mathrm{a})$$

或

$$Q = Av = AK\left(i - \frac{\mathrm{d}h}{\mathrm{d}s}\right) \qquad (10\text{-}15\mathrm{b})$$

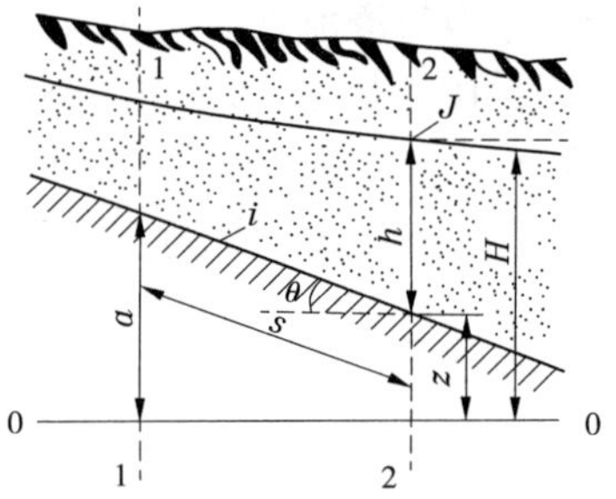

图 10-6　无压渗流

这就是适用于各种底坡的恒定非均匀渐变渗流的基本微分方程，也是分析和计算非均匀渐变渗流水面线(浸润线)的理论依据。

第三节　恒定非均匀渐变渗流浸润线的分析与计算

在无压渗流中，重力水的自由表面称为浸润面。在流动的纵剖面上，它是一条曲线，称为浸润线。工程中若需要解决浸润线的问题，可以从裘布依公式出发，建立非均匀渐变渗流的微积分方程，积分可得浸润线。

分析渗流浸润线形状的方法和分析明渠水面曲线形状的方法相似，所不同的是，渗流的流速水头可以忽略不计，断面单位能量 $E_s = h + \dfrac{\alpha v^2}{2g} \approx h$，断面单位能量曲线变成直线，不存在极小值，或者说，其极小值为零，因此渗流中不存在临界水深、临界底坡、缓坡、急

坡、缓流、急流、临界流等概念，在不透水层坡度上仅有顺坡、平坡和逆坡三种底坡。实际水深仅和均匀渗流正常水深 h_0 做比较。

在顺坡上可以发生均匀流，其正常水深为 h_0，渗流水深 h 的变化范围有两种情况，即 $h > h_0$ 和 $h < h_0$。对于平坡和逆坡，不可能发生均匀渗流，不存在 h_0，渗流水深的变化范围只有 $0 < h_0 < \infty$ 一种情况。因此，渗流的浸润线共有四种类型，其中顺坡两种，平坡和逆坡各一种。下面分别对三种不同的坡度进行讨论。

一、顺坡（$i > 0$）的浸润线

顺坡中可以发生均匀渗流，其水深 h_0 沿程不变，则有

$$Q = KA_0J = KA_0i \tag{10-16}$$

式中　A_0——相应于正常水深 h_0 的过水断面面积；

i——不透水层底坡坡度。

将式（10-16）代入式（10-15b），渗流区的过水断面是宽度为 b 的矩形，可得

$$Kh_0bi = khb\left(i - \frac{\mathrm{d}h}{\mathrm{d}s}\right) \tag{10-17}$$

令 $\eta = \dfrac{\mathrm{d}h}{h_0}$，则式（10-17）可写为

$$\frac{\mathrm{d}h}{\mathrm{d}s} = i\left(1 - \frac{1}{\eta}\right) \tag{10-18}$$

式（10-18）就是顺坡渗流浸润线的微分方程，正常水深的 $N—N$ 线将顺坡渗流区分为 a、b 两个区。$N—N$ 线以上，水深 $h > h_0$，称为 a 区；$N—N$ 线以下，水深 $h < h_0$，称为 b 区，如图 10-7 所示。

正坡 a 区浸润线是壅水曲线，上游以正常水深 $N—N$ 线为渐近线，下游以水平直线为渐近线，如图 10-7 所示。

正坡 b 区浸润线是降水曲线，上游以正常水深 $N—N$ 线为渐近线，下游与渠底呈正交趋势，如图 10-7 所示。

设顺坡渗流从上游到下游有断面 1—1 和断面 2—2，见图 10-8，则浸润线方程为

$$\Delta s = \frac{h_0}{i}\left(\eta_2 - \eta_1 + \ln\frac{\eta_2 - 1}{\eta_1 - 1}\right) = \frac{h_0}{i}\left(\eta_2 - \eta_1 + 2.3\lg\frac{\eta_2 - 1}{\eta_1 - 1}\right) \tag{10-19}$$

其中，$\eta_1 = h_1/h_0$，$\eta_2 = h_2/h_0$

二、平坡（$i=0$）的浸润线

将 $i=0$、$A=bh$ 代入式（10-15b），经整理得

$$\frac{\mathrm{d}h}{\mathrm{d}s} = -\frac{Q}{Kbh} = -\frac{q}{Kh} \tag{10-20}$$

式中，$q=Q/b$，即单宽渗流流量。

平坡浸润线是降水曲线，上游取决于边界条件，以水平线为渐近线。曲线下游与底呈正交趋势，如图 10-9 所示。

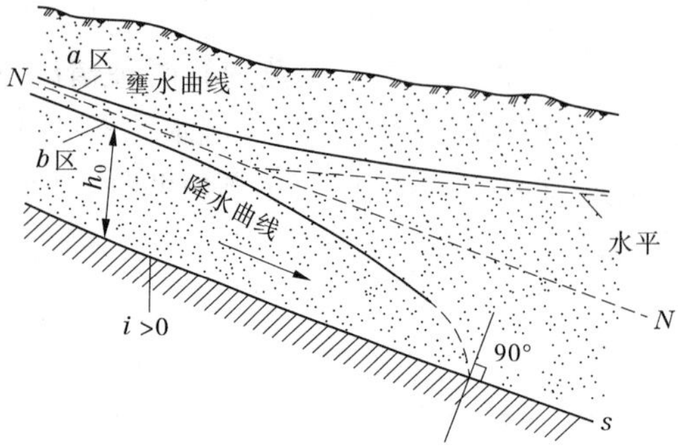

图 10-7　正坡浸润线

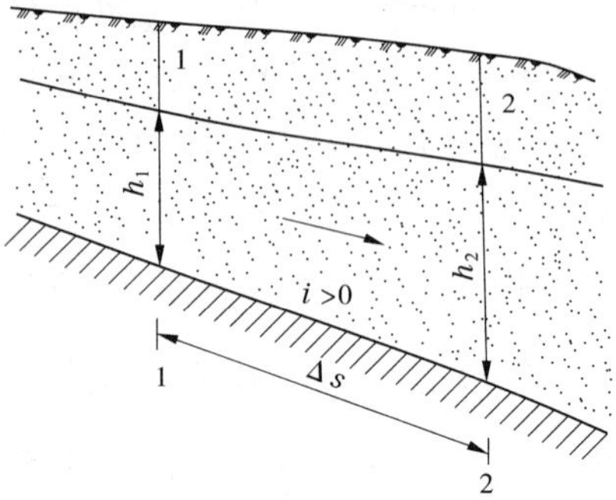

图 10-8　顺坡渗流

设平坡渗流从上游到下游有断面 1—1 和断面 2—2，则浸润线方程为

$$\Delta s=\frac{k}{2q}(h_1^2-h_2^2) \tag{10-21}$$

三、逆坡($i<0$)的浸润线

将 $A=bh$ 代入式(10-15b)，经整理可得

$$\frac{\mathrm{d}h}{\mathrm{d}s}=i-\frac{Q}{kbh}<0 \tag{10-22}$$

式(10-22)说明逆坡浸润线是降水曲线，上游取决于边界条件，以水平线为渐近线。下游与底坡呈正交趋势，如图 10-10 所示，为计算浸润线。虚拟一个底坡为 i'($i'>0$)的等宽均匀渗流，且 $i'=-i'$，单宽流量可用均匀流的关系表示，其正常水深为 h_0'，可推求的逆坡浸润线方程为

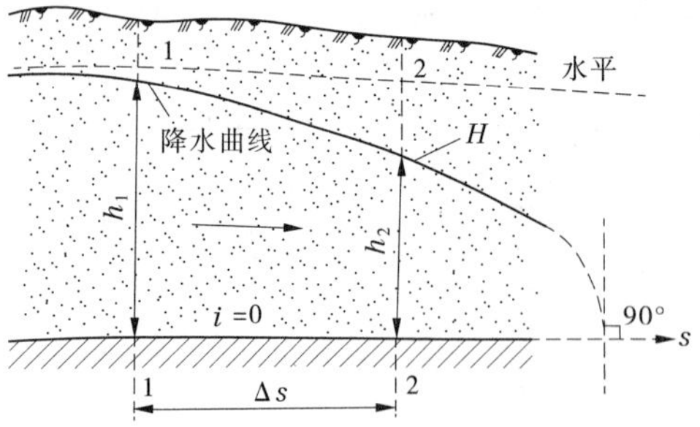

图 10-9　平坡浸润线

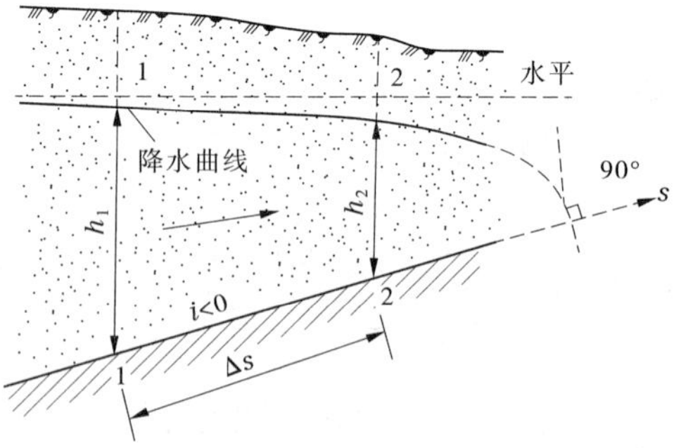

图 10-10　逆坡浸润线

$$\Delta s=\frac{h_0'}{i'}\left(\eta_1'-\eta_2'+\ln\frac{1+\eta_2'}{1+\eta_1'}\right)=\frac{h_0'}{i'}\left(\eta_1'-\eta_2'+2.31\lg\frac{1+\eta_2'}{1+\eta_1'}\right) \tag{10-23}$$

式中，$\eta_1'=h_1/h_0'$，$\eta_2'=h_2/h_0'$。

第四节　井的渗流计算

井在工程中主要用于汲取或排出局部区域的地下水。从这些建筑物中抽水,会使附近的天然地下水位降落,也起着施工排水的作用。按水文地质条件将井分为潜水井和承压井,如图 10-11 所示。潜水井又称普通井,可汲取地表透水层中的无压地下水;承压井又称自流井,穿过不透水层汲取承压含水层中的承压水。以上两种井根据井底是否达到不透水层又可分为完整井和非完整井。

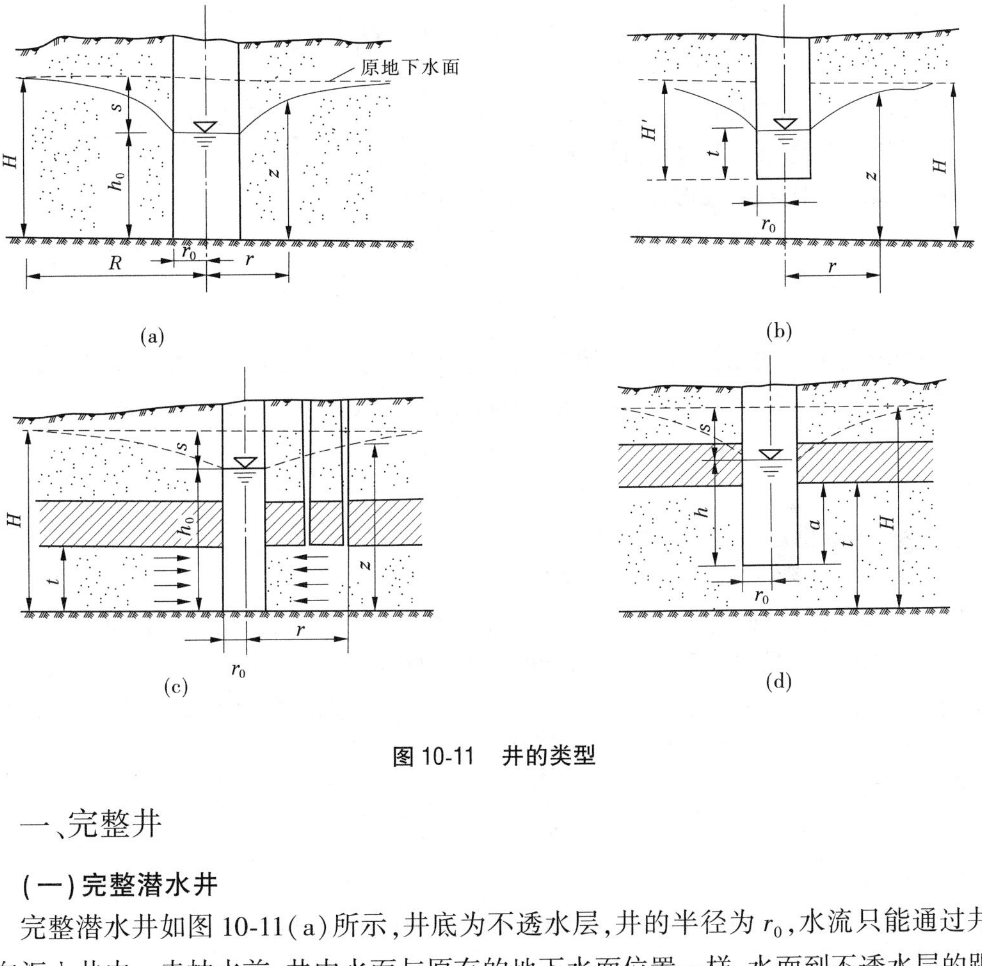

图 10-11　井的类型

一、完整井

(一)完整潜水井

完整潜水井如图 10-11(a)所示,井底为不透水层,井的半径为 r_0,水流只能通过井壁径向汇入井内。未抽水前,井中水面与原有的地下水面位置一样,水面到不透水层的距离为 H;抽水后,井中的水面下降,四周的地下水通过井壁汇流入井内,周围地下水浸润面逐步下降成漏斗状。当含水量充足和抽水量不是很大时,流量 Q 不变,井中水位下降到某一高度 h_0 后保持稳定,可认为井周围为恒定渗流,漏斗形浸润面形状不随时间而改变。假定透水层范围很大,为均质各向同性土壤,不透水层面为水平面,流向水井的渗流过水断面是以井轴为轴心的系列同心圆柱面,通过井轴中心线沿径向的任何剖面,渗流的情况一致,渗流流速和浸润面以井轴为对称轴。

图 10-11 在距井轴为 r 的过水断面处,水深为 z,水力坡度 $J=\frac{\mathrm{d}z}{\mathrm{d}r}$,过水断面的面积为 $2\pi rz$,根据达西定律得渗流断面的平均流速为

$$v=K\frac{\mathrm{d}z}{\mathrm{d}r}$$

通过的渗流量为

$$Q=2\pi rzK\frac{\mathrm{d}z}{\mathrm{d}r} \tag{10-24}$$

分离变量,积分上式得

$$z^2-h_0^2=\frac{Q}{\pi K}\ln\frac{r}{r_0}=\frac{0.73Q}{K}\ln\frac{r}{r_0} \tag{10-25}$$

设想距井轴为 R 的圆柱面处,地下水面受到井中抽水的影响很微小,地下水位下降极微,可以认为就是原地下水位,这个距离 R 称为井的影响半径。

将 $r=R$、$z=H$ 代入上式得井的恒定最大供水量为

$$Q=K\frac{H^2-h_0^2}{0.73\lg\frac{R}{r_0}} \tag{10-26}$$

井的影响半径 R 取决于砂与土壤的性质,需要用实验方法确定。在初步计算时根据经验:细砂、细粒土,$R=100\sim200$ m;中砂、中粒土,$R=250\sim700$ m;粗砂、粗粒土,$R=700\sim1\ 000$ m。R 亦可以运用经验公式估算,如

$$R=3\ 000s\sqrt{K} \tag{10-27}$$

式中 s——抽水稳定时井中水位的降落值,$s=H-h_0$。

计算时渗透系数 K 以 m/s 计,R、H、s 均以 m 计。

影响半径不易精确计算,用各种方法确定的数值差别较大,但流量与影响半径的对数值成反比,故影响半径的数值差别对流量的计算影响不大。

【例 10-1】 有一潜水完整井,含水层厚度为 8 m,其渗流系数为 0.001 5 m/s,井的半径为 0.5 m,抽水时井中水深 5 m,试估算井的产水量。

解:最大降落深度为

$$s=H-h_0=8-5=3(\mathrm{m})$$

井的影响半径

$$R=3\ 000s\sqrt{K}=3\ 000\times3\times\sqrt{0.001\ 5}=348.6(\mathrm{m})$$

井的产水量

$$Q=K\frac{H^2-h_0^2}{0.73\lg\frac{R}{r_0}}=0.001\ 5\times\frac{8^2-5^2}{0.73\lg\frac{348.6}{0.5}}=0.028(\mathrm{m^3/s})$$

(二)完整承压井

当透水层位于两个不透水层之间时,透水层中的地下水的渗透压力一般大于大气压,故称为承压水。当井孔穿过上面的不透水层时,即使不抽水,井中的水位也将上升到 H

的高度，如图 10-11(c) 所示。H 值表示了地下水的总水头(即测压管水头)。H 可以高于地面，水将从井口自动喷出；也可以低于地面，但总大于含水层的厚度 t。

若从井中抽水并达到恒定状态时，井中的水深由 H 下降到 h_0，井外的地下水位相应降低，形成以井轴为对称轴的恒定漏斗状的浸润面。任取距井轴为 r 的圆柱面，相应的渗流测压管水头为 x，可得圆柱面渗流量

$$Q = Av = 2\pi rt \cdot K \frac{dz}{dr} \tag{10-28}$$

分离变量，从井壁到所取柱面积分可得自流井的浸润线方程为

$$z - h_0 = \frac{Q}{2\pi Kt} \ln \frac{r}{r_0} = 0.37 \frac{Q}{Kt} \lg \frac{r}{r_0} \tag{10-29}$$

将 $r=R$、$z=H$ 代入式(10-29)得井的恒定最大供水量为

$$Q = 2.73 \frac{Kt(H - h_0)}{\lg \frac{R}{r_0}} = 2.73 \frac{Kts}{\lg \frac{R}{r_0}} \tag{10-30}$$

式(10-30)中影响半径同完整潜水井。

二、井群

为了增大抽水量或更有效地降低地下水位，在一个区域常常不只是打口井而是打许多井同时抽水，若这些井相距不大，以致井与井之间地下水流发生干扰，这些井就构成井群。

由于井与井之间水流的相互影响，井群的地下水流比单井要复杂，其浸润面也不是简单对称的漏斗状，而是极为复杂的形状。

现假定由各单井组成的井群，如图 10-12 所示。

设各井的抽水流量相同，即 $Q_1 = Q_2 = \cdots = Q_n = \frac{Q_0}{n}$，为井群的总产水量。根据流体力学势流叠加原理，可以得出完整潜水井群和完整承压井群的浸润线方程及井群的总产水量公式。

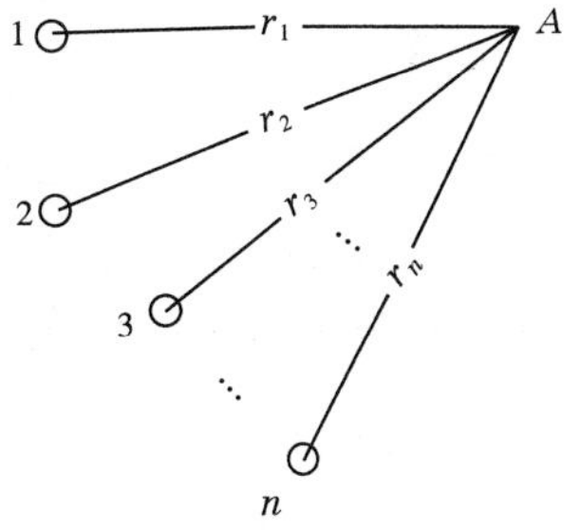

图 10-12 井群

(一)完整潜水井群

浸润线方程

$$z^2 = H^2 - 0.73 \frac{Q_0}{k} \left[\lg R - \frac{1}{n} \lg(r_1 r_2 \cdots r_n) \right] \tag{10-31}$$

总产水量公式

$$Q_0 = 1.37 \frac{k(H^2 - z^2)}{\lg R - \frac{1}{n}(r_1 r_2 \cdots r_n)} \tag{10-32}$$

(二)完整承压井群

浸润线方程

$$z = H - 0.37\frac{Q_0}{kt}\left[\lg R - \frac{1}{n}\lg(r_1 r_2 \cdots r_n)\right] \tag{10-33}$$

总产水量公式

$$Q_0 = 2.73\frac{kt(H - z)}{\lg R - \frac{1}{n}\lg(r_1 r_2 \cdots r_n)} \tag{10-34}$$

以上四个表达式中 R 为井群的影响半径，可以为单井的 R 值；H 为渗流水头；n 为井数；$r_1, r_2, \cdots, r_n$ 分别为 A 点到各井中心的距离；t 为含水层厚度。k 以 m/s 计，R、H、r 均以 m 计。

【例 10-2】 为降低基坑地下水位，在长方形基坑的周围布置 8 个完整潜水井群，如图 10-13 所示。各井的半径 $r_0 = 0.1$ m，各井总抽水量相同，总抽水量为 $Q_0 = 100$ L/s，潜水含水层厚度 $H = 10$ m，渗透系数 $k = 0.001$ m/s，井群影响半径 $R = 500$ m，试求井群中心点 O 的地下水位降深。

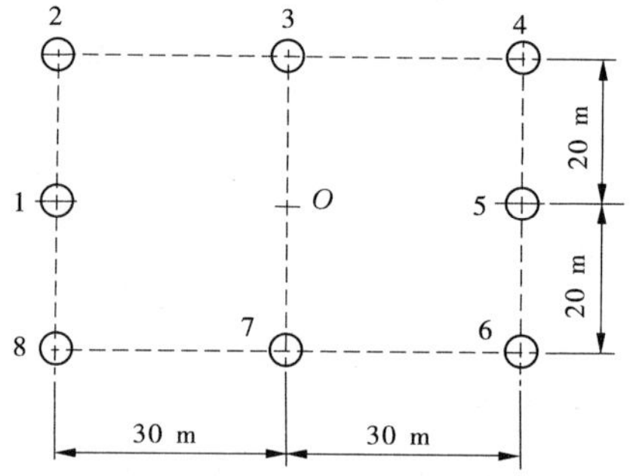

图 10-13 井群布置

解：计算各井到 O 点的距离

$$r_2 = r_4 = r_6 = r_8 = \sqrt{30^2 + 20^2} = 36(\mathrm{m})$$

$$r_3 = r_7 = 20\ \mathrm{m}, r_1 = r_5 = 30\ \mathrm{m}$$

由井群的计算公式可求出 O 点地下水位

$$\begin{aligned} z^2 &= H^2 - 0.73\frac{Q_0}{k}\left[\lg R - \frac{1}{n}\lg(r_1 r_2 \cdots r_n)\right] \\ &= 10^2 - 0.73 \times \frac{0.1}{0.001}\left[\lg 500 - \frac{1}{8} \times \lg(30^2 \times 20^2 \times 36^4)\right] \\ &= 10.12(\mathrm{m}^2) \end{aligned}$$

所以，$z_0 = 3.18$ m。

O 点处地下水位降落值：$s = H - z_0 = 10 - 3.18 = 6.82(\mathrm{m})$。

小　结

(1)流体在孔隙介质中的流动称为渗流。土壤的性质直接影响地下水的渗流运动。水在土壤中有汽态水、附着水、薄膜水、毛细水和重力水等存在形式。

(2)渗流模型概念就是认为渗流连续地充满整个渗流区域，从而将渗流的运动要素看作渗流空间的连续函数。达西定律的表达式为 $Q = KA\frac{h_w}{l} = KAJ$，达西定律适用于均质的孔隙介质的层流运动。

(3)计算均匀渗流的断面平均流速公式为 $v = Ki$。

(4)恒定非均匀渐变渗流的浸润线共有 4 种类型，$i>0$ 时有壅水曲线 a 和降水曲线 b；$i=0$ 和 $i<0$ 时只存在降水曲线 b，重点介绍了 4 种浸润曲线的计算公式。

(5)井是一种集水建筑物。按水文地质条件将井分为潜水井和承压井,以上两种井根据井底是否达到不透水层将井分为完整井和非完整井。主要介绍各种井及井群的产水量和浸润曲线的计算方法。

习　题

10-1　利用实验室中的达西装置(见图10-3)测定土样的渗透系数K。已知圆筒的直径$D=20$ cm,两测压管的间距$l=40$ cm,实验测得两测验管的水头差$h_1-h_2=20$ cm,渗透流量$Q=100$ mL/min,求土样的渗透系数K。

10-2　有一普通完整井,半径$r_0=0.1$ m,$H=8$ m,$h_0=2$ m,渗透系数$K=0.001$ cm/s,影响半径$R=200$ m。求渗流量Q。

10-3　为降低基坑地下水位,在圆形基坑周围布设8口完全潜水井。今测得基坑的面积为2 400 m^2,各井抽水量相等,总抽水量为100 L/s,各井的半径为0.1 m,地下水含水层厚度$H=10$ m,渗透系数$k=0.001$ m/s。设井群的影响半径$R=500$ m,求基坑中心点处地下水位降深。

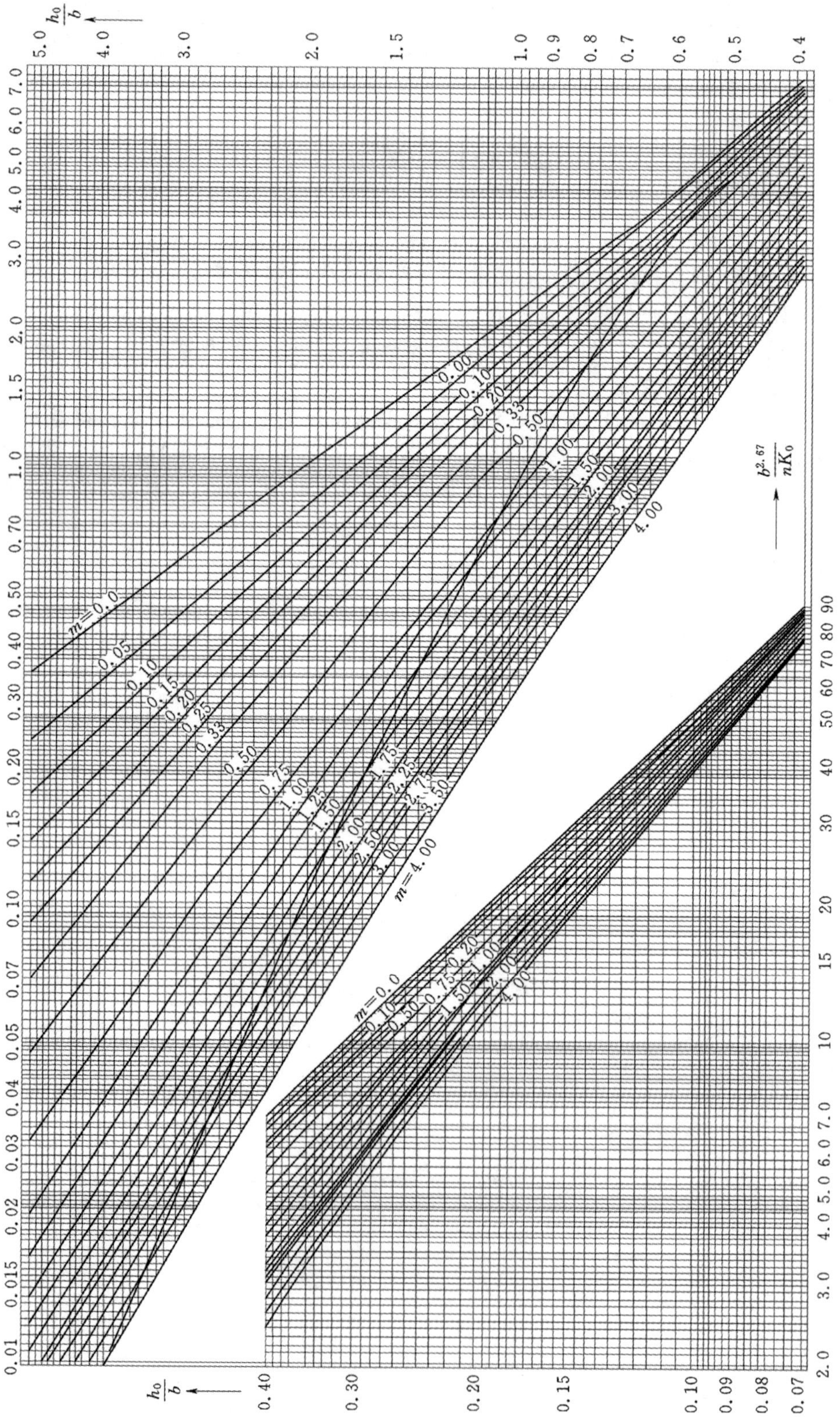

附录Ⅰ 梯形和矩形断面明渠正常水深求解图

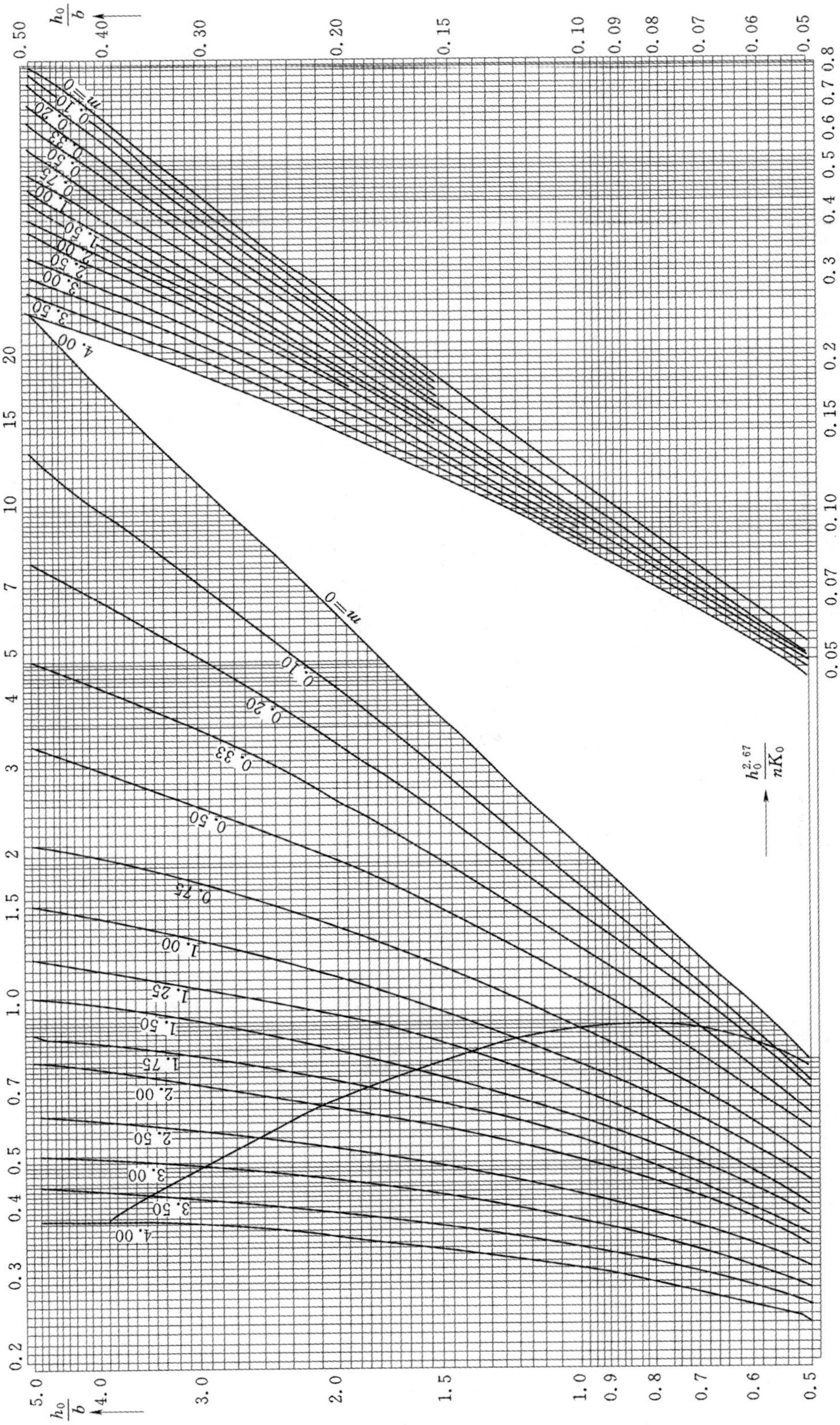

附录Ⅱ　梯形和矩形断面明渠底宽求解图

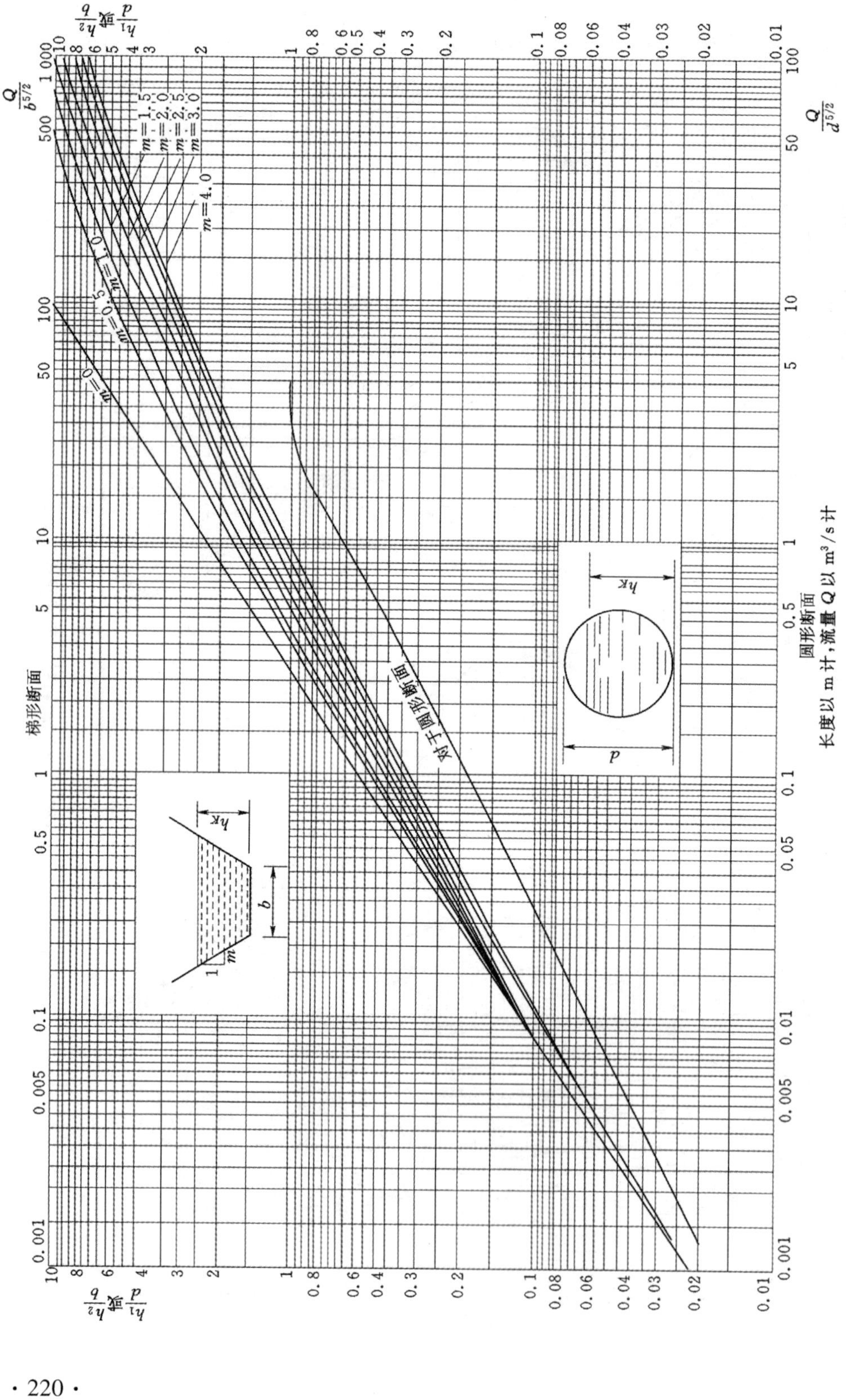

附录Ⅲ 梯形、矩形、圆形断面明槽临界水深求解图

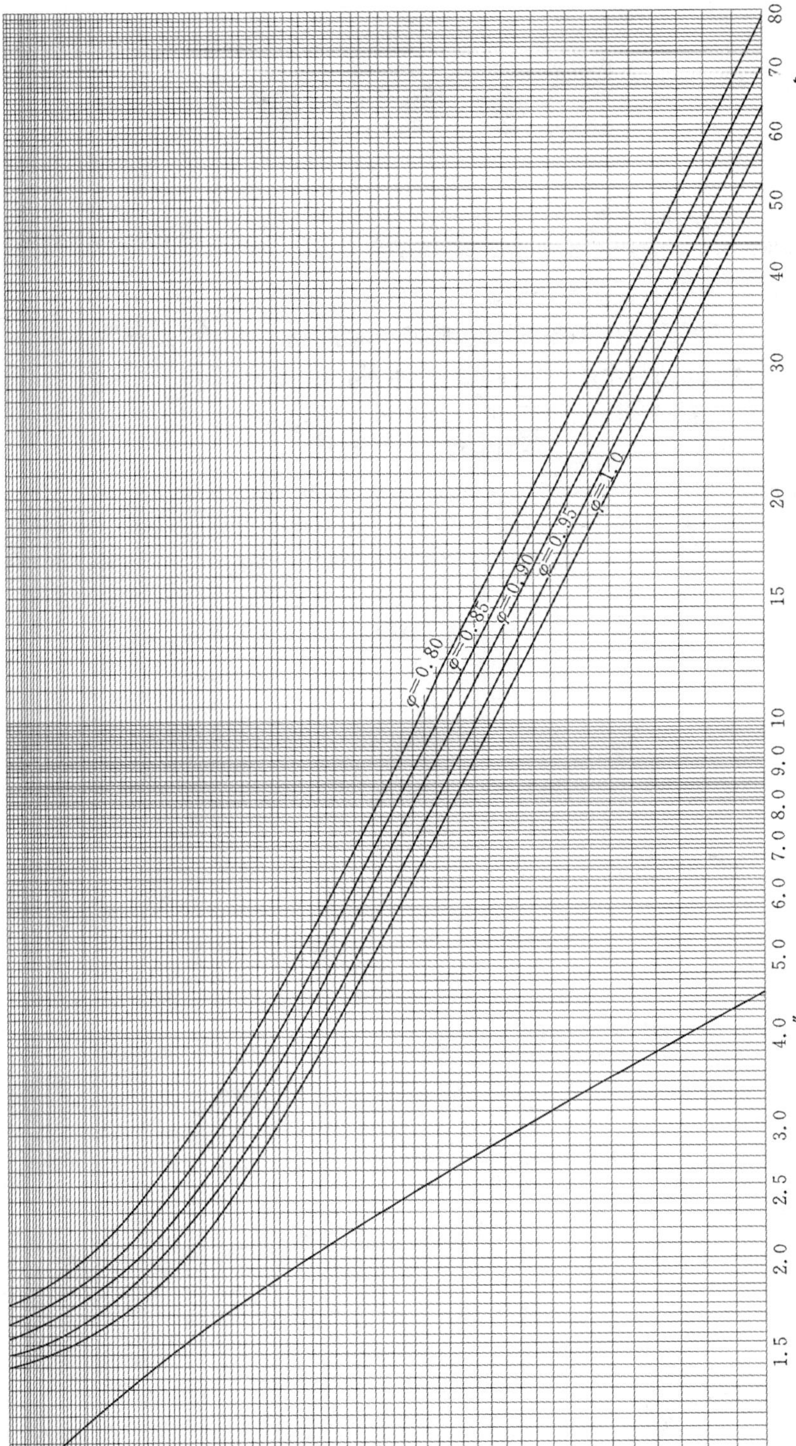

附录Ⅳ　建筑物下游河槽为矩形时收缩断面水深及其共轭水深求解图

参考文献

[1] 张耀先. 水力学[M]. 北京:化学工业出版社,2001.
[2] 张耀先,丁新求. 水力学[M]. 郑州:黄河水利出版社,2002.
[3] 刘纯义,熊宜福. 水力学[M]. 北京:中国水利水电出版社,2005.
[4] 武汉大学水利水电学院. 水力计算手册[M]. 北京:中国水利水电出版社,2006.
[5] 陈明杰,潘孝兵. 水力分析与计算[M]. 北京:中国水利水电出版社,2010.
[6] 谷欣. 水力学习题集及解题指导[M]. 郑州:黄河水利出版社,2012.
[7] 张志昌. 水力学习题解析[M]. 北京:中国水利水电出版社,2012.
[8] 陈一华,高玉清. 水力学[M]. 武汉:华中科技大学出版社,2013.
[9] 杨艳,陈一华. 水力分析与计算[M]. 北京:中国水利水电出版社,2016.
[10] 吴持恭. 水力学(上、下册)[M]. 5 版. 北京:高等教育出版社,2016.